JN320448

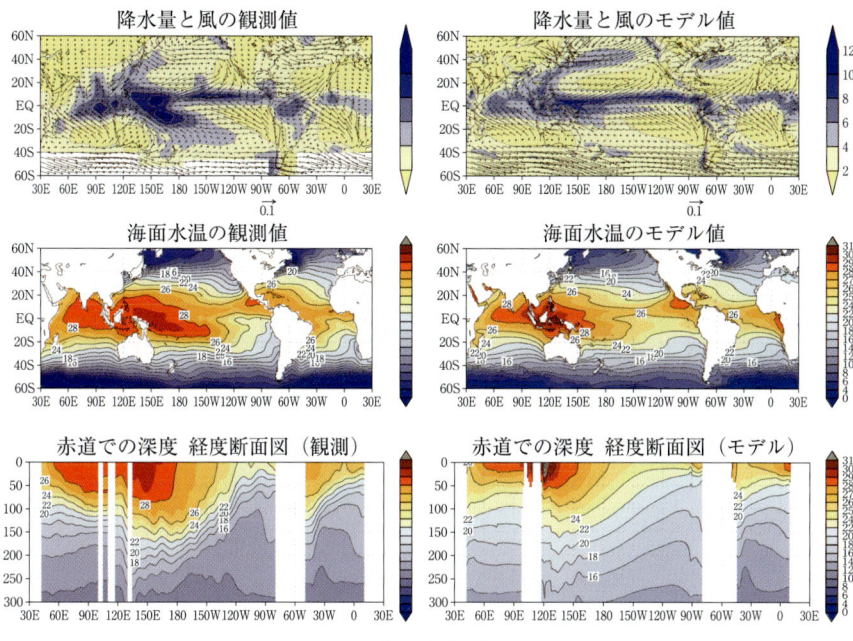

口絵1（図1.4）

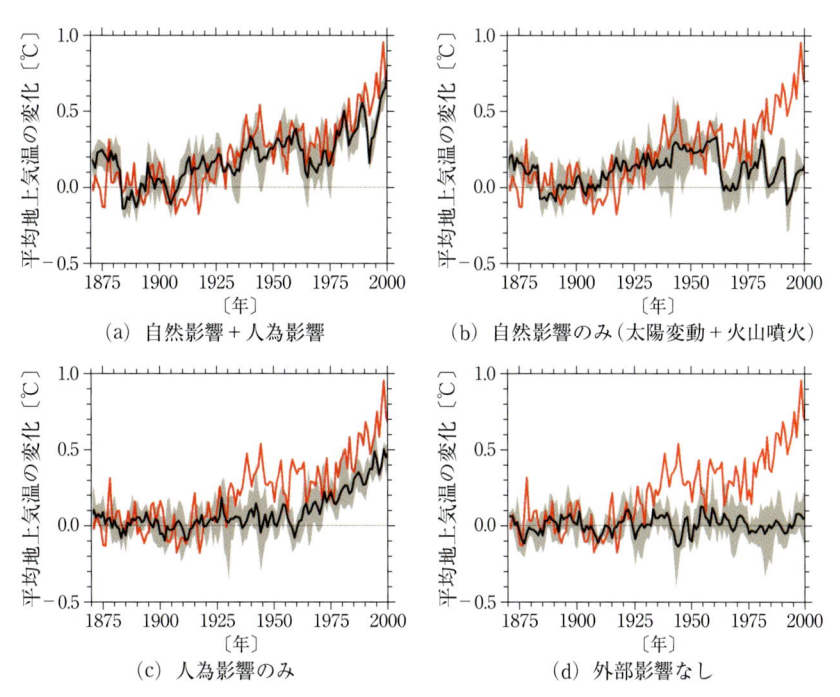

降水量と風の観測値 / **降水量と風のモデル値**

海面水温の観測値 / **海面水温のモデル値**

赤道での深度 経度断面図（観測） / **赤道での深度 経度断面図（モデル）**

口絵2（図1.5）

(a) 自然影響＋人為影響

(b) 自然影響のみ（太陽変動＋火山噴火）

(c) 人為影響のみ

(d) 外部影響なし

[年後] 0　2　6　10　14

CH₄

CO₂

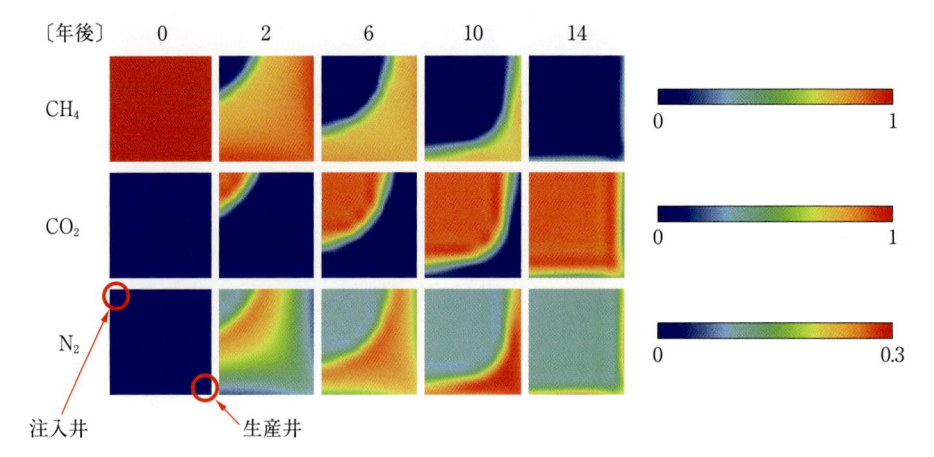

N₂

←注入井　←生産井

口絵3（図4.48）

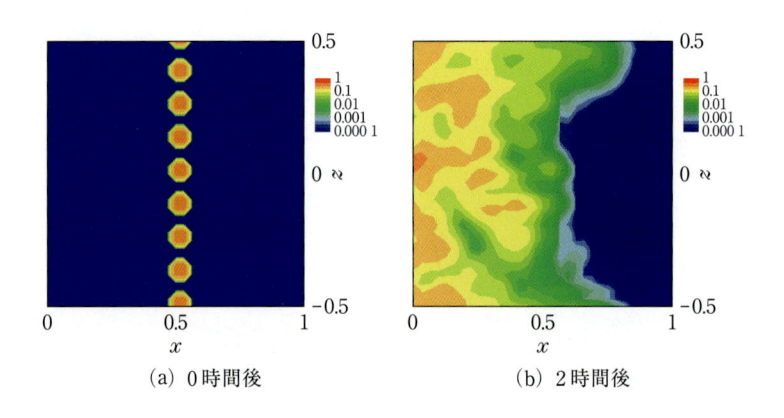

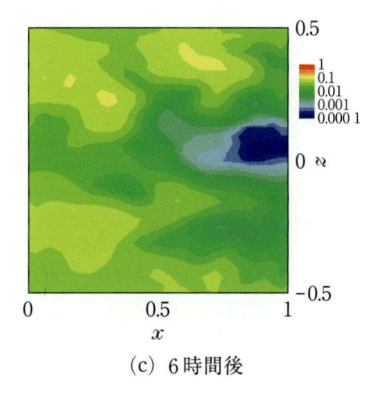

(a) 0時間後

(b) 2時間後

(c) 6時間後

口絵4（図5.8）

温室効果ガス貯留・固定と社会システム

住　明正・島田荘平 編著

山田興一・藤岡祐一・佐藤光三・佐藤　徹
横山伸也・藤井康正・松橋隆治・亀山康子　共著

コロナ社

編　者　　住　明正（東京大学）
　　　　　　島田荘平（東京大学）

執筆者　　住　明正（東京大学）〔1章〕
（執筆順）　島田荘平（東京大学）〔2章, 4.1, 4.4節〕
　　　　　　山田興一（東京大学）〔3章〕
　　　　　　藤岡祐一（財団法人地球環境産業技術研究機構）〔3章〕
　　　　　　佐藤光三（東京大学）〔4.2, 4.3節〕
　　　　　　佐藤　徹（東京大学）〔5章〕
　　　　　　横山伸也（東京大学）〔6章〕
　　　　　　藤井康正（東京大学）〔7.1節〕
　　　　　　松橋隆治（東京大学）〔7.2節〕
　　　　　　亀山康子（独立行政法人国立環境研究所，東京大学）〔7.3節〕

（所属は2009年1月現在）

まえがき

　2007 年に刊行された IPCC 第 4 次報告書により，地球温暖化は 90％程度の確率で人為的なものが原因であること，すなわち人間の経済活動による温室効果ガスが原因となっていることが指摘された。これは地球シミュレータの計算結果でも明らかにされている。すなわち，過去の地球の気温変動は，人為的および自然現象由来の双方の原因を考慮することにより非常にうまく説明でき，これに基づくと産業革命以降の近年の気温上昇は人為的なものによることが明らかになった（図 1.5 参照）。また，温暖化対策に関しては，スターンレビューの報告にもあるように，その費用を低コストに抑えるためにはできる限り早期の対応が求められることが指摘された。さらに，2008 年 7 月に開催された洞爺湖サミットでは地球温暖化問題に対するポスト京都の枠組み作りが議論された。

　このように，地球温暖化に対しては，世界のあらゆる方面から対策の必要性と緊急性が叫ばれ，対応が進められつつある。温暖化対策の一つに CO_2 を回収してなんらかの方法で貯留する方法，いわゆる CCS（2 章参照）が大気中二酸化炭素濃度を安定化させる方法として考えられている。CCS の話題は最近の新聞では毎日のように報道されているといっても過言でない。本書は，CCS とはどんなものであるか，どんな技術課題があるかという技術的側面と，CCS 導入に伴うエネルギー・経済の将来予想，CCS を社会に普及させるための経済・制度設計などの社会的な側面とを，現在の第一線で活躍している専門家にわかりやすく著していただいたものである。理工系の専門的知識がなくても，理解できる内容となっている。CCS を正しく多くの方に知っていただくのが本書刊行の目的である。

　本書では，CO_2 の貯留・固定に関しては，地中，海洋，生物と大別して 3 種

の方法につき述べている。「貯留（storage, sequestration）」という用語に関しては，日本では分野によってさまざまな用語がつかわれている。深部塩水層の場合は「貯留」，炭層では「固定」，海洋では「隔離」そして森林では「固定」である。それは CO_2 の貯留形態をより的確に表現している。これらの表現の違いも本書を読んでいただければよく理解していただけると考える。

　地中貯留の基礎事項に関しては，インターネットでアクセスできる IPCC や IEA，CO_2CRC の公開資料から図表を多く引用した。本書はモノクロ印刷であるため，引用図が鮮明でないものもあるが，原図はカラーでわかりやすくなっているので，随時参照されたい。

　地球温暖化は，われわれ人類が直面しているこれまでに経験したことのない課題である。その影響はすぐには現れず，しかも，現れたときには手遅れになるかもしれないというやっかいな特質がある。本書により，地球温暖化対策の一つとして考えられている CCS と，その社会システムに与える影響について，多くの方に関心をもっていただくことができれば幸いである。

2009 年 2 月

島田　荘平

　本書にある URL は，2009 年 1 月現在のものです。

目　　次

1.　地球温暖化問題の現状

1.1　は　じ　め　に ……………………………………………………… 1
1.2　IPCC 第 4 次報告書の特徴 ………………………………………… 2
　1.2.1　大気中の温室効果気体は増加している ……………………… 3
　1.2.2　放射強制力とは？ ……………………………………………… 3
　1.2.3　地　表　温　度 ………………………………………………… 4
　1.2.4　海　面　上　昇 ………………………………………………… 6
　1.2.5　降水量と異常気象 ……………………………………………… 7
1.3　気　候　モ　デ　ル ………………………………………………… 8
1.4　地球温暖化は起きているか――懐疑派との闘い ……………… 11
1.5　地球の温暖化は人間のせいか？ ………………………………… 13
1.6　温暖化によりどのような気象になるのか？ …………………… 16
　1.6.1　は　じ　め　に ………………………………………………… 16
　1.6.2　東アジアの気候変化 …………………………………………… 16
　1.6.3　台風はどうなるか？ …………………………………………… 18
　1.6.4　海面上昇や旱魃などが問題 …………………………………… 19
1.7　地球温暖化はなぜ悪いのか？ …………………………………… 20
1.8　なにをなすべきか？ ……………………………………………… 21
引用・参考文献 …………………………………………………………… 22

2.　CCS システム

2.1　CO_2 分離回収 ……………………………………………………… 24
　2.1.1　CO_2 発　生　源 ……………………………………………… 24
　2.1.2　CO_2 分離回収 ………………………………………………… 25
2.2　CO_2 の　輸　送 …………………………………………………… 26

2.3 CO_2 貯留 ……………………………………………………… 27
  2.3.1 地中貯留 ………………………………………………… 27
  2.3.2 海洋隔離 ………………………………………………… 30
  2.3.3 鉱物固定 ………………………………………………… 30
2.4 経済性 …………………………………………………………… 31
引用・参考文献 ……………………………………………………… 34

3. CO_2 分離回収と輸送

3.1 はじめに ………………………………………………………… 35
3.2 CO_2 分離回収の意義 ………………………………………… 36
3.3 CO_2 発生源と回収ポテンシャル …………………………… 38
3.4 CO_2 発生源と回収技術 ……………………………………… 41
3.5 CO_2 分離回収 ………………………………………………… 45
3.6 CO_2 輸送 ……………………………………………………… 52
3.7 おわりに ………………………………………………………… 53
引用・参考文献 ……………………………………………………… 53

4. 地中貯留

4.1 概論 ……………………………………………………………… 55
  4.1.1 地中貯留の原理 ………………………………………… 55
  4.1.2 世界の CO_2 地中貯留可能地域 ……………………… 59
  4.1.3 CO_2 地中貯留システム ……………………………… 60
  4.1.4 安全性・環境影響評価 ………………………………… 64
4.2 油・ガス田 ……………………………………………………… 68
  4.2.1 油・ガス田の形成と開発 ……………………………… 68
  4.2.2 石油・天然ガスの生産と回収率 ……………………… 73
  4.2.3 CO_2-EOR ……………………………………………… 77
  4.2.4 枯渇油・ガス田 ………………………………………… 84
  4.2.5 貯留可能量の評価 ……………………………………… 85
  4.2.6 プロジェクト例 ………………………………………… 86

	4.2.7 今後の展望と課題	89
4.3	深部塩水層	91
	4.3.1 貯留のメカニズム	92
	4.3.2 貯留可能量の評価	95
	4.3.3 貯留サイト選定の基準	96
	4.3.4 プロジェクト例	99
	4.3.5 今後の展望と課題	105
4.4	炭　　　　層	106
	4.4.1 石炭と炭層ガスの生成	108
	4.4.2 石炭層のガス貯蔵・流動特性	111
	4.4.3 増進回収の原理とメタン生産予測	115
	4.4.4 ECBMRプロジェクト	119
	4.4.5 今後の展望と課題	123
引用・参考文献		124

5. 海洋隔離

5.1	はじめに	126
5.2	日本における海洋隔離の必要性	127
5.3	海洋隔離のコンセプト	129
5.4	海洋隔離の研究動向	130
	5.4.1 小規模スケールモデルによるCO_2の拡散と生物影響予測	132
	5.4.2 中規模スケールモデルによる隔離海域内のCO_2拡散予測	136
5.5	今後の課題	140
引用・参考文献		142

6. 森林固定

6.1	はじめに	144
6.2	生物系CO_2固定の原理	145
6.3	バイオマスによるCO_2固定の可能性	148
6.4	土壌中炭素の役割	152

6.5 バイオマスエネルギー利用による CO_2 削減の効果 ················· 155
　6.5.1 植　　　林 ··· 156
　6.5.2 バイオマス発電 ··· 157
　6.5.3 LCAによる CO_2 の削減効果の評価 ··································· 158
6.6 お わ り に ··· 161
引用・参考文献 ··· 161

7. 温暖化対策と社会システム

7.1 長期エネルギー需給 ··· 163
　7.1.1 は じ め に ··· 163
　7.1.2 エネルギーモデル ··· 166
　7.1.3 DNE 21 モデルによる長期シナリオ ··································· 168
　7.1.4 IPCC 報告書にみる CO_2 排出量シナリオ ··························· 173
　7.1.5 お わ り に ··· 182
7.2 経済的枠組み ··· 182
　7.2.1 地球温暖化対策のための経済的枠組み ······························· 182
　7.2.2 CCS プロジェクトの経済性評価 ······································· 195
　7.2.3 お わ り に ··· 206
7.3 法制度・社会的受容性 ··· 206
　7.3.1 は じ め に ··· 206
　7.3.2 地球温暖化問題への国際的取組みの経緯 ···························· 209
　7.3.3 CCS に関する動き ··· 213
　7.3.4 CCS 技術試行に伴う他の国際法の動向 ······························· 216
　7.3.5 国と国内主体 ··· 217
　7.3.6 わが国における動向 ·· 220
　7.3.7 ま　と　め ··· 224
引用・参考文献 ··· 225

索　　引 ··· 229

1. 地球温暖化問題の現状

1.1 はじめに

　2008年7月に洞爺湖で開かれたG8サミットでの中心課題の一つは，地球温暖化問題に対応したポスト京都の枠組み作りであったといわれている。この背景には，地球温暖化問題について世間の見方が大きく変化してきたことがあげられる。例えば，2006年に発表されたスターン報告では，経済学の観点から行うべきは「対策するコスト」と「対策しないコスト」の比較であるとし，「将来の被害を考えると，いま，対策したほうが安い」と主張したのである。また，2007年に，IPCC（Intergovernmental Panel on Climate Change：気候変動に関する政府間パネル）の第4次報告書（IPCC, 2007）が発表されたことやIPCCのノーベル平和賞の受賞も大きな影響があった。そこでは，「人間活動の地球温暖化に関する寄与は，90％以上の確からしさ」として，「人間活動が温暖化を引き起こすかどうかは，わからない？」という疑問に決着をつけたという点で画期的である。そして，IPCCは，「いまは行動の時代」と，緩和策と適応策に対する具体的な行動を呼びかけたのである。
　しかしながら，このような地球温暖化問題に対する行動が提起された時期に，新たな問題が起こってきた。いうまでもなく，石油の高騰，エネルギー資源の枯渇に関する懸念，資源の高騰，食料の高騰などである（2009年現在では，不況などにより原油高は解消したが，将来的には石油価格は上昇すると思われる）。また，新たな時代を作るかのようにいわれていたバイオ燃料に対するバッシングなどが声高に語られるようになってきた。さらに，2008年秋に

は，米国のサブプライムローン問題によって世界的な経済不況が引き起こされた。このような世間に起こる出来事の一つ一つが，時代の空気の変化を表しているし，先が見えない現在の状況をよく表していると思う。このようなときには，得てして，流言蜚語や不確かな話が跋扈する。したがって，われわれは，世の中の流れの変化に気を配りながら，正しい知識に基づいて行動していかなければならないということになる。

さて，先に述べたように，IPCCの今回の報告書では，いままでの「人間活動によって温暖化が引き起こされるか，否か？」の議論に終止符を打ち，時代を対応策に向かって進ませる契機となった点が重要である。この変化の背景には，各国で異常気象が続き，多くの国民が，温暖化の可能性を感じ始めたことが大きいと思われるが，同時に，CCS（2章参照）や，石炭利用，原子力，再生可能エネルギーなどの地球温暖化に対する技術的な対応に可能性が出てきたことにも注目する必要がある。さらに，排出権取引などに関する国際交渉の下での国際的なエネルギー使用の枠組みを決める問題が残っている。また，先進国と発展途上国の間の対立を解くのはそれほど容易ではなく，温暖化対策と経済発展の両者を満足させるような対応策が求められている。

これらのことは，気候の温暖化という問題だけに配慮をして行動を決めればいいというわけではなく，現代社会が抱えている問題のすべてに配慮しながら行動を計画しなければならないことを意味している。そして，その指導概念は，サステイナビリティなのである。

ここでは，行動の時代にふさわしい行為につなげるためにも，IPCCの第4次報告書で報告されたことを中心に地球温暖化に関するいままでの科学的な知見を整理し，今後の展開を考えてみることにしよう。

1.2 IPCC第4次報告書の特徴

この節では，IPCCの第4次報告書で得られた新しい知見の中で，筆者が重要と思う点について述べてみたい。

1.2 IPCC 第 4 次報告書の特徴

1.2.1 大気中の温室効果気体は増加している

以前から報告されているように，大気中の二酸化炭素（以下，CO_2）は増加し続け，産業革命以前の平均の 280 ppm に比べて 2005 年には 379 ppm になっている。南極やグリーンランドの氷床をくりぬいて得られるアイスコアの中の気泡の分析から得られる過去 1 万年の大気中の CO_2 濃度と比較してみても（図 1.1），産業革命以降の濃度の増加が異常に大きいことに改めて気がつかされる[1]†。最近の CO_2 濃度の上昇速度を見てみると，1960 年から 2005 年の平均が，1 年当り 1.4 ppm であるのに対し，最近の 1995 年から 2005 年の平均では，1 年当り 1.9 ppm となっている。上昇速度が増大しているようにみえるのが特徴である。

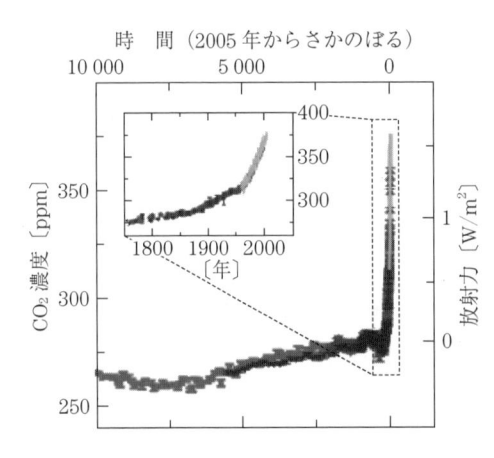

図 1.1 1 万年前からの大気中の CO_2 濃度〔ppm〕。産業革命以降の濃度の増加が急激であることに驚かれることであろう[1]。

温室効果気体は CO_2 だけではない。京都議定書では，削減対象気体として，CO_2 のほか，メタン，一酸化二窒素，ハイドロフルオロカーボン，パーフルオロカーボン，六フッ化硫黄をあげている。報告書では，メタンも一酸化二窒素についても，いずれも，産業革命以降急速に増加していると報告している。

1.2.2 放射強制力とは？

地表面の温度とは，地表面に出入りするエネルギーの釣合いで決まってい

---

† 肩付き数字は，章末の引用・参考文献の番号を表す。

る。このような状況で，大気中の温室効果気体の濃度が変化すれば，地表面からの放射エネルギーを濃度の増加に対応して余分に吸収するので，再度，地表に向けての放射エネルギーが変化することになる。そこで，大気中の温室効果気体による温室効果によって地表面に向かう放射フラックスがどの程度増加するかを示す量として，放射強制力という物理量が使われている。

このような温室効果気体の温室効果については，物理的な理論計算や測定によって求められるので信頼度が高いと考えられている。一方，依然として，推定精度が悪いのは，エーロゾルと呼ばれる大気中の浮遊物質による直接効果，および，間接効果である。エーロゾルの直接効果とは，大都市の空が白っぽいように，大気中の浮遊物質が太陽光を反射する効果であり，間接効果とは，大気中の浮遊粒子が雲の核として働くことによって，雲の粒子の半径を変化させたり，雲の寿命を変化させて，太陽光を反射する能力を変化させる効果のことである。このような効果は，場所・季節により異なると考えられており，地上からの観測や人工衛星観測などにより推定しようとして研究が続けられているが，「地球平均としてどの程度か？」という値を求めるのには依然として困難が伴っている。

なお，温暖化の原因としてよく主張される太陽放射の変化に関しても推定を行っていることに注目してもらいたい。最近は，太陽放射が強くなっていることは事実であるが，その寄与は，第 3 次報告書の推定に比べて半分以下で，温室効果気体に比べてずっと小さいという結果が得られている。

1.2.3 地 表 温 度

産業革命以降の 20 世紀の全球平均の地表気温の変化の図は，毎回の報告書でもおなじみであり，新たに，観測データが付け加わり，期間が長くなり，ますます温度の上昇が確認されたというのが第 4 次の報告書の知見である。政策担当者向けの報告に掲載されている図を**図 1.2** に掲げる。ここで，強調されているのは，第 3 次報告書で報告された温度上昇（1901 年から 2000 年までの 100 年間で 0.6℃（幅は，0.4℃から 0.8℃）であるのに対し，本報告の 1906

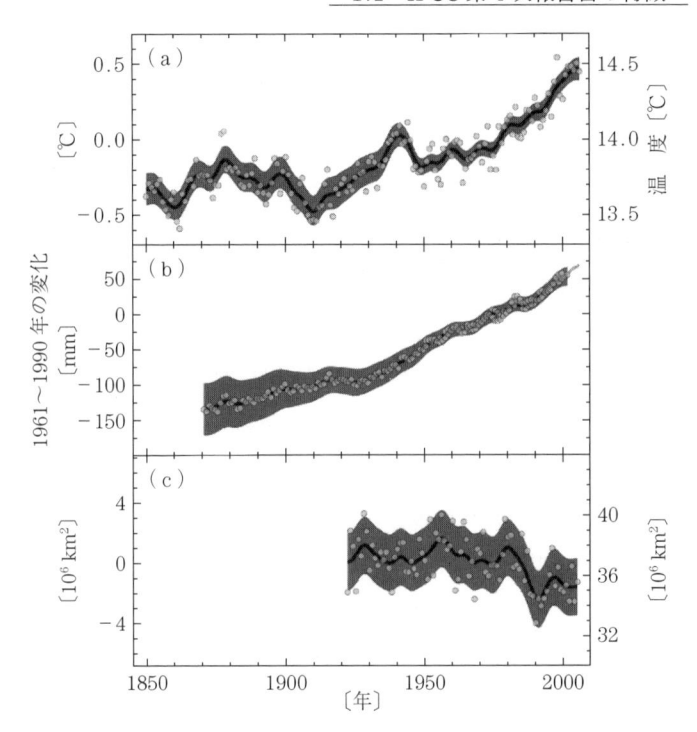

図 1.2 温度，海面高さ，北半球の雪氷面積の変化。（a）全球平均の地表面気温の変化〔℃〕。1990 年を基準としてある。黒線の周りの幅は，推定の幅を示す。（b）同様に，全球平均の海面水位の変化〔mm〕。（c）北半球平均の積雪面積の変化〔10^6 km^2〕[1]。

年から 2005 年の 100 年間で 0.74℃（幅は，0.56℃ から 0.92℃）と増加したことである。この増加には，最近の温度の上昇が大きいことが効いていることは間違いがない。このほかにも，20 世紀の温度上昇を示唆するデータは，数多くある。一番顕著に見られるのは，アルプスなどの山岳氷河の後退である。また，図 1.2（c）には，北半球の積雪面積の減少が示されている。最近の 50 年間の温度上昇は，100 年間の平均の温度上昇に比べて倍になっているとされるが，1990 年代から暖かい年が多いことは経験されていることであり，この結論は納得されることと思う。

　従来は，地表気温の増加に関して，「都市のヒートアイランドの効果が混在

している，温度が上昇しているのは，北半球高緯度のみである，衛星観測では違う」などの批判が加えられていたが，これらの批判に対しても（正直にいえば，言いがかりに近いが）検討が加えられている。まず，ヒートアイランドの効果については，都市化の進んでいない地域のデータをとっても温暖化を示していることや，海洋上のデータからも温暖化の傾向が示されているので，ヒートアイランドの効果は全球平均や北半球平均といった地球規模の温暖化に関する寄与は小さいと考えられる。もちろん，東京などの大都市などでは，ヒートアイランドの効果はものすごく大きいことには間違いはない。しかし，地球は広いので，それらが地球全部の温度を支配するとは考えにくいことは理解されよう。

衛星観測と地上観測データの不一致については，一般の人には理解しにくいことと思う。衛星による地球観測といっても，人工衛星に温度計が積んであって地表の温度を測っているのではなく，地球大気の分子から放射される微弱なマイクロ波を測定している。当然，地表と人工衛星の間には，空気や水蒸気などが存在するので，マイクロ波は，その影響を受けた形で人工衛星によって測定される。そこで，得られたデータから途中のさまざまな影響を除去することによって地表付近の温度を推定するわけである。前にも述べたように，人工衛星の軌道の誤差や成層圏の温度の補正が不十分なので人工衛星からのデータは温暖化を示さなかったと考えられ，適切な補正を行ったところ，地表観測のデータと矛盾はなかったという報告がされている。

1.2.4 海 面 上 昇

温暖化により確実に起こると考えられているのが海面上昇である。これは，グリーンランドや南極の氷が解けるかどうかということを除いても，海水の温度が上昇すれば，膨張により体積が大きくなるので海面は上昇することになる。なお，海に浮かんでいる氷が海面上昇に寄与しないのは，アルキメデスの原理により，氷の重量は海面下の氷が占めている体積に相当する海水の質量と等しいため，氷が溶けるとちょうど氷が占めていた海面下の容積を埋めることになるからである。この海面上昇の時間的変化が，図1.2（b）に示してあ

る．これも，観測データによって 20 世紀から 21 世紀に引き続く海面上昇の傾向は確認されたといってよい．ちなみに，20 世紀の 100 年間の全球平均の海面高度の上昇は，17 cm（12〜22 cm）とされている．

1.2.5 降水量と異常気象

人間生活に大きな影響を与えるのは降水量の変動である．しかしながら，降水量変動は，局所的であり，また，すべての降水量を観測することができないので，明確な結論を得ることは不可能である．しかしながら，強い降水があちこちで増えていることは，気象庁による異常気象レポートなどに報告されている．

さて，異常気象というと，「地球の温暖化が進むと異常気象が増えるのではないか？」という質問が一般の人から頻繁に寄せられる．自らの生活には異常気象と呼ばれる天気が大きな影響を及ぼすのであるから，このような質問が出るのは当然であろう．しかし，気象は，本質的に確率統計現象であり，暑い日も寒い日も存在し，また，猛暑の年も冷夏も存在する．一般的には，まれに起こる現象は社会に対する影響も大きいので異常気象と呼ばれているが，本来，気象には正常も異常もない．ただ違っているのは，まれに起こるか，頻繁に起こるか，という頻度の違いなのである．そこで，IPCC では，まれに起こる現象という意味で異常気象のことを極端現象と呼んでいる．

このような極端現象の例としては，猛暑，冷害，集中豪雨，台風などがあげられる．これを見ると，多くの極端現象が降水プロセスに関連していることがわかる．しかしながら，現在の気候モデルでは，降水プロセスの表現は弱点の一つであり，降水量が，十分正確に表現されているかは注意しなければならない．それに対し，気温に関連しては気候モデルの精度は高いと考えられるので，真夏日の増加などの予測の信頼度は高いと考えられる．また，降水プロセスの精度が悪いのは，降水をつかさどる積乱雲などの水平スケールが小さいためである．だから，どこで集中豪雨が起こるか，どの程度の雨量があるか？というような点に関しては，気候モデルの精度が十分とはいえないのである．一般的には，気温が増加すれば，大気中に含まれる水蒸気量が増加し，積乱雲に

伴う降水量は増加することは間違いがないと思われる。熱帯地方の積乱雲に伴う降水が激しいことを想定すれば，容易に，理解できることであろう。ただ，問題は，頻度である。この問題が端的に示されているのが，台風の変化である。現在の研究結果では，強い台風の発生する確率は高くなると考えられているが，弱い台風の数は減るのではないか？といわれている。

1.3 気候モデル

地球温暖化は将来の問題であるために，気候モデルを用いた数値シミュレーションが重要な役割を果たしている。そこで，ここでは，今後とも地球温暖化問題で中心的な役割を果たす気候モデルについて簡単に説明を行いたい。

気候システムは，大気や海洋などのさまざまのサブシステムから成り立っている。そして，これらのサブシステムは，それぞれ固有の力学と時空間スケールをもっていると同時に，それらの間には相互作用が存在し，その結果として気候システム全体の振舞いが決まってくるのである（図1.3）。例えば，大気は気体であるのに対し，海洋は液体，氷床は粘弾性体である。したがって，それぞれに適した方程式系を用いる必要がある。また，これらのサブシステムの間では，エネルギーや物質が交換されており，その相互作用は物理的・化学的な法則によって支配されている。例えば，大気や海洋は，流体であるので，物理的な変数としては，速度（風速や流速），圧力，温度，質量などが用いられるのが普通である。これに対し，速度に関しては，ナビエ-ストークスの方程式，そして，温度，圧力，質量に関しては，エネルギー保存則，質量の保存則，そして，状態方程式によって記述される。したがって，これらの連立方程式を解けば，解が求まる，ということになる。ただ，解を解析的に求めるのは不可能なので，地球上に格子点を展開し，差分などの近似計算を用いて数値計算を行うのである。

将来の予測をするということは，初期値問題を解くことであり，時間軸方向に積分を行わなければならない。つまり，一定の時間間隔で数値積分を繰り返

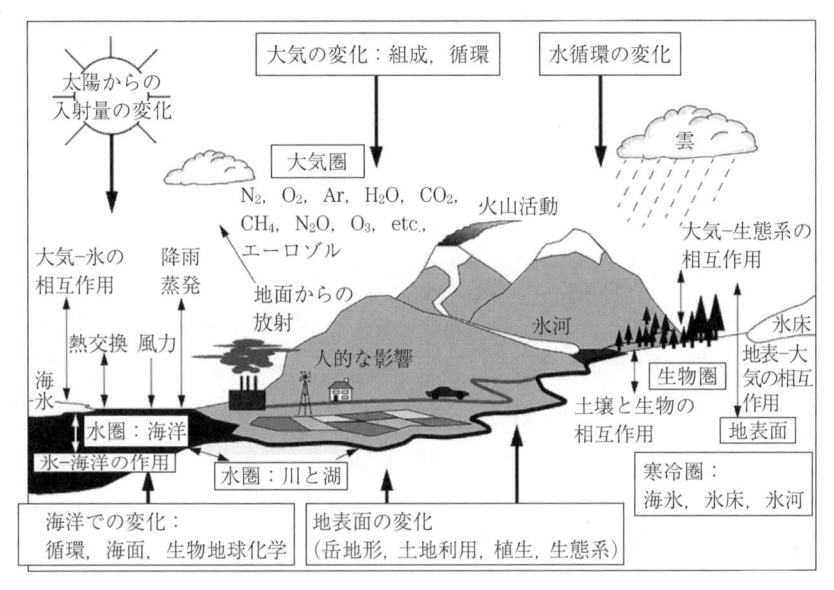

図 1.3 気候システムの模式図。気候システムは，大気や海洋，雪氷，植生などのサブシステムから成り立っている。それらの間には相互作用が存在し，エネルギーや水，さまざまな物質が循環している[2]。

しながら，目標とする時間まで計算を繰り返すのである。この時間間隔は，格子間隔により異なってくるが，大気の場合で格子間隔が 300 km のときには，おおよそ 5〜30 分程度になる（この違いは，計算手法による）。このようなモデルを 100 年間積分しようとしたときには，非常に多くの計算時間が必要なことを理解していただけると思う。また，気候の計算の場合には，1 日 2 回，できれば，1 日 4 回，すべての変数をデータとして残しておく必要がある。100 年後の値が重要なのではなく，100 年間にわたる時間変化が重要だからである。このため，気候モデルの関係者は，つねに，最高速のスーパーコンピュータと最大量の記憶媒体を求めているのである。また，このような計算は近似計算であるので，誤差が集積したりして必ずしも正しい解が求まる保証はない。そこで，効率的な時間積分法やその精度の解析など膨大な研究が存在する。

幸いにして，日本では，1997 年から 5 年間かけて，世界一のスーパーコンピュータ"地球シミュレータ"を開発するプロジェクトが行われた。この"地

球シミュレータ"の成功は，米国に"スプートニク以来の衝撃"を与え，スーパーコンピュータの開発競争が再発したのである．現在では，米国勢に抜かれ，地球シミュレータは世界7位程度に落ちてしまったが，これを挽回すべく，2006年から新たな国家プロジェクト「京速コンピュータ計画」が始められている．

この地球シミュレータの開発と同時に，地球温暖化に貢献する「日本モデル」開発プロジェクトが行われた[13]．この中で，東京大学気候システム研究センター，国立環境研究所，海洋開発研究機構の3者は共同して，世界で最も細かい大気海洋結合モデルを開発し，地球温暖化のシミュレーションを行った．最も細かいといっても，大気モデルの格子が，約100 km程度，海洋モデルの格子が約20 km程度である（注：気候モデルという場合には，普通は，大気大循環モデルと海洋大循環モデルを結合したものを意味するが，厳密にいう

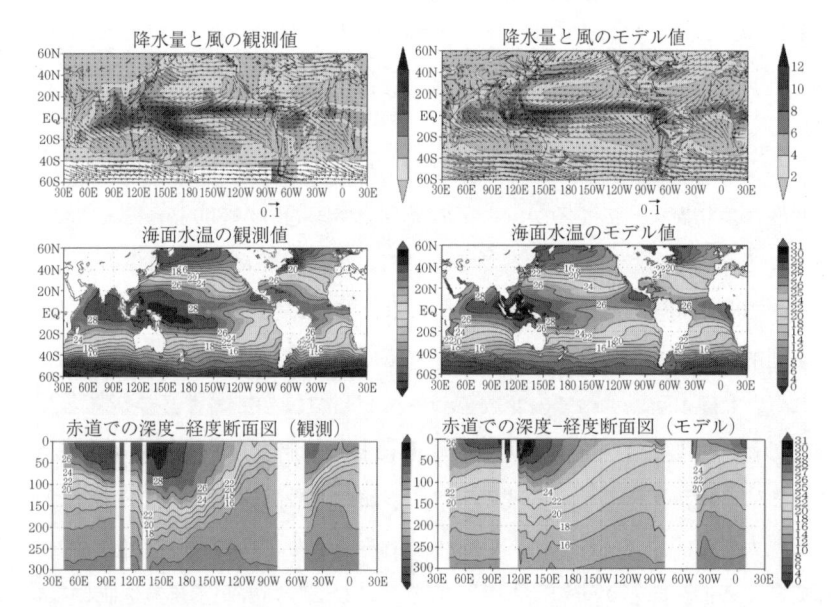

図1.4 海面水温と降水量と気候モデルのシミュレーション結果（口絵1）．（左上）観測された年平均日降水量分布と地表の風の分布．（右上）高分解能大気海洋結合モデルで計算された年平均日降水量分布と地表の風の分布．（中）同様に，年平均海面水温分布．左側が観測，右側がモデルの値．（下）赤道太平洋での深度-経度断面図．

と，簡単なモデルから中程度の複雑さをもったモデルも存在するので，これらをすべて含めて気候モデルと呼び，大循環モデルを用いた場合には，大気海洋結合モデルと呼んでいる)．

　このような気候モデルの性能は，現実の観測と比較することによって行われている．図1.4には，現在の気候での海面水温と降水量と気候モデルのシミュレーション結果が示してある．降水は，地球規模のスケールの現象から最も水平スケールの小さい現象で支配されているので，この降水分布が正しく表現されていれば，大気中のプロセスのおおよそは正しく動いているであろう，と考えることができるし，また，地球の表面の7割は海洋であり，海面水温さえ正しく表現されていれば，大気の状態も海洋中の状態もおおよそ正しいであろう，と推測されるので，気候モデルの評価には，この両者がよく使われる．この図を見ると，多少の違いは見出されるが，おおよそ，よく再現されている，といってよいと思う．

1.4　地球温暖化は起きているか——懐疑派との闘い

　地球温暖化問題に関する議論において，つねに，「地球温暖化は事実なのか？」という点が争われてきた．確かに，地球に関するわれわれの知識は限られているし，自然については，わかっていないことも多い．しかしながら，この問題を考える際には，現在の気候を維持している地球の温暖化プロセスと人間活動に起因する地球の温暖化という問題を区別しなければならない．CO_2が赤外線に関して温室効果をもつことは確かな事実であり，地球大気のもつ温室効果により現在の年平均全球地表面気温(約15°C)が維持されていることも事実である．もちろん，水蒸気による温室効果が最も大きく，CO_2による寄与は，おおよそ，温室効果の寄与分を30°C程度とすれば，最大10°C程度と見積もられている．大気中の水蒸気量は，大気の運動によって決まってくるので，気候システムの内部変数と考えており，人為的に操作できる物理量とは考えていない．したがって，大気中のCO_2が現在の倍になれば，地表面気温が上昇

すること，そして，その上昇の程度が，全球平均で3°C程度であろうことは疑いのないことと思われる。

　しかしながら，「人間活動に伴う地球の温暖化」という問題は，具体的な対策の道筋が示されていない問題である。また，水俣病のように現実に起こった問題なのではなく，科学の知見に基づいて予測された問題であるというところに特徴がある。それゆえに，行動を起こそうとすると，つねに，「科学的知見は完全なのか？　地球の温暖化は本当か？」という点が問題にされる。さらに，具体的な行動をとるような状況になると，その一つの行動が，「勝ち組と負け組」を生み出すことになり，反対意見は強くなる。

　また，もう一つの方法に，「まだわかっていないことがある」という指摘がある。最近の，「太陽活動に伴う宇宙線の変化により，凝結核の能力が変化して雲量が変化するから気候がコントロールされている」という主張も，断片的なデータの相関や，思いつきの域を出ないと思われるが，地球に関する科学には，まだまだ，不十分であり，いろいろな可能性を考える必要があり，完全に否定するのは困難である。また，わからないプロセスについては，その物理的・定量的な解明が不可欠となる。

　このような問題提起には，つねに，批判的に見る科学的精神の発露という側面もあるが，他方，「自分の欲望にとって都合の良い話」には，不確実なことも確実と思い，「自分の欲望にとって都合の悪い」話は，確実であっても不確実と思いたい，人間の性が背景にあるのが正直なところである。

　これらの，地球温暖化問題に反対する人を，「反温暖化論者」と呼ばないのは，彼らが積極的に人間活動による温室気体の増加は気候変動をもたらさない，と主張しているわけではないからである。彼らは，疑問を呈することによって，あるいは，「このようなプロセスの可能性もある」という疑問を示すだけである。したがって，これらの地球温暖化を批判する人たちを，一般的に，懐疑派と呼ぶ。しかしながら，これらの懐疑派の政治的な意味合いは，問題が完全に解けていないこと，まだわからないことがあることを強調することにより，問題に対する行動を妨げることにある。否，結果として，現状維持，問題

先送りという結論を，間接的に支持しているのである。これらの懐疑派の主張に関する反論は，東北大学の明日香教授たちによる力作にまとめられている。興味ある人は参照してもらいたい（http://www.cir.tohoku.ac.jp/~asuka/）。

1.5 地球の温暖化は人間のせいか？

最大の問題は，「最近の地球温暖化が人間活動のせいか，否か」という点である。いうまでもなく，気候には自然の要因に基づく変動が存在する。地球の歴史を見てみれば，最近の数十万年は，氷に覆われた氷河期などの寒冷な気候と，温暖な気候の間氷期の繰返しであったことがわかる。20世紀に目を向けても，20世紀前半の温度上昇，1950年以降の寒冷化というような変動が見てとれる。このような自然の要因に基づく変動がある以上，「1980年以降の温度上昇も自然の要因によって引き起こされた可能性は否定できない」という主張も可能である。さらに，その根底にあるのは，われわれの自然に関する知識が不十分であるということである。

人間の自然に関する知識が不十分であり，安易に結論を出すべきではない，という態度は，自然科学に従事するものにとっては自明であり，貴重である。しかし，そのような態度が可能であるのは，なにもしなくても事態が変化しない，あるいは，不用意に行動することによって将来に禍根を残す場合である。しかしながら，地球温暖化の場合には，なにもしなければ事態が変化していき，取り返しのつかない状況になってしまうという問題である。このようなときに，事態が解明されるまで行動を差し控えるべきというのは，通用しない議論であろう。

現在の地球温暖化の原因の推定は，従来の実験室的な手法では不可能である。なぜなら，2100年の気候は，まだ存在していないからである。そこで，気候モデルによるシミュレーションに基づいて原因を推定することになる。気候モデルの妥当性について疑問を呈する人もいるが，いままでのわれわれの自然に関する知見は，気候モデルの中に，すべて込められているといってよい

し，日々の天気予報の経験や過去の事例の再現などを通してみてもその能力は信頼してもよい．

まず，20世紀中に起こったさまざまな自然的な要因（火山の爆発や太陽活動の変化など）と人間的な要因（土地利用の変化，化石燃料の消費，エーロゾルの増加など）を与えて，20世紀の気候の変動を再現する（太線，灰色部分は，変動幅を示す）（**図1.5**（a））．現実のデータ（細線）と比較して再現性

（a）自然影響＋人為影響

（b）自然影響のみ
（太陽変動＋火山噴火）

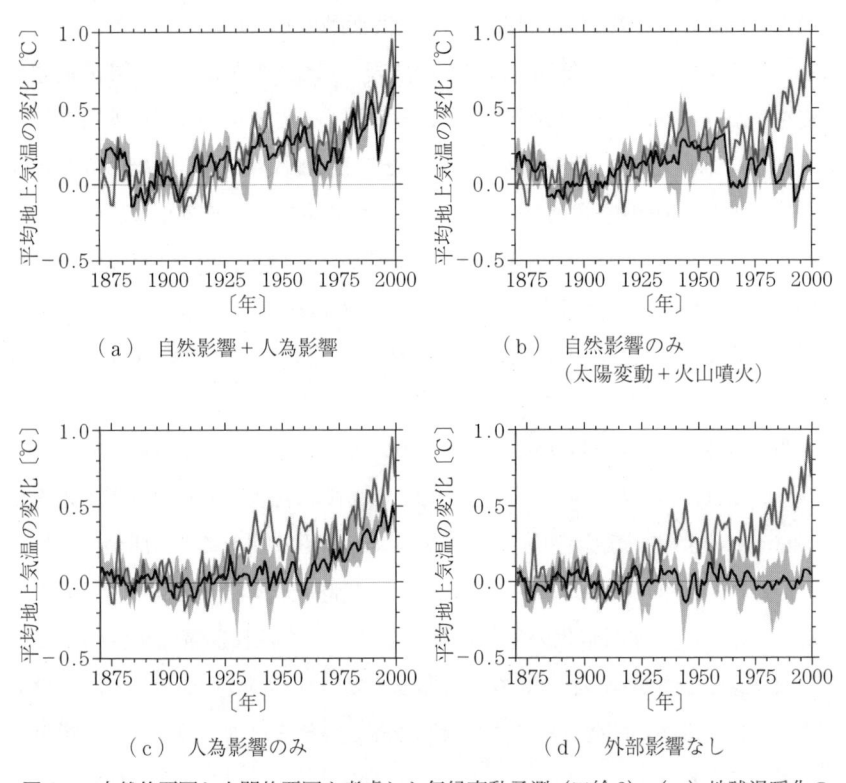

（c）人為影響のみ

（d）外部影響なし

図1.5 自然的要因と人間的要因を考慮した気候変動予測（口絵2）．（a）地球温暖化の原因を推定する数値実験．1860年を初期値として，自然および人的な影響を与えて2000年までの気候を再現した結果である．灰色の部分は，初期値の違いに基づく結果のばらつきの程度を表す．（b）自然影響のみの場合で，人為的影響の場合とは逆で，20世紀前半の温度上昇は出るが，20世紀後半は，まったく表現されない．（c）CO_2などの人為的な影響のみの場合．この場合は，20世紀前半の温度上昇は表現できないが，20世紀後半の温度上昇は再現される．（d）なにも強制力が働かなかった場合を示している．この場合には，気候値は変化をしないこと，しかしながら，一定ではなく，0.1〜0.2℃程度のふらつきを示すことに注意してもらいたい．

はよいと判断される。つぎに，さまざまな要因を排除して再現を試みる。例えば，人間的な要因を排除し，自然的な要因だけを用いても，20世紀最後の，1980年以降の気温の上昇は再現できないが（図1.5（b））、人間的な要因を考慮すると，この温度上昇はよく再現できるようになる（図1.5（c））、ということが結論づけられる。これらの結果から，人間活動に伴う温室効果気体の増加が，地球の温暖化に関する要因であると推定できるのである。

このような気候モデルを用いて，地球温暖化に伴う気候の変化の推定が行われている。世界各国の研究機関の気候モデルを用いて行われた結果は，IPCCの1次から4次にわたる報告書にまとめられている。この際には，21世紀の社会発展を想定して，CO_2やエーロゾルの大気中の濃度を推定できるシナリオというものを用いる。第4次報告書でのさまざまのシナリオに基づく全球平均地上気温の増加のシミュレーション結果が**図1.6**に示してある。シナリオの違い，モデルの違いなどにより，結果はある程度の幅が出てくることになる。これに対して，気候モデルのもつ不十分さと，シナリオのもつ不十分さがあるの

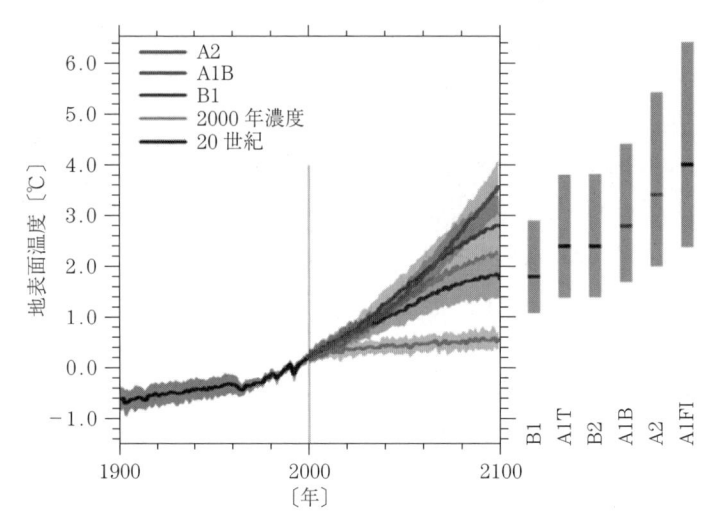

図1.6 IPCC第4次報告書に掲載された，21世紀の全球平均地表気温の上昇の様子。B1とか，A2という記号は，将来シナリオの種類を表す。詳細は，章末の引用・参考文献1）を参照のこと。

で，このような結果は信用できない，というような反論が出されている。しかしながら，不完全というのは，まったく信用できないということではない。図1.6を見ても，CO_2倍増時の温度上昇が，1.4〜6.4℃程度にばらついている，と主張する人がいるが，どんな気候モデルも温度の上昇を支持しているし，2050年までの温度の変化傾向は驚くほど似通っていることに着目する必要がある。とにかく，現在のような生活を続けていく限り気温の上昇は続くのである。

1.6 温暖化によりどのような気象になるのか？

1.6.1 はじめに

「地球温暖化が進むと異常気象が増えるのではないか？」というのは，何回も繰り返される質問である。この背景には，「地球温暖化が進行したら，どのような天気になるのか？ われわれの生活にどのような影響が出るのか？」という懸念・不安があるのであろう。科学的には，断定的なことはいえるわけもなく，答も，「自然の変動があり，個々の気象現象の予測などはまったく不可能である。ただ，統計的には推論することができる」というものである。そして，この推論の基礎となるのが，先に述べた気候モデルを用いた数値シミュレーションである。

従来，気候モデルを用いた温暖化のシミュレーションでは地球規模での予測は可能であるが，集中豪雨などのような空間スケールの小さい現象のシミュレーションに関しては，計算機の能力の限界などもあり難しいとされていた。しかしながら，結局は，人々は国家の枠内で生活しており，地球温暖化に対応するとしても国家の枠を無視することはできない。その結果，地域的な気候変化，「自分の国にはどのような影響があるか？」という疑問が重要になってくる。そのため，各国で"地域的な気候変化"を求めるための努力が続けられてきた。

1.6.2 東アジアの気候変化

地域的な気候変化を求めるためには，非常に細かい格子を用いた，一部の領

域だけを表現する気候モデルが使われてきた。しかし，この場合は，境界値として与える外側の粗い格子の気候モデルの結果に依存することが多い。もし，細かい格子で地球を覆う気候モデルを走らせることができればこの問題は解消することになる。したがって，最新鋭のスーパーコンピュータの登場につれて，より細かい，より複雑な気候モデルが開発されつつある。

先に述べた，日本で開発された気候モデルを用いて計算された人間活動に伴う地球温暖化に伴う東アジアの夏季の気候変化を見てみると，揚子江から西日本にかけての梅雨前線の活動は強化され，雨量も増えるという結果が得られた。しかも，その雨量の増え方は，一様に増えるのではなく，強い雨が増えるという結果が得られた（**図1.7**）。このことは，梅雨前線に沿って，集中豪雨が頻発する可能性を示唆している。また，最近でも，山津波とも呼ばれる土砂災害が頻発している。農山村の高齢化に伴い，水防団などの従来は機能していた地域の災害に抗する力が減少しているなかで，将来の減災害に向けての新たな社会的な取組みが必要となろう。

しかしながら，気候モデルでは直接雲を表現することはできない。そこで，大気の風や水蒸気量，成層の安定度などを用いて降水量を表現するスキームを

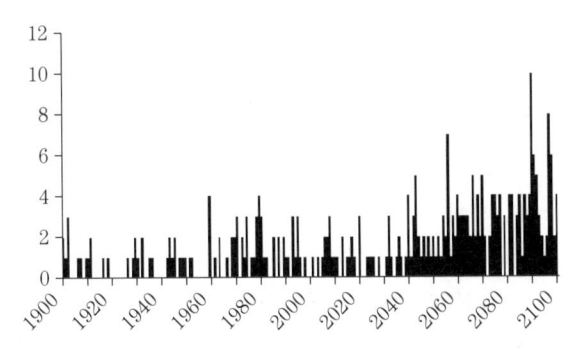

図 1.7 計算された 1900 年から 2100 年までの日本の夏季（6〜8 月）の豪雨日数の変化。2000 年以降は，シナリオ A1B を用いている。日本列島を覆う格子で，日降水量が 100 mm を超した日時を数えた。格子間隔が広いので現実の豪雨と比較するには無理がある。むしろ，相対的な変化に注目してもらいたい。

用いている。そこで，本当に集中豪雨などが表現できるのだろうか？という質問が寄せられる。これに対しては，天気予報でも同じような手法を用いており，その経験によると，集中豪雨の細かい場所の特定や開始時間などには不十分な点があるが，「西日本で週末に集中豪雨の可能性あり」という程度の情報に関しては問題はないと考えている。したがって，先に述べた「地球が温暖化すると集中豪雨が西日本では増える」という結論は妥当なものといえよう。

この「日本モデル」プロジェクトで，気象庁気象研究所は，雲を分解できる，格子間隔3.5kmの領域気候モデルを開発し，温暖時の梅雨前線の振舞いをシミュレーションした。この場合でも先に述べた結論は変わらずに，集中豪雨が増加するという結果が得られている。さらに，このモデルの結果では，梅雨明けがないという可能性も示唆されている。地球温暖化というと太陽がギラギラ照りつける夏を想像するが，雲が立ち込め蒸し暑い夏もあるのである。

1.6.3 台風はどうなるか？

もう一つの異常気象は台風である。台風は，集中豪雨と同じように正しく再現するには，1～2km程度の格子間隔が必要となる。しかしながら，いままでの経験によれば従来のモデルでもそれなりに台風の活動は再現できるという結果が得られている。そこで，気象研では，格子間隔20kmの全球大気大循環モデルを開発した。このモデルでは，台風の発生・発達・移動などがよく再現できているといえる。このモデルに，地球温暖化シミュレーションで得られた地球温暖化に伴う海面水温の上昇分のみを現在の海面水温に加えて，温暖化したときの台風のシミュレーションを行ってみた。その結果が図1.8に示されている。全体として個数が減っていることが理解されよう。

この図は，台風の最大風速に基づいて個数を計算したヒストグラムである。この結果によれば，弱い台風は減少するが，強い台風は増加するという傾向が読み取れる。また，東京大学などが計算した海面水温分布を与えた結果も示している。気象研の海面水温と東京大学などの与える海面水温は異なっており，東京大学のほうが西太平洋の海面水温は高い。その結果，東京大学などのケー

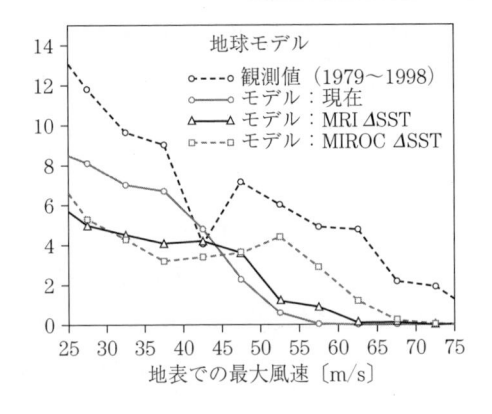

図1.8 最大風速に基づく台風のヒストグラム。観測値に比べて、現在の台風の再現（○----○）は、不十分であることがわかる。温暖化すると（△——△，□----□），弱い台風は減少するが、強い台風が増加することがわかる。海面水温の上昇の程度が大きいケース（□----□）では、強い台風の増加がより顕著である。

スでは，より強い台風が発生している．一般に，海面水温が高いと強い台風が発生することは知られているので，温暖化すると海面水温も上昇するから強い台風が発生するということは無理のない結論であろう．

つぎの質問は，日本に上陸する台風の数が増えるか，減るかである．しかし，台風の進路は，太平洋高気圧の位置やジェット気流の位置など大気大循環の流れに依存するため，年々の変動に大きく依存する．したがって，温暖化すると日本に来襲する台風が増加するか，減少するかを推論することは現在では困難である．今後の研究課題であろう．

1.6.4 海面上昇や旱魃などが問題

地球温暖化に伴う異常気象を議論してきた．このような異常気象のほかに，もう少し，ゆっくりとした気候の変化が存在する．この中で最も大きな気候変化は，南極大陸の氷床が溶け出して海面高度が上昇することである．西南極氷床は，海洋をせき止めた形で存在しており，もし，海水が氷床の下に入ると急速に氷が割れて溶けてしまうといわれている（これを西南極氷床のカタストロフィックな崩壊と呼んでいる）．しかし，現在の知見では，21世紀中にはこのようなことが起こる可能性は少ないといわれている．

むしろ，問題は，地球温暖化に伴う海水の熱膨張による海面上昇である．海洋に取り込まれた熱は海洋内部に運ばれる．海洋内部全体が温まるのには約

2000年程度要するといわれている。この期間中，海面高度は上昇することになる。21世紀中の海面上昇は，世界平均で数十cmとしても，これが数百年も継続するのである。明らかに，海面浸食を引き起こし，インフラの整備されていない発展途上国には大きな影響があろう。

このような気候変化というと「The Day After Tommorrow」の映画で見たようなシーンを想像されるが，実際に，影響の大きいのは，ジワジワと継続する旱魃や海面上昇である。これらの気候変化は，農業や経済活動に大きな影響を与え，人々の生活に大きな影響を与えることになる。したがって，短い時間スケールで起こる集中豪雨，土砂崩壊などとともに，長い時間スケールで発生する旱魃・海面上昇に備えることが重要である。

1.7　地球温暖化はなぜ悪いのか？

最後の問題は，地球が温暖化したらなにが悪いのか？という点である。この問題に関しては，IPCCの報告書に，さまざまの影響が記載されている。例えば，海面上昇，豪雨・旱魃の増加，生態系の変化や疫病の発生などである。しかしながら，これらの影響は，日本に住む個人にとってはもう一つはっきりしないというのが正直なところではないであろうか。実際，個人への影響は個人を取り巻く状況に強く依存するので，人によって感じ方は千差万別となる。

また，地球温暖化予測に関する不確実性の問題も存在する。「温度上昇の予測が不確か」との論点が存在する。長期の気候の予測に関しては，一定程度のばらつきは不可欠である。第4次報告書にあるように，1.1～6.4℃という幅があったからといって，地球温暖化問題を考えるのになんら支障がない。さらに，地球温暖化は，だれにも同じように影響を及ぼすのではなく，貧困層に，発展途上国に，将来の世代にというように，社会的な弱者により強く影響を及ぼす問題であるということを認識しておく必要がある。

地球の温暖化は，それ自体，自然の変動のメカニズムを用いて起こってくるので，地球にとっては，なんら問題のない普通の事態である。過去の地球の歴

史の中でも，生物は環境に適応してきたのだから，適応しなければ絶滅すればよい，と主張する人も存在する．しかし，それは，傍観者的態度であるし，そこまで生存を超越していられるであろうか？　結局，人間社会が適応できるか，否かという問題が残る．いままでの人類の歴史の蓄積のうえに現在のわれわれの生活があるのだから，われわれには，この生活を持続させてゆく責任がある．さらに，注意する必要があるのは，現在の人類は，自然の上に住んでいるわけではなく，自然の上に作られた政治・経済社会という枠組みの中に住んでいるということである．その人類の外骨格ともいえる社会システムの維持を考えなければならない．現在の人類が必要としているエネルギーや物資にしても，現在の自然システムと平衡できる以上の量を必要としているのである．また，最近のインド洋での地震・津波に見られるように，社会基盤が崩壊したら，すぐに，疫病などが発生する可能性が存在するのである．なお，地球温暖化に関する日本の研究は，章末の引用・参考文献 4) にまとめてある．

1.8　なにをなすべきか？

それでは，どうすればよいのだろうか？　はじめに述べたように，地球温暖化問題をめぐる状況は，「温暖化しているかどうか？」を議論する状況ではなく，「温暖化した気候の下に，いかなる世界を作るか？」ということを議論し行動する時期にきている．その際には，限られた資金をどの分野に投入するのが最適かということが議論の中心になる．現在のわれわれの社会の社会基盤は，現存する気候を前提に，長期間の資本投下のもとに構築されてきたものである．例えば，ダムなどに見られる社会基盤システムを考えてみればよい．したがって，よってたつ基盤となる自然のシステムが変化してしまえば，大きな影響を受けることになる．したがって，現在は，できるかぎり合理的な将来の気候の推定に基づき，意思決定を行う必要が出てくる．幸いにして，最近の研究によれば，20～30年程度の気候の変化では，温室効果気体の排出シナリオなどにあまり依存しないこと，また，この程度の時間スケールなら相当に高分

解能のシミュレーションが可能なこと，過去のデータの比較などにより予測精度の推定が可能なことなどにより，対応策・適応策の面でも新たな展開が起こることが期待される。

　しかしながら，われわれの社会の基盤を揺り動かしているのは，地球の温暖化のみではない。資源も，廃棄物も，エネルギーも，現在のままの生活を続けてゆけば，問題を生じることは，容易に想像できる。いいかえれば，どんな理由であれ，21世紀の世界を安定に発展させてゆくには，新しいパラダイム，新しい秩序，新しい枠組み（すなわち，サステイナブルな社会（持続的成長社会）[5]）を準備するしか道がないように思われる。

引用・参考文献

　参考文献としては，IPCCの報告書があげられる。第4次報告書は，IPCCのホームページからダウンロードできるし，ハードカバーは，ケンブリッジ大学出版局より発刊されている。すこし古くなるが，第3次報告書なども参考になる。

1) IPCC：Climate Change 2007：The Physical Science Basis（Climate Change 2007）Susan Solomon, Dahe Qin, Martin Manning, Melinda Marquis, Cambride University Press（2007）
2) IPCC：Climate Change 2001：The Scientific Basis：Contribution of Working Group I to the Third Assessment Report of the Intergovernmental Panel on Climate Change（Climate Change 2001）Intergovernmental Panel on Climate Change Working Group I., John Theodore Houghton, Y. Ding, David J. Griggs, Cambride University Press（2001）

　地球シミュレータや，それに関連した気候モデル開発などには
3) 住　明正：さらに進む地球温暖化，ウエッジ選書 28，ウエッジ（2007）

にやさしく触れられている。日本全体の地球温暖化研究については
4) 小池勲夫編：地球温暖化はどこまで解明されたか――日本の科学者の貢献と今後の展望 2006，丸善（2006）

が，要領よくまとめられている。サステイナビリティについては
5) 小宮山宏：サステイナビリティ学への挑戦，岩波科学ライブラリー 137，岩波書店（2007）

を参考にされたい。

2. CCSシステム

　なにも対策をとらなければ大気中に放出され地球温暖化を促進する二酸化炭素（以下，CO_2）を，なんらかの方法で回収し，それを大気中に放出されないように貯留あるいは固定する方法をCCS（carbon capture and storage, carbon capture and sequestration：CO_2分離回収・貯留（固定，隔離））と呼んでいる。CCSは

① CO_2の分離回収
② CO_2の輸送
③ CO_2の貯留（固定）
④ 貯留したCO_2のモニタリング

のプロセスからなっている。図2.1にCCSの概念図を示す[1]。

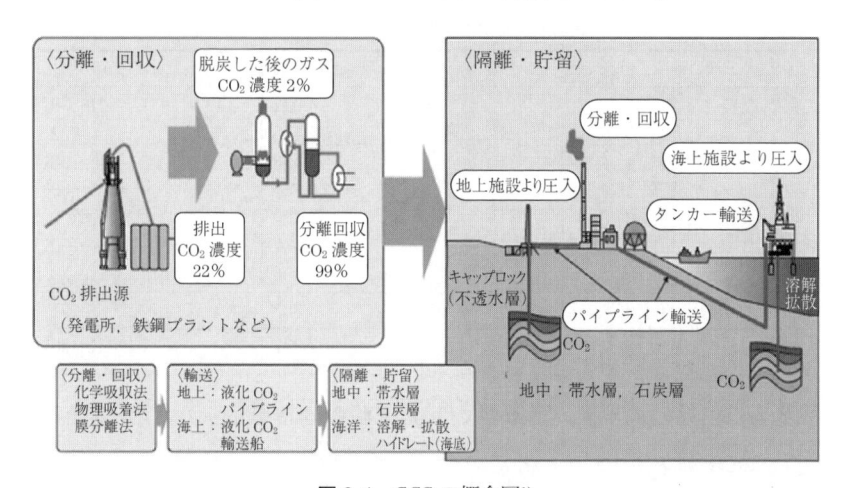

図2.1　CCSの概念図[1]

2.1 CO_2 分離回収

2.1.1 CO_2 発生源

化石燃料を燃焼させてエネルギーを確保しようとすれば，CO_2 が発生する。この発生源としては，発電所，工業プロセス（セメント工場，製鉄所，バイオマス燃焼など），輸送分野，一般家屋や商業用ビルなどがある。

2000年の世界の化石燃料起源の CO_2 放出量は 23.5 Gt/年（あるいは 6 Gt-C/年）であった。このうち約60%が定置型大規模 CO_2 発生源からの発生である。表2.1に大規模発生源からの CO_2 発生量を示す。定置型とは発電所やセメント工場のように発生源が移動しないものをさす。現在 CO_2 分離回収の対象となっている発生源は定置型のものである。また，経済的な理由から大規模発生源が対象となっている。大規模発生源からの CO_2 濃度は大部分は発電所であり，その CO_2 濃度は15%以下である。また，95%以上の高濃度発生源は CO_2 発生量の2%以下である。一方，自動車のように移動式の CO_2 発生源もあるが。これらは分離回収の対象にはなっていない。

表2.1 世界の大規模発生源からの CO_2 発生量（0.1 Mt-CO_2/年の発生量以上の発生源）(2000年)

プロセス		発生源の数	発生量〔Mt-CO_2/年〕
化石燃料	電力	4 942	10 539
	セメント	1 175	932
	製油所	638	798
	製鉄	269	646
	石油化学	470	379
	石油・ガス精製	N/A	50
	その他	90	33
バイオマス	バイオエタノール，バイオ燃料	303	91
総計		7 887	13 466

図2.2に世界の大規模，定置型 CO_2 発生源の分布を示す。北米，欧州，東アジアに発生源が集中している。

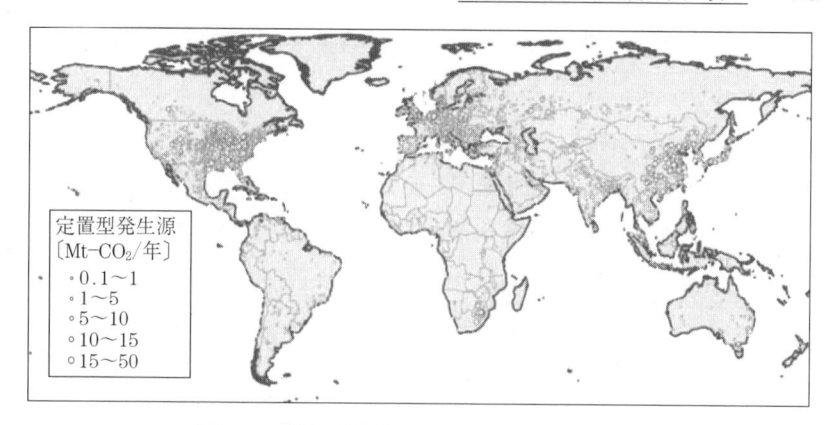

図 2.2　世界の大規模,定置型 CO_2 発生源分布[2]

2.1.2　CO_2 分離回収

CO_2 分離回収の目的は CO_2 濃度の高いガスを製造することである。前項で述べたように世界の主要 CO_2 発生源である火力発電所から排出される CO_2 濃度は15%以下であり,それをなるべく高濃度にして回収する。

現在工業的に大規模に採用されている火力発電所の排ガスからの CO_2 回収方法は,燃焼後回収,燃焼前回収の2方法である。このほか,研究段階であるが酸素燃焼も考えられている。

① 燃焼後回収:現在の発電所などで最も広く普及している方法である。化石燃料を燃焼させたあとの排ガス中の CO_2 を分離回収するものである。この場合の CO_2 濃度は,石炭火力発電所で約15%,石油火力発電所で約12%で,天然ガス発電所で約10%である。このように CO_2 濃度が低いので,高濃度 CO_2 にするには大きなエネルギーを必要とする。

② 燃焼前回収:化石燃料をガス化し,ガス中の CO_2 を回収する。CO_2 を除去した後,可燃成分ガスを燃焼させて発電などに利用する。この方法では,燃焼後燃焼の排ガス中の CO_2 濃度より高い濃度の CO_2 を分離するので,回収効率は高くなる。ガス化複合発電などと組み合わせる。

③ 酸素燃焼:燃焼後の CO_2 濃度が低くなるのは燃焼に窒素の入った空気

を使用するためである。空気の代わりに酸素を用いて燃料を燃焼させ，高濃度（濃度80％以上）のCO_2を直接製造する方法である。この場合，酸素を製造する場合に，空気から酸素を分離する必要がある。酸素燃焼では，酸素濃度95％以上の酸素が必要である。まだ研究段階である。

また，CO_2の固定という観点からみると，CO_2の工業的利用もCO_2回収方法と考えられる。

CO_2回収コストは回収前のCO_2濃度，回収プロセスの種類によってある程度の幅があるが，30〜50 US\$/t-CO_2の範囲にある。

2.2 CO_2 の 輸 送

CO_2発生源が，例えばCO_2地中固定地と離れている場合には，CO_2の輸送が必要になる。CO_2の輸送には，天然ガスの輸送と同じように，パイプラインと船舶（タンカー）による輸送が主流である。後者は，輸送距離が長い場合や海外への輸送に採用される。自動車による輸送も可能であるが，パイプラインやタンカーと比較して経済的に不利であり，大規模なCO_2輸送には不適である。米国では，テキサス州の石油開発で EOR（enhanced oil recovery：石油の増進回収法（後述））を使用しているため，それに使用するCO_2を米国中部のCO_2ガス田から輸送している。その距離は 2 500 km にも達している。長距離パイプライン輸送では，輸送距離に応じて何箇所かでブースターによりガス供給圧を上げる必要がある。

CO_2の輸送に関しては，輸送中のCO_2ロス（大気への漏えい）という問題がある。タンカーでの漏えいは輸送距離 1 000 km 当り 3〜4％と見積もられている。パイプライン輸送での事故率に関しては，現存するCO_2パイプラインでの経験から 0.000 3 km/年の事故率程度以下になると考えられる。また，爆発の可能性がないので天然ガスパイプラインの事故よりも重大事故は少ないと考えられている。

CO_2輸送コストは，輸送距離と輸送量に大きく依存する。パイプライン輸送

ではパイプラインが陸上か海上かもコストに大きく影響する。コストにはパイプライン敷設地域が人口密集地域であるか，敷設地域の自然条件および地理条件も影響する。これらの要因をすべて含めた平均的輸送コストを算出するとおおよそ図 2.3 と図 2.4 のようになる。図 2.3 は輸送距離 250 km の場合のパイプライン輸送コストを示している。CO_2 輸送量（輸送流量）にもよるが 1～8 US\$/t-CO_2 となっている。輸送量が多いほうが単位量当りの輸送コストは安価になる。図 2.4 はタンカーとパイプラインの輸送コスト比較である。輸送距離が短い場合はタンカーが有利，輸送距離が長い場合はパイプラインが有利である。

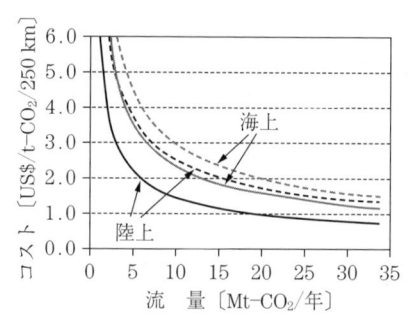

図 2.3 CO_2 輸送量とコストの関係（米国での例。輸送距離 250 km 当り）[2]

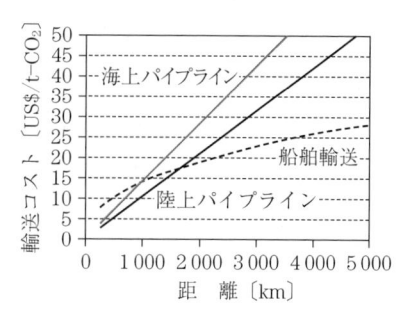

図 2.4 パイプラインとタンカーの CO_2 輸送コスト比較[2]

2.3 CO_2 貯留

2.3.1 地中貯留

現在大気中に放出されている CO_2 の大部分は，化石燃料の燃焼によるものである。その化石燃料が存在していた地下に CO_2 を貯留し，カーボンサイクルを形成しようというのは，ごく自然の発想といえる。地中貯留の対象となる地層は，石油層，天然ガス層，石炭層，塩水層などである（図 2.5）。

① 石油層：石油層に関しては，現在すでに石油の増進回収法（EOR：enhanced oil recovery）の一つとして CO_2 を油層内に注入して，石油の流動

1. 枯渇油・ガス田
2. EOR（石油の増進回収）
3. 深部塩水層
4. 採掘の不可能な深部炭層
5. コールベッドメタンの増進回収
6. その他（玄武岩，オイルシェールなどへの固定）

生産原油・天然ガス
注入 CO_2
貯留 CO_2

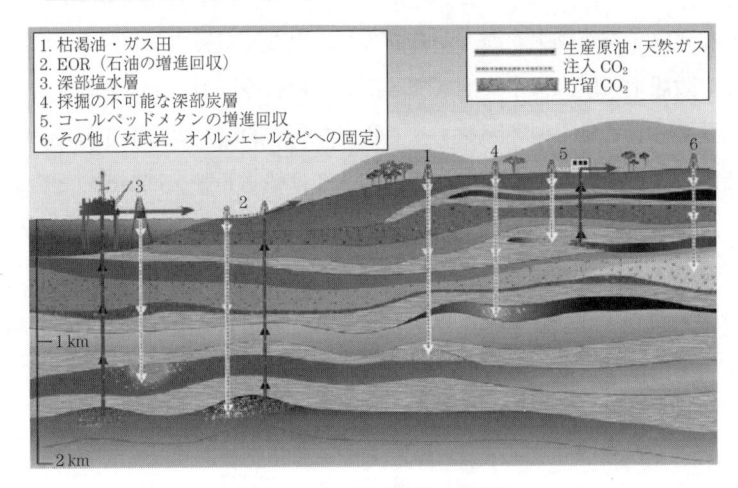

図 2.5 CO_2 地中貯留の種類[2]

性を高め地下残留石油を増進回収する方法（ミシブル攻法）が採用されている。枯渇油田には CO_2 を注入，貯留できる。

② 天然ガス層：枯渇天然ガス層に CO_2 を注入，貯留する。天然ガスの増進回収に CO_2 を利用することもできる。

③ 石炭層：石炭中にはその石炭化過程で発生するメタンが含まれている。そのメタンの増進回収に CO_2 が利用できる（ECBM または ECBMR：enhanced coalbed methane recovery）。石炭層へのガスの包蔵原理は主として吸着である。これは，石油層，天然ガス層での CO_2 貯留原理が，岩石中の空げき内への CO_2 保持であるのと大きく異なる点である。

④ 塩水層：地下には塩水を包蔵する空げき性の岩石が存在する。その塩水中に CO_2 を溶解させて貯留する。

⑤ その他（鉱物化固定，地下空洞への貯留など）。

図 2.6 に世界の主要な CO_2 貯留プロジェクトサイトを示す。そのうち代表的なプロジェクトを表 2.2 にまとめた。CO_2 地中貯留可能量の推定値を表 2.3 に示す。

2.3 CO$_2$ 貯留

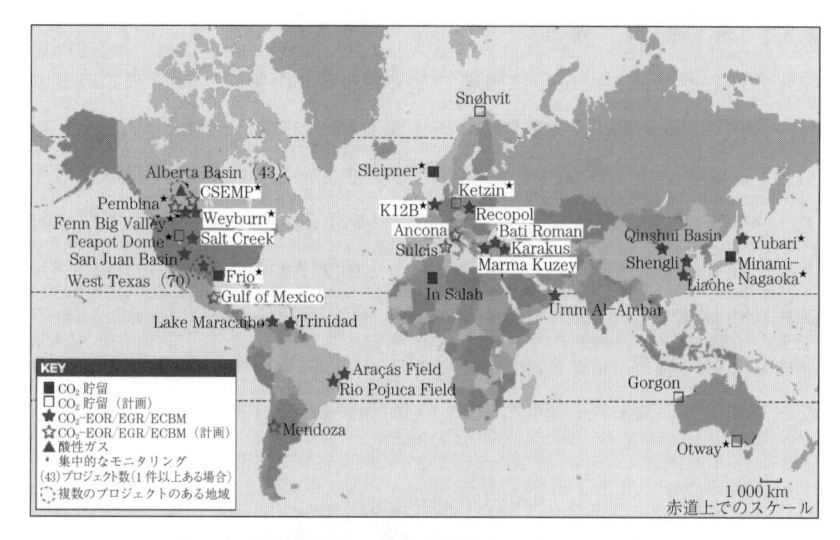

図 2.6 世界の主要 CO$_2$ 地中貯留プロジェクトサイト[2)]

表 2.2 世界の主要 CO$_2$ 地中貯留プロジェクト（注入量は当初計画値）

プロジェクト名	国 名	注入開始〔年〕	平均注入量〔t-CO$_2$/日〕	（計画）総注入量〔t-CO$_2$〕	貯留層タイプ
Gorgon	オーストラリア	2009	10 000	—	帯水層
Weyburn	カナダ	2000	3 000〜5 000	20 000 000	EOR
In Salah	アルジェリア	2004	3 000〜4 000	17 000 000	ガス田
Sleipner	ノルウェー	1996	3 000	20 000 000	帯水層
Snohvit	ノルウェー	2006	2 000	—	帯水層
K 12 B	オランダ	2004	100	8 000 000	EGR*
Frio	米国	2004	177	1 600	帯水層
Fenn Big Valley	カナダ	1998	50	200	炭層
しん水炭田	中国	2003	30	150	炭層
夕張	日本	2004	10	200	炭層
Recopol	ポーランド	2003	1	10	炭層

＊ EGR：enhanced gas recovery

表 2.3 CO$_2$ 地中貯留可能量の推定値

貯留層タイプ	貯留可能量〔Gt-CO$_2$〕
石油・ガス田	675〜900
石炭層	3〜200
帯水層	1 000〜10 000 程度

2.3.2 海洋隔離

CO_2 海洋隔離には大別して 2 種類の方法がある。溶解法と貯留法である。前者は，深度 1 000 m 以上の海中に，パイプラインあるいは船舶によって CO_2 を放出し，時間とともに海中に溶解させる方法である。後者は，海洋底に液体で CO_2 を湖のように貯留する方法である。深度 3 000 m 以上では CO_2 は海水より比重が大きくなり，CO_2 は海底に向かって沈下する。溶解法では，CO_2 は地球規模の炭素サイクルの中で大気の CO_2 濃度と関係して平衡状態となる。海洋中に CO_2 が溶存すると，海水の pH は低下するため，その生態系への影響などが研究されている。**図 2.7** に CO_2 海洋隔離方法の概念図を示す。

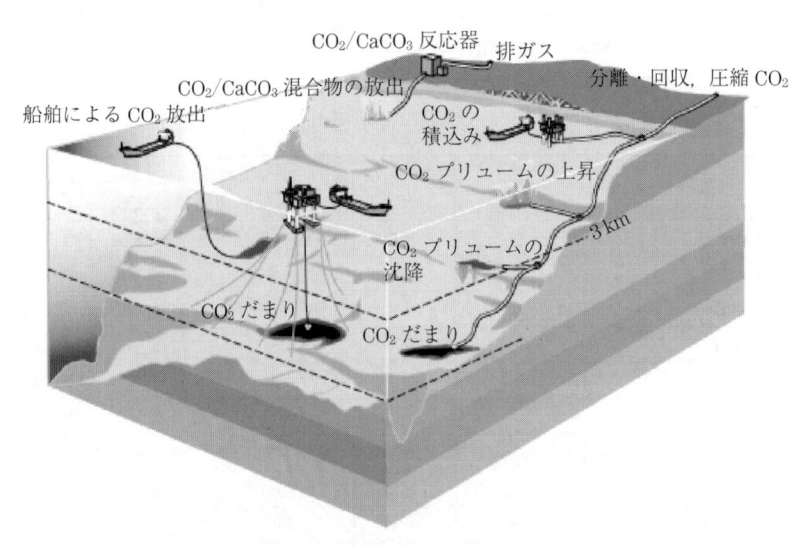

図 2.7　CO_2 海洋隔離方法の概念図[2]

2.3.3 鉱物固定

CO_2 を酸化マグネシウムや酸化カルシウムなどのアルカリ酸化物と反応させて，炭酸マグネシウムや炭酸カルシウムに変化させて固定する。酸化マグネシウムや酸化カルシウムは，自然界では蛇紋岩，かんらん岩などに含有されている。この反応は自然界では，いわゆる「風化」と呼ばれているプロセスに相当

する。工業的な規模のプロセスでは，岩石の採掘―微粉砕―反応工場への輸送―プラントでの炭酸塩化反応―鉱山への輸送・処理（鉱山での埋戻しへの利用など），という工程となる（図2.8）。炭酸塩鉱物を製造してCO_2を固定する場合には，CO_2固定量1t当り1.6～3.7tのケイ酸塩鉱物が必要であり，その結果2.6～4.7tの炭酸塩鉱物を処理する必要がある。CO_2を大量に処理するには大型露天鉱山規模の鉱石の採掘・輸送が必要となり，その環境影響も考慮する必要が出てくる。また，現状技術では反応速度が遅く，したがって処理量が小さいため，現在のCO_2放出量には十分対応できない課題もある。

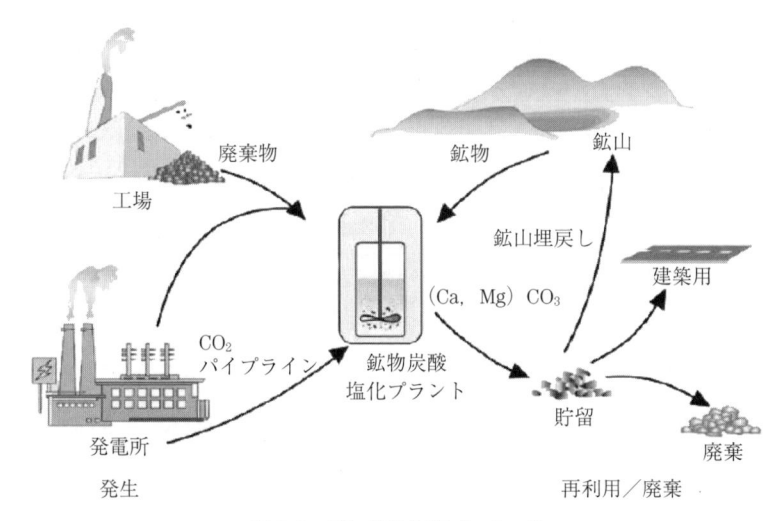

図2.8　CO_2鉱物固定プロセス[2)]

2.4　経　済　性

CCSシステムが社会に受け入れられるかどうかは，まず他の工業的な新技術と同様に，システムの経済性にかかっている。CCSシステム要素のコスト例を表2.4に示す（2002年基準）。

CCSを新規に採用してCO_2の大気放出を減少させた場合，その減少量はCO_2 avoidedという概念で評価する。ある既存CO_2放出プラントにCCSを採

表 2.4 CCS システム要素のコスト

CCS システム要素	コスト範囲〔US\$/t-CO_2〕
石炭火力，天然ガス火力	15〜75（正味回収量当り）
水素製造，アンモニア製造，ガス精製プロセスによる回収	5〜55（正味回収量当り）
他の工業プロセスによる回収	25〜110（正味回収量当り）
輸送	1〜8（輸送量当り）
地中貯留	0.5〜8（正味注入量当り）
地中貯留（モニタリング，検証つき）	0.1〜0.3（正味注入量当り）
海洋貯留	5〜30（正味注入量当り）
鉱物炭酸塩化	50〜100（正味炭酸塩化量当り）

用した新規プラントに変更して稼働する場合，CO_2 削減量は

[新規プラントでの CO_2 放出量－新規プラントでの CO_2 回収量]

ではなく

[既存プラントの CO_2 放出量]－[新規プラントでの CO_2 放出量－新規プラントでの CO_2 回収量]

となる（**図 2.9**）。したがって，同じ CCS 技術であっても，この技術をどの既存プラントに適用するかどうかによって，CO_2 削減量は変わってくる（**表 2.5**）。この CO_2 削減量をもとに計算した単位 CO_2 放出量当りのコストを CO_2 削減コスト（cost of CO_2 avoided）という。表 2.5 の見方はつぎのようである。微粉炭燃焼発電プラントに地中貯留 CCS を新規に採用した場合の cost of CO_2

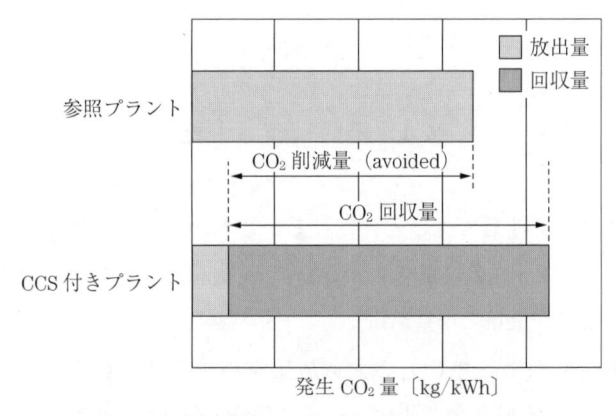

図 2.9 CCS による CO_2 削減量（CO_2 avoided）[2]

表 2.5 CCS による CO_2 削減コスト例

CCS プラントタイプ		既存プラント	
		天然ガス複合発電 〔US\$/t-CO_2 avoided〕	微粉炭燃焼発電 〔US\$/t-CO_2 avoided〕
発電設備(地中貯留によるCCS)	天然ガス複合発電	40〜90	20〜60
	微粉炭燃焼発電	70〜270	30〜70
	石炭ガス化複合発電	40〜220	20〜70
発電設備(EORによるCCS)	天然ガス複合発電	20〜70	0〜30
	微粉炭燃焼発電	50〜240	10〜40
	石炭ガス化複合発電	20〜190	0〜40

avoided は 30〜70 US\$/t-CO_2 である。既存の微粉炭燃焼発電プラントを石炭ガス化複合発電プラントに変更し，地中貯留 CCS を実施した場合の cost of CO_2 avoided は 20〜70 US\$/t-CO_2 となる。一方，既存の微粉炭燃焼発電プラントを石炭ガス化複合発電プラントに変更し，EOR（石油の増進回収法）による CCS を実施した場合の cost of CO_2 avoided は 0〜40 US\$/t-CO_2 となる。

最後に，現在の CCS に関する技術レベルをまとめると**表 2.6** のようになる。

表 2.6 CCS 要素技術の技術レベル

CCS 技術分類	CCS 技術	研究段階	デモプラント段階	ある条件下では経済性あり	現行技術
分離・回収	燃焼後回収			○	
	燃焼前回収			○	
	酸素燃焼		○		
	工業プロセス				○
輸送	パイプライン				○
	タンカー			○	
地中貯留	石油の増進回収(EOR)				○
	ガス田・石油田			○	
	帯水層			○	
	コールベッドメタンの増進回収（ECBM）		○		
海洋貯留	直接注入（溶解方式）	○			
	直接注入（湖沼方式）	○			
鉱物固定	炭酸塩鉱物	○			
	廃棄物		○		
工業的利用					○

研究段階のものから商業ベースのものまで，いろいろな技術レベルのものが存在する。

引用・参考文献

1) JCOAL ホームページ：http:/www.brain-c-jcoal.info/cctinjapan-files/japan/3otc.pdf
2) IPCC：Special Report on CCS（2005）

3. CO_2 分離回収と輸送

3.1 はじめに

　エネルギー消費量は人口の増加，社会・経済の発展とともに急速に増加しており，商業燃料として消費された量は年間 100 億 toe（石油換算トン）にもなっている。このエネルギーの 90%近くは化石燃料によってまかなわれている。太陽光発電，風力，地熱，バイオマスなどによる新エネルギーの占める割合は水力を加えても 5%以下である。この年間消費エネルギー量 100 億 toe のほかに，約 10 億 toe のバイオマスエネルギーが非商業燃料として消費されている。

　このような化石燃料の大量使用により，年間 267 億 t（2005 年）もの二酸化炭素（以下，CO_2）が排出されている。そのため年々大気中の CO_2 濃度は上昇し，現在その濃度は 380 ppm を超えるまでになっている。地球温暖化の主原因になっている大気中 CO_2 濃度上昇をある時点で安定化させない限り，温暖化は進行する。そのため洞爺湖サミットでも 2050 年には温室効果ガス（GHG）の排出量を 1990 年の 1/2 にすることが宣言に盛り込まれた。しかし，エネルギー消費量は今後も増加し，化石燃料への依存度を低下させることが難しい状況下で CO_2 排出量を削減しようとすると CCS も将来技術の重要な選択肢の一つになる。CCS 実現のためには，大量の CO_2 を低コスト，低エネルギー消費で長期にわたり安定して貯留する必要がある。ここでは CCS システムの中でコスト，エネルギー消費の占める割合が大きい CO_2 分離回収と輸送についてその現状と将来の展望について述べる。

3.2 CO₂ 分離回収の意義

大気中 CO_2 濃度をいつ，どの濃度で安定させるかにより，安定化のための対策技術は異なったものになる。ここでは IPCC でも使われている 2100 年時に CO_2 濃度 550 ppm で安定させることを考える。そのためのシナリオが茅ら[1]により報告されている。このシナリオにおいて，対策技術の導入時期，導入の割合は，エネルギーコストを最小化するモデルシミュレーションにより決定されている。

図 3.1 に示すように，① 省エネルギーの促進，② クリーンエネルギーの大幅導入，③ CO_2 分離，貯留技術導入，④ CO_2 吸収源の拡大（植林）などの対策により，2100 年時の CO_2 排出量が 51 億 t-C に削減されている。また，①〜④以外に宇宙太陽光発電や核融合など革新的なエネルギー関連技術導入のケースも検討されているが，2100 年時点では実現されていない。また，2100 年時の 1 次エネルギー生産量は 213 億石油換算トン（890 EJ）であり，この値は SRES[2] に報告されているシナリオの中でエネルギー消費量が最も低い BI シナリオ（514 EJ）よりは高く，2005 年の世界 1 次エネルギー消費量の約 2.1

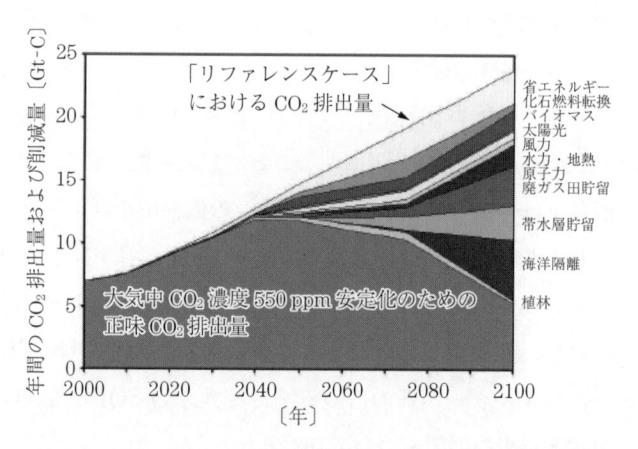

図 3.1　再生シナリオにおける対策技術別の CO_2 排出削減量[1]

倍になっている。

図3.1から2100年でのCCSにより11.6億tのC（38.8億tのCO_2）が貯留されることがわかり，それは全対策技術のCO_2削減量の60%も占めることになる。このようにCCSがCO_2排出量削減対策技術として主流の一つとされているのはこれからも化石燃料が主要なエネルギー源であると考えられているためである。秋元ら[3]によると大気中CO_2安定濃度550 ppmの場合でも2100年における化石燃料の全エネルギーに対する割合は56%もあり，それはリファレンスケースでの82%よりは低くなっているが，それでも化石燃料が主流であることには変わりない。このようなシミュレーション結果が出るのは太陽電池など再生エネルギーコストが化石燃料コストに比べて高いと考えられているためである。

太陽電池による電力コストは現在30～50円/kWh程度であり，2100年には5～9円/kWhに下がるとされている[4]。このように将来は安くなると仮定しても太陽光発電の全エネルギーに対する割合は5%程度と低い。これは既存の電力網への系統連系の安定性の制限を受けているがためである。この制限を避けるためには蓄電システムの導入が必要であり，そのための蓄電池容量を昼間発電量の5日分とすると蓄電池コストは12円/kWhの電力コストアップ[5]になる。このような導入によるコストアップが太陽電池の利用割合向上の妨げとなっている。2100年時点でのCCSコスト（石炭火力発電適用）は4 400円/t-CO_2（うち，分離回収は2 700円/t-CO_2）とされている。石炭火力発電から太陽光発電に変換した場合約0.8 kg-CO_2/kWhのCO_2排出量が減少する。これを電力コスト換算すると3.5円/kWhとなり，この分は太陽光発電にとって有利になる分である。

上記コストから現状では再生可能エネルギーにCO_2削減効果価値を考慮しても，化石燃料エネルギーははるかに経済性が高いことは明らかである。2100年での石炭火力＋CCS電力費が約15円/kWhと太陽電池＋蓄電池電力費の17～21円/kWhと比較するとまだ石炭火力の経済性が勝っている。しかし，2008年からの化石燃料価格急騰状況をみると2100年以前に再生可能エネルギ

ーが主要なエネルギー源になることもありうる。

　CCS は大規模利用技術としての実用化が進んでおり，早急に CO_2 対策をする必要がある現状を考えると，当面は CCS のさらなる合理化，安全性の確立などに注力する意義はある。

　しかし，化石燃料が貴重な資源であるため，CCS 導入による消費エネルギーを極力減少させなければならない。現状では CCS 導入により単位電力（石炭火力）を得るために 30% 近くの化石燃料使用量が増加してしまう。この余分に必要な燃料は理論的な CO_2 分離エネルギーの 10 倍以上も高く，改良の余地が大きい。現状の化学吸収法を数 10 万 kW 級の石炭火力発電所に適用した場合のコストは NEDO の報告書[6] などを参考にすると 4 000 円/t-CO_2 くらいと推算される。その内訳は固定費が 25%，エネルギー代を主とする変動費が 75% 程度であり，CCS のコスト削減にもエネルギー消費量削減は重要な課題である。

3.3　CO_2 発生源と回収ポテンシャル

　CO_2 を分離回収する対象気体としては大気から，火力発電所排ガスや製鉄所排ガスなど産業部門からのものまで多くの種類がある。すべての CO_2 含有気体から CO_2 を分離するとそのポテンシャルは大気からは約 2 兆 8 000 億 t-CO_2 あり，それにエネルギー消費などにより毎年排出される量に相当する 267 億 t-CO_2（2005 年）が加わる。しかし，実際には後述するように CO_2 濃度の高い大量排出源を対象とした年間 120 億 t-CO_2（2020 年）程度がポテンシャルである。CO_2 含有ガスから 1 mol の CO_2（44 g）を分離する理論エネルギー W〔J/mol〕は式（3.1）で計算できる。

$$W = RT \frac{(1 - n_{CO_2}) \ln(1 - n_{CO_2}) + n_{CO_2} \ln n_{CO_2}}{n_{CO_2}} \qquad (3.1)$$

ここで，n_{CO_2}：CO_2 モル分率，R：気体定数〔8.314 K/mol〕，T：温度〔K〕である。

大気（CO_2；380 ppm）と石炭火力発電所排ガス（CO_2；13%）からの 298 K における CO_2 理論分離エネルギーはそれぞれ 2 120 000 と 7 400 J/mol となり，CO_2 含有量の低い大気からの分離エネルギーは石炭火力発電所からの値の 290 倍にもなる。また同量の CO_2 を分離するために処理する大気の量も火力発電所排ガス量に比べて 340 倍（13%/380 ppm）も多い。化学吸収法に適用すると流体取扱いのための圧力損失もガス量に比例して高くなるので，実際の CO_2 分離のために消費されるエネルギーは石炭火力発電所排ガスからの値に比べて 5 倍以上となり，大気処理は当面考えられない。

エネルギー消費量を下げることによるエネルギーコスト低減，装置の大型化による設備コスト低減を考えると，CCS に適している対象は CO_2 が 1 か所で大量に発生している集中発生源である。その一つが火力発電所である。世界的にみても図 3.2 に示すように，最終エネルギー消費に占める電力化率は平均して 20% 程度であり，CO_2 発生源として大きいのは発電部門である。しかし，その発電に用いられるエネルギー源は各国によって異なる。今後の燃料動向を考えると，石油系燃料は発電燃料としての使用量は減少するであろうから，

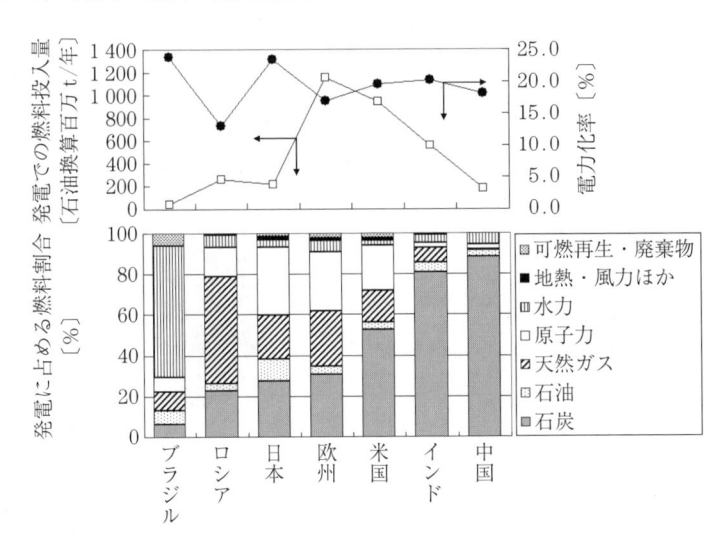

図 3.2 各国の発電量，電力化率，発電燃料割合

3. CO_2分離回収と輸送

CCS の主対象から外れる。天然ガスは先進国内のシェアは大きいが，その運用では負荷変動対応が主力となり，煩雑な発停・負荷変化により実質的な稼働率が低い。また天然ガスはコンバインドサイクル発電であり，排ガス中の CO_2 濃度が，石炭火力の 1/3 程度と低く，それにより CO_2 回収コストが割高になる。さらに，天然ガスの発熱量当りの価格が高く，中国，インドではこれから天然ガス発電所の増加が見込まれない。石炭発電による電力価格が安価であり，CCS 対象としての優先順位は，石炭火力発電所が最も高い。各国の電源構成をみると，図 3.2 に示すように日本は石炭火力発電の割合が 25% 程度であるが，中国では 88%，インドでは 81% と大きく，今後も経済成長とともに石炭火力発電の増加が見込まれる。中国，インドともに平均発電効率は 30〜33% であり日本に比較すると 10% 程度低い。これらの数値から，中国とインドでは，効率向上と CCS を目的に石炭火力発電所の改良および新設が CO_2 削減に有効であることがわかる。

製造業部門の中で CO_2 排出源として大きいのは，製鉄部門とセメント部門である。日本の製鉄部門ではすでに高炉ガスからの CO_2 回収による削減技術の検討が国のプロジェクトとして始まっている。

石炭火力発電，製鉄，セメントなどからの CO_2 排出量を**図 3.3** に示す。図の日本の CO_2 排出量は統計[7]から計算し，世界の排出量はエネルギー白書[8]か

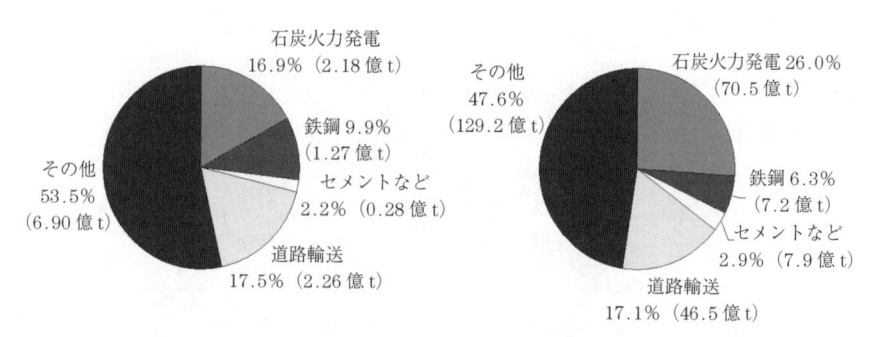

　　（a）　日本の CO_2 排出量（CCS 関連）：12.9 億 t　　（b）　世界の CO_2 排出量：271.4 億 t

図 3.3　日本および世界の集中排出源からの CO_2 排出量（2005 年）

らの引用である．国内では石炭火力，製鉄，セメントの CO_2 排出量の合計は29%となる．一方，世界では，それは35%を占める．今後，道路輸送におけるプラグインハイブリッド，ピュア電池自動車の増加が予想される．2005年の数値では，発電に占める化石燃料の割合が1/2，道路輸送の1/2が電力と仮定して，将来輸送エネルギーの約1/4が石炭火力発電所からの電力によるとすると，最大ケースとしてのCCS適用対象は国内 CO_2 排出量の33%である4.6億t，世界 CO_2 排出量の53%である144億tとなる．図3.1に示す秋元らの予想に基づくと，2020年の CO_2 排出量の総量は，2005年の約1.2倍となる．その値に基づくと，2020年の世界のCCSポテンシャルは上記最大ケースより少し低い120億t規模となる．

3.4 CO_2 発生源と回収技術

CCSはこれから石炭火力発電所と製鉄所高炉ガスおよびセメント焼成炉からの CO_2 回収が中心となって進むと考える．それぞれの CO_2 の発生源での条件を図3.4の黒丸で示すとともに，各種 CO_2 回収技術の適した運用範囲も示す．

石炭火力発電所の形式には，①微粉炭燃焼式と，②従来の微粉炭燃焼の空気を酸素に置き換えて純酸素を用いて燃焼する方式と，③石炭ガス化炉とガ

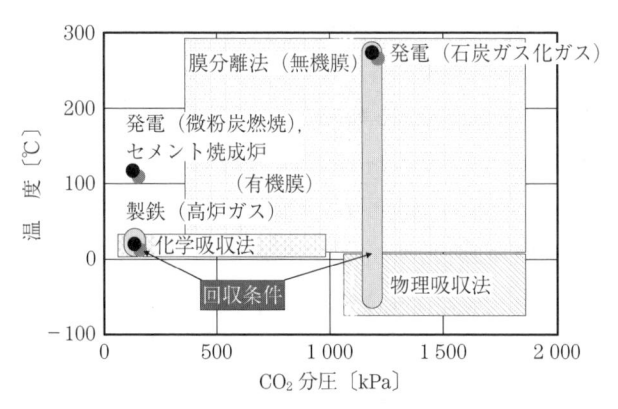

図3.4 発生源と各種分離法の回収

スタービンを組み合わせた石炭ガス化複合発電方式（IGCC）が想定され，これらにCO_2分離回収が適用可能である。

　①に対しては化学吸収法が適している。従来の微粉炭燃焼システムの脱硫装置出口に設置し，既存の微粉炭燃焼装置の改造が容易である。アミンを用いるために，SO_x濃度が高い排ガスでは化学吸収液の劣化が課題である。そのため，脱硫装置がつけられていない中国の火力発電所では，脱硫装置と化学吸収法によるCO_2分離回収装置の同時設置が必要であり，それは地域的および地球規模双方の環境改善に有効となる。化学吸収法は，微量の吸収液が排ガスに混入して大気拡散のおそれが懸念されている。この問題については今後の実排ガス試験で，実情を把握する必要がある。

　それに対抗する②の純酸素燃焼方式は，欧州とオーストラリアで開発が進んでいる。排ガス中に窒素を含まないので，排ガスを冷却するだけでCO_2濃度が95～97%程度のCO_2を回収可能であるが，回収したCO_2を純酸素と混合して酸素濃度を希釈して酸化剤として使うために大量のCO_2をリサイクルする装置，および純酸素燃焼技術の確立，CO_2分離のためのガス冷却部の耐食性など，開発課題が多くあり，検証が始まったところである。開発課題が多い割には，発電効率は①より低く，その向上も困難である。

　③のIGCCとCCSの組合せはCO_2回収エネルギーが小さく，発電効率が高く，ばいじん，SO_x，NO_xなどの環境インパクトが小さな方式である。環境性に優れるが，課題は発電コストの上昇である。IGCCは米国GE社で石炭ガス化炉を組み込んだ実証機が運転中であり，欧州ではShell社で石炭ガス化発電設備が商業運転中である。国内では，発電用としてCCP研究所（株式会社クリーンコール研究所）の空気吹き石炭ガス化発電所が実証運転を，J-Power（電源開発株式会社）の多目的石炭ガス化炉は，パイロット運転が完了し，CCSを目的にしたCO_2回収実験を開始した。IGCC+CCSは，微粉炭燃焼+CCS，純酸素燃焼+CCSよりも発電効率が10%以上向上し，44%程度の効率が期待される。そのため次世代のCO_2回収システムを付帯した石炭火力発電システムとして，発電効率と環境性の両面から期待されている。しかし，

3.4 CO_2発生源と回収技術　43

普及には少し時間が必要である。

　各発電技術の特徴を考慮すると，図 3.5 に示すように種々の CO_2 分離回収プロセスがあり，実用化時期に差がある。国内外ですぐに使える技術として化学吸収法のコスト削減，エネルギー効率向上の改良技術開発が進められている。IGCC 技術は発電技術高効率化と CCS 技術の最適組合せ技術とすべく CO_2 回収技術の高度化に注力し，IGCC＋CCS システム大規模実用化開発の好機と位置づけられる。

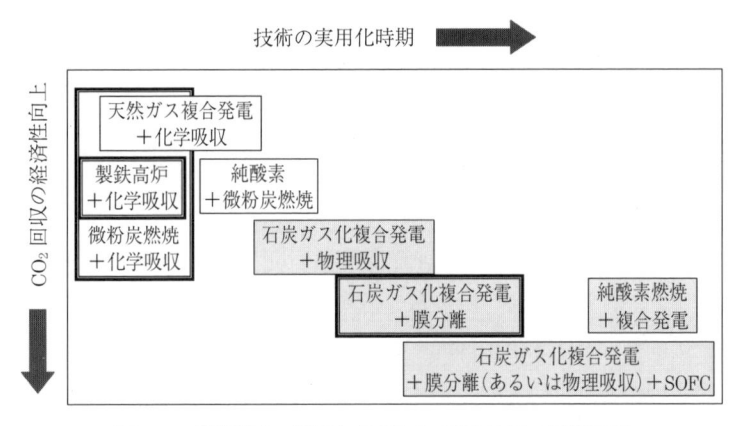

図 3.5　技術開発の時間を考慮した CCS 技術の展開予想

　CO_2 削減のための CCS 技術の位置付けは国によって異なっている。燃料輸出国である，中東の国々，オーストラリア，カナダ，ノルウェーは CCS に積極的に取り組んでいる。欧州，米国なども CCS 技術の開発が盛んである。欧州は排出権取引市場を通じた CO_2 削減を推し進めるとの方針であり，EU は排出権取引を前提にした CO_2 削減のインセンティブが働くとした取組みを先導している。一方，発展途上国では CO_2 問題よりも経済成長が重視されている。中国，インドは電力供給の大半は石炭火力発電所によってまかなわれており，これから経済成長に従って石炭発電所の建設がますます必要と想定される。中国，インドでは発電効率の低い発電所の改修による発電効率の大幅な上昇とCCS の追設により CO_2 の大幅削減と SO_x，NO_x，ばいじんなどの低減が可能

である．中国は経済発展を重視しつつ，欧州や日本と CCS の枠組みを検討中である．一方，ブラジルなど CCS によってバイオ燃料などの需要が相対的ながら低下を懸念する国は，CO_2 対策技術として CCS は認めるが，CDM (clean development mechanism) を使った CCS は支持しないとのスタンスをとっている．

英国政府は，微粉炭発電所への化学吸収法設置の実証試験を，サポートする計画を発表した．2015 年中国での発電所での実用化を目指して，まず英国内で微粉炭燃焼発電所に化学吸収法設置を公募中であり，CCS 建設コストだけではなく運転費用についても補てんを考える計画である．現在 CCS-CDM 制度が成立していないが，2015 年ごろには CCS-CDM 事業として民間事業が成立すると予想を立て，欧州での技術開発を政府サポートで推し進めるとの決断である．

ノルウェーのモングスタッド（Mongstad）石油精製所に併設される熱併給天然ガスコンバインドサイクルの排ガスを回収する計画が進められている．ここの燃焼排ガスは CO_2 濃度が 4% と低く，化学吸収法が選定された．ノルウェーでは炭素税があり，CO_2 を排出するよりも CCS による CO_2 削減の経済性が高いとの理由が，CCS 設置の理由である．

純酸素燃焼については，Total 社によるフランスピレネー山麓の天然ガス発電所でのパイロットプラント，ドイツ，オーストラリア，米国などでは石炭燃焼ボイラのベンチプラントが稼働中である．

カナダのサスカチュワン州，ウェイバーン（Weyburn）の石油井では石油増産のために CO_2 を地下石油滞留層に送り込む EOR（enhanced oil recovery）のために，SaskPower の石炭発電所での化学吸収法による CO_2 回収が考えられている．現在，Weyburn では EOR のために，隣国である米国のノースダコタ州から石炭ガス化ガスの CO_2 を 5 000 t-CO_2/日規模で購入している．2003 年から開始した CO_2 による EOR では，石油増産の効果があり，これからサスカチュワン州とノースダコタ州にまたがる広範囲な石油滞留層での EOR が現実的になるとの見通しをもっている．この EOR に使用する CO_2 を

生産するための化学吸収技術の確立であり，カナダ政府が建設費をサポートして，CO_2 の販売により運転費と利益をあげるビジネスモデルを計画である。

サウジアラビアのアラムコ社も EOR に興味をもっており，中東でも化学吸収法による CO_2 回収が計画されている。

一方，IGCC＋CCS に関しては米国では，FutureGen プロジェクトが 300 MW 規模の IGCC＋CCS プラントを建設し 2012 年運転開始を企図したが，予算規模が計画当初の 10 億ドルから 15～20 億ドルと高い見積りとなり，米国エネルギー省は，予算削減のために，CCS 部分（CO_2 分離回収と輸送と地中貯留）のみに予算をつけるように計画変更を行い，運開時期も 2015 年に延期された。FutureGen プロジェクトのフィジビリティスタディの結果では，IGCC 用として物理吸収法であるセレクソール（Selexol）法が最も適した CO_2 回収装置として選定された。一方，欧州では ENCAP プロジェクトなどで CO_2 回収技術が検討されており，ドイツの RWE 社やオランダの Shell 社が計画を発表している。RWE 社は，CO_2 回収技術として，Selexol 法だけではなく Weyburn へ供給する CO_2 の発生源としてガス化ガスからの CO_2 分離回収に使用されている，レクティゾール（Rectisol）法の検討も実施している。Selexol 法と Rectisol 法ともに CCS 用途と同規模の CO_2 回収プラントが稼働しており，スケールアップについては問題はないと考えられる。今後 IGCC＋CCS との統合的な運転が開発課題である。

その他の IGCC＋CCS プロジェクトはオーストラリアでは 2017 年ごろに実機が運開予定の ZeroGen プロジェクト，中国では 2020 年ごろ運開の GreenGen プロジェクトが計画されている。

3.5 CO_2 分離回収

CO_2 分離回収技術の詳細が IPCC SRC[9] にまとめられている。大別すると図 3.6 に示すように，CO_2 を吸収しやすい条件に設定して，吸収液あるいは吸着剤で CO_2 をガスから分離し，温度上昇あるいはガス圧力を低下させて吸収

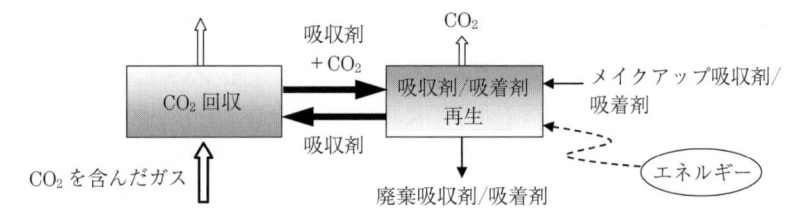

(a) 吸収剤（化学吸収法・物理吸収法）/吸着剤（物理吸着法：PSA, PTSA）による CO_2 分離

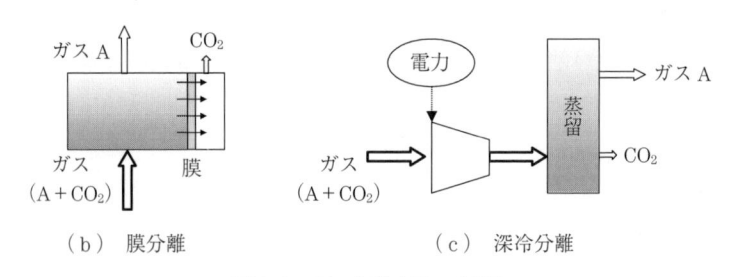

(b) 膜分離

(c) 深冷分離

図 3.6 CO_2 分離方法の分類[3]

液あるいは吸着剤から CO_2 を放散して回収させる方式と，ガス分圧を駆動力にして CO_2 透過速度を他のガス成分よりも大きくして透過してきた CO_2 を回収する膜分離方式と，CO_2 を液化して蒸留で分けて CO_2 を回収する深冷分離方式に大別される。それぞれの分離方式の特徴，開発状況，課題などを前報[10]のデータに最近の情報を加筆して**表 3.1** に示す。CCS システムとして分離回収方式でパイロットプラント段階にあるのは，化学吸収法と物理吸収法である。化学吸収法は CO_2 分圧の低いガスからの分離に適しており，物理吸収法は CO_2 分圧が高いガス，すなわち石炭ガス化ガスや天然ガスを改質（CH_4 を H_2 と CO へ分解）したガスからの CO_2 分離に適している。

化学吸収法は現状では，尿素プラント（**図 3.7**[11]），ドライアイス製造プラントとして，日産 100〜800 t-CO_2 規模の商業プラントがある。石炭火力発電所排ガスを使用した化学吸収法のパイロット規模の試験は，現在 10〜40 t-CO_2 規模で実施されている。発電量が 1 000 MW クラスの実機では，CO_2 分離回収量が 2 万 t-CO_2/日規模となる。英国政府は石炭発電所と化学吸収法を

3.5 CO_2 分離回収

表 3.1 CO_2 分離回収技術の比較

分離回収法	原理	特徴	課題	実績・開発動向	分離エネルギー (コスト比較)
化学吸収法	吸収液に CO_2 を化学反応で吸収させ、その吸収液を低圧、低濃度 CO_2 に $110\sim140°C$ 程度に加熱により CO_2 の脱離反応を生じさせて回収	・大容量化が CO_2 化学反応により容易 ・低圧、低濃度 CO_2 ガスの分離に適す ・SO_x などの酸性ガスにより劣化して吸収液が発生するので、SO_x などの前処理除去が必要	・CO_2 と吸収液の分離(吸収液の再生)に大きなエネルギーが必要 ・排ガスへの吸収液飛散影響が大きいので、その環境影響評価が必要	・欧米で天然ガスから CO_2 を分離回収し、枯渇油田・帯水層へ注入。実績が豊富 ・CO_2 と吸収液の分離エネルギーが小さな吸収液の開発や低温の NH_3 を用いる方法が開発中 ・温度の低い排ガス熱源を有効利用する技術の開発 ・現在は、石炭排ガス向けの吸収装置の実証レベルの準備段階	100% (3,000~7,000円/t-CO_2、水蒸気コストに大きく依存)
物理吸収法	吸収液に高圧の CO_2 を物理吸収させ、その吸収液を減圧、あるいは吸収液を減圧して加熱し、CO_2 を放散させて回収	・大容量で、高濃度 CO_2 ガスの分離に適す ・高圧、高濃度 CO_2 成分の分離に適す ・回復にあたって、ガスの温度の冷却が必要な方式が多い ・減圧による再生が可能で再生に必要な熱量が少ない	・常圧ガスからの吸収では、吸収速度、吸収量が小さく不利 ・吸収液の蒸発損失が大きい	・高炉ガス向けの湿式脱硫法としてブラントの実績が豊富 ・高圧ガスに適する商用の吸収装置が開発されている。ノースダコタ石炭ガス化炉では CO_2 日規模のレクチゾル法が運転中 ・次期石炭ガス化複合発電プラントではセレクソル法が有力視されている	60%程度 (化学吸収法より低コスト、高純度要求ではコストが高くなる)
吸着分離法 (PSA, TSA, PTSA)	ゼオライトなどの固体吸着材の細孔に CO_2 を物理的に吸着させた後に、減圧することで CO_2 を吸着剤から脱着して回収	・高濃度 CO_2 排ガスからの分離に適する ・再生のための蒸気源がない高濃度排ガスの小~中規模向き	・分離したガスの純度が95~98%程度 ・大容量化には、真空ポンプの大型化、圧力切換弁などの技術開発が必要	・実ブラントの実績がイロあり、製鉄所や炉ガス専焼ボイラから CO_2 を分離 ・脱水過程を省略可能な耐水性吸着剤の開発	120%程度 (大型化難しくスケールメリット出にくい)
膜分離法	高分子膜などで CO_2 の透過速度が N_2 や H_2 などに比べて速くなるような機能性をもたせて、CO_2 を優先的に膜を透過させて回収	・装置構成は簡単 ・圧力を有するガス、あるいは高濃度 CO_2 排ガスからの分離に適する	・膜モジュールの大容量化は困難なためスケールメリットが少ない ・常圧では大型真空ポンプが必要 ・開発では真空ポンプと高圧ガスに耐える膜の開発を行しているが、高圧ガスでは不要	・実ブラントの実績は CO_2/CH_4 などが少ない。CO_2/N_2 および CO_2/H_2 分離膜とも開発段階 ・CO_2 分離機能性をもたせた高圧に耐える膜の開発	30%程度 (分離コストに占めるコストが大きい)
深冷分離法	ガスを低温に冷やして CO_2 を液化させて蒸留あるいは部分で凝縮により CO_2 を濃縮して回収	・大容量化に適する ・CO_2 回収後の高濃度 CO_2 の液化技術として有効であるが、CCS には不適	・CO_2 濃度が10~20%の燃焼排ガスでは CO_2 の液化(加圧)に多大なエネルギーを要する	・吸収法など、他の装置で分離した CO_2 を精製する実ブラントの実績が豊富	99.9%以上への高純度ガスの精製用(コスト高い)

図3.7 化学吸収法のCO$_2$回収装置の例[11]
（マレーシアの尿素肥料工場，三菱重工業製，160 t-CO$_2$/日）

組み合わせたCCS実証プラントの開発計画に資金提供を考えており，そのプロジェクトのプラント設計例として，800 MW用のCO$_2$回収装置は直径15 mで高さ50 mの吸収塔を2基備え，それと同規模のSO$_2$精密除去装置とCO$_2$再生塔を備えた構成案が発表されている。現在のプラントスケール100〜800 t-CO$_2$/日から，いきなり1万t-CO$_2$/日規模へのスケールアップはリスクが大きいので，3 000 t-CO$_2$/日規模のスケールアップがつぎの開発規模になる。

開発初期のCO$_2$吸収塔は，ガスと液体の接触向上をはかるために，ラシヒリングを多数吸収塔に充てんする方式をとり，圧損を低く抑えるためガス空塔速度が0.5 m/s程度で設計されていた。最近は，ガス圧損と吸収塔の直径を大きくしないために，充てんするラシヒリング形状の規則性を上げてガス圧損を小さくし，ぬれ壁塔に近い接触形式として，吸収塔直径を小さくする方向で，検討が行われている。前述したように800 MWクラスでガス流れを2系統に分割すると直径が15 m，ガスの流れを1系列とすると24 mといった大きさとなる。このような大きさとなると吸収塔内のガスの偏流がスケールアップの課題となる。

化学吸収液の開発が世界的に実施されている。従来の100 t-CO$_2$/日クラスのCO$_2$回収装置では，化学吸収液はCO$_2$吸収速度が速く，そのため吸収塔が小型になるMEA（モノエタノールアミン）あるいは炭酸カリウムが標準的な

物質であり，それに腐食防止，安定化などを目的とした添加剤を加えて使用されている。CCS を目的とすると CO_2 吸収装置が大型化し，初期投資コストよりも操業コストが重要になる。そのため操業費の大部分を占めるエネルギー消費コストを下げるための低エネルギー消費化学吸収液の開発に注力されている。

図 3.8 に示す化学吸収法に必要なエネルギーの例として MEA では CO_2 を放散させる反応熱が，2.0 GJ/t-CO_2，吸収液を再生塔の温度に上昇させる顕熱が 1.1 GJ/t-CO_2，再生塔上部で CO_2 を蒸気と分離させるために冷却しているが，この蒸気潜熱が 0.9 GJ/t-CO_2 で合計 4.0 GJ/t-CO_2 となる。機械的なエネルギー消費として吸収塔内での排ガス圧損と吸収液の循環がある。これは吸収塔の設計方針によるが，圧損を 10 kPa とすると，送風ファンのエネルギーは 0.007 GJ/t-CO_2，吸収塔，再生塔を循環させる液体ポンプのヘッドロスを 2 MPa とすると 0.003 GJ/t-CO_2 となる。このように化学吸収法における機械エネルギー消費量は，吸収液の反応熱，顕熱，潜熱ロスと比較すると非常に小さい。回収した CO_2 の圧力は常圧であり，それは輸送条件によって異なるが，パイプライン輸送用に 15 MPa まで圧縮すると，圧縮エネルギーに 0.4 GJ/t-CO_2 を消費する。

国内では関西電力・三菱重工業が開発した KS 液，RITE が開発した RITE

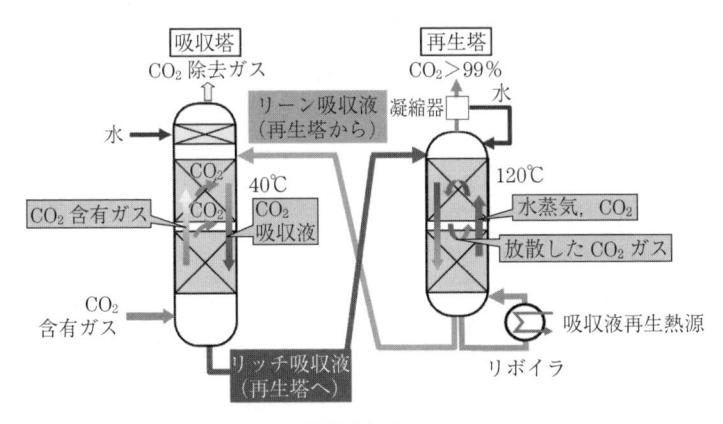

図 3.8　化学吸収法のシステム

液がある。三菱重工業は電源開発松島発電所の石炭発電所の排ガスからCO_2を回収する10 t-CO_2/日試験装置で，RITEは新日鐵君津製鉄所の高炉ガスからCO_2を回収する1 t-CO_2/日試験装置で開発を実施[12]した。欧州では欧州委員会助成プロジェクトとしてCASTOR[13]プロジェクトの中で開発が進められている。CASTORでの化学吸収液の開発は2004年から2008年にデンマークのエスビャール（Esbjerg）発電所でBASF社を中心として24 t-CO_2/日試験装置を用いて行われた。米国ではUOP社を退職した技術者を中心にしたベンチャー企業が開発したCANSOLVE，化学メーカのDow社，エンジニアリング会社のFlour社など各社が独自吸収液を開発中である。カナダのRegina大学は，1997年からカナダ政府の資金をベースにITC（International Test Center for Carbon Dioxide）という化学吸収液を開発する研究組織を立ち上げた。ITCは地元のSaskPowerの石炭火力発電所Boundary Dam構内に，発電所排ガスからCO_2を回収する4 t-CO_2/日試験装置と，大学構内にある天然ガスガスタービン排ガスからCO_2を回収する3 t-CO_2/日試験装置を所有している。ITCは，開発初期はMEAおよびその吸収システム改良による，CO_2回収エネルギーの低エネルギー化の研究を行っており，最近はそれら知見を活用してRS吸収液を開発している。Alstomは冷却したアンモニア水溶液でCO_2を分離回収するチルドアンモニア法と呼ぶCO_2回収システムを提案し，米国ウィスコンシン州の石炭発電所で1 t-CO_2/日試験装置で試験を開始した。

　これらの新吸収液を使用した際のCO_2回収エネルギーに関していくつかのデータが発表され始めており，その値は3.0～3.6 GJ/t-CO_2の範囲である。それらの値は標準的なMEA吸収液の回収エネルギー4.1 GJ/t-CO_2に比較して10～30％低下している。しかし，回収エネルギーの低い吸収液が最も経済性が高いとはいえない。化学吸収液はCO_2吸収速度の大きなものは，化学吸収液とCO_2を分離するエネルギーが大きいという正の相関がある。そのため装置費と消費エネルギー費の合計を低くするため，処理排ガス中のCO_2分圧の高低により選択する吸収液の種類が異なる。天然ガスコンバインドサイクルの燃焼排ガスからのCO_2回収を行おうとすると，その排ガスはCO_2濃度が4

%程度と低く，一方製鉄所の高炉ガスは CO_2 濃度が22%程度と高い。そのため天然ガスコンバインドサイクルからの CO_2 回収には反応速度の大きな吸収液を用いざるをえず，また高炉ガス対象には，反応速度が多少低下しても許容され，低エネルギーの吸収液を選択できる。化学吸収液と CO_2 を分離するエネルギーの相関の中にいくぶんばらつきがあり，吸収速度が速くかつ再生エネルギーの小さな化学吸収液の開発が研究開発の目指すところであるが，発表データはそのような吸収液の特性を示すデータや装置の大きさ，ヒートロスといったような詳細な情報まで発表されないので，どの吸収液が優れているかを決定するのは難しい状況である。

物理吸収法としては UOP の Selexol とドイツ Lurgi の Rectisol が有名である。Rectisol はノースダコタ州に設置された Lurgi 石炭ガス化炉から1万 t-CO_2/日規模で CO_2 を分離して Weyburn の EOR 用として送り出している。物理吸収法は完成された技術であり，CCS に容易に適用できるとのスタンスでメーカサイドが対応しており，最近のプロセスに関して詳細な情報がない。米国のエネルギー省傘下の国立エネルギー研究所（NETL）あるいは英国にある温室効果ガス削減を検討する機関である IEA-GHG がメーカに依頼して，IGCC+CCS システムの解析を行っている。NETL の報告書では，Selexol が IGCC の CO_2 回収システムとして最も適していると報告[14]されており，FutureGen プロジェクトにおける検討では Selexol が選定された。

膜法は現在ラボレベルでの技術開発中である。CO_2 分離法のための分離膜としては，① 高い気体透過性，② 高い CO_2 選択性，③ 高安定性，④ 低コストなどの性質が要求される。膜法は常圧よりも加圧下での使用が有望である。膜法は常圧での運用条件としてよく選ばれる膜を透過させる条件として常圧から0.1気圧程度の圧力差では，高濃度に濃縮された CO_2 を取り出すために，常圧よりさらに10倍大きなガス量を扱うことになり，その大きな膜面積と真空ポンプにより化学吸収法よりも高コストとなると評価している。現在開発されている膜の CO_2 透過速度である $1\times10^{-9}\,m^3(STP)/m^2sPa$ よりも1けた以上高い透過速度が求められる。透過速度の向上には，膜の選択層の薄膜化が有力で

あるが，薄膜化は膜の欠陥率増大にもつながり，透過速度の向上は大きな技術課題である。

一方，加圧ガスを対象とすると，圧力上昇に従って実ガスベースの透過速度は変わらないが，常圧換算したガス透過量は増大するので，膜面積当りのガス処理量は増大する。現在，CO_2 を選択的に透過する膜の分離性能を表すガス分離係数（CO_2 の透過速度に対する他成分ガスの透過速度の比）は常圧と同等で 100 以上，透過速度が常圧と同等として，相対的に膜面積が小さくなるような加圧の分離膜の開発が実施されている[15]。膜法は，吸収法と違い吸収液を吸収塔と再生塔の間を循環させる必要はなく，装置構成が簡素であり，より CO_2 分離コストが大幅に低下すると期待されている。

3.6　CO_2 輸送

CO_2 輸送は液化 CO_2 をパイプラインで輸送する方法と，液化 CO_2 タンカーで輸送する方法の二つが考えられる。CO_2 パイプライン方式は，米国の EOR で採用されており，例えば上述の Weyburn の石炭ガス化から発生した CO_2 の輸送では，ガス化サイトで 15 MPa まで加圧し，それを途中数か所のポンプサイトで昇圧して，EOR サイトでは 12 MPa で受け入れている。Weyburn では CO_2 パイプラインは，外形 14 インチで厚さが 0.375 インチの 18 MPa の鉄製パイプが使用されている。メンテナンスとして人間による頻繁な目視パトロールや，5 年に 1 回の内部点検を行っている。パイプラインは設置者が占有権をもつ場所に設置されることが多い。Weyburn の例では，CO_2 発生源から EOR 地点まで 320 km 離れており，CO_2 を 15 MPa まで加圧し，12 MPa に低下する地点に中継ポンプを設置し，再圧縮している。約 100 km 間隔で中継ポンプがある。その輸送エネルギーを計算すると，100 km 当り 0.02 GJ/t-CO_2 となる。パイプラインコストは，設置環境により異なるが，海外では CO_2 処理コスト当りでは，100 km 当り 500〜1 000 円/t-CO_2 といわれている。日本国内の適用では，主として公道の地下という場所が主体となると思われるが，工事

制約が大きく工事進捗に時間がかかり，費用はその数倍に上がるといわれている。

一方，CO_2 輸送の方法として海上輸送も検討されている。CO_2 回収サイトに液化 CO_2 としていったんタンク貯蔵し，それを大型タンカーで海底下地下貯留が可能なサイトにある洋上基地の CO_2 液化タンクまで運び，そこから地下へ送り込むという方法である。パイプラインは距離に比例して輸送コストが上昇するが，船舶輸送はパイプライン輸送ほど輸送距離に大きな影響を受けない。船舶輸送では，港湾施設，船舶建造にコストがかかり，設備費として 3 500〜4 000 円/t-CO_2 で，100 km 当りの輸送コストは 50 円/t-CO_2 程度であり，1 000 km 輸送しても，4 000〜4 500 円/t-CO_2 と国際会議などでは発表されている。

上記のコストを前提に比較すると，海外では 400〜800 km 程度までは，国内では 200 km 程度までは，パイプライン輸送が有利だが，それ以上の距離であると海上輸送が適する。オランダでは，国内の CCS サイトから回収した CO_2 をオランダ北部の海底下帯水層へ貯留する構想と並行して，ロッテルダム港に集め，それを中東へ輸送して EOR として使用するとの構想があがっている。

3.7 お わ り に

以上，CO_2 分離回収と輸送について，その意義，国内外の情勢，技術の概要，コスト，エネルギー消費などについて説明した。化石燃料が大量に使用される時代が続く限り，CCS の必要性は高まる。そのため，コスト，エネルギー消費量の削減の技術開発が安全性の確認とともに必要である。

引用・参考文献

1) 財団法人地球環境産業技術研究機構（RITE）：「地球再生計画」の実施計画策定に関する調査事業〔http://www.rite.or.jp/Japanese/labo/sysken/systemken.html〕

2) IPCC：Emissions Scenarios, Cambridge Univ. Press（2000）
3) K. Akimoto et al.：Assessment of global warming mitigation options with integrated assessment model DNE 21, Energy Economics, **26**, pp.635-653（2004）
4) 山田興一：地球温暖化とその対策技術，Matsushita Technical Journal，**53**(1)，pp.1-5（2007）
5) 山田興一，小宮山　宏：太陽光発電工学，p.188，日経 BP 社（2002）
6) NEDO；平成4年度調査報告書 NEDO-p-9209
7) EDMC エネルギー・経済統計要覧，財団法人省エネルギーセンター（2008）
8) 資源エネルギー庁，エネルギー白書2008：http://www.enecho.meti.go.jp/topics/hakusho/2008/index.htm
9) IPCC, 2005：IPCC Special Report on Carbon Dioxide Capture and Storage, Chapter 3, Working Group（2006），Cambridge University Press, New York（2006）
10) 財団法人地球環境産業技術研究機構編：図解 CO_2 貯留テクノロジー　第3章，工業調査会（2006）
11) 株式会社三菱重工業ホームページ：http://www.mhi-ir.jp/news/sec1/200604114455.html
12) 丸山　忠ら：CO_2 分離回収技術，環境管理，**41**(6)，pp.581-587（2005）
13) 概要紹介：http://www.rite.jp/project/detail.php?pid＝37，CASTOR ホーム：https://www.co2castor.com/QuickPlace/castor/Main.nsf/h_Toc/7ce008b8893af6e100256ec3004c093b/?OpenDocument
14) NETL：Cost and Performance Baseline for Fossil Energy Plants, DOE/NETL-2007/1281（2007）
15) 風間伸吾ら：膜分離法，エネルギー資源，**26**，pp.392-395（2005）

4. 地中貯留

4.1 概論

4.1.1 地中貯留の原理

(1) 地下の CO_2

　二酸化炭素（以下，CO_2）地中貯留の対象地層としては，石油層，ガス層，塩水層，炭層などがあることを前に述べた。CO_2 を地中に貯留するという発想は特に奇抜なアイデアではない。自然界では CO_2 ガス田が存在するし，天然ガスや炭層ガスの中にはメタンのほかにかなりの濃度の CO_2 を含んだガスも世界には存在する。

　図4.1 は世界の地下に CO_2 ガスを貯留している地域を示している。これらは堆積盆地やプレート造山活動付近の火山地域，断層帯などである。図では南米，アフリカ南部，アジアに CO_2 ガス堆積地域が少ないが，これは，これらの地域では調査がまだ十分に行われていないためである。

　CO_2 を地下に貯留する場合には，まず CO_2 を高圧に圧縮して超臨界状態にして圧入する。CO_2 は常温常圧では気体であるが，圧力，温度が変わるとその相は変化する（図4.2）。低温では固体であるが，暖められると圧力が 0.51 MPa 以下では，固体は直接気体に変化する（昇華ライン）。温度が $-56.6℃$（三重点）から 31.1℃（臨界温度）の間では，圧力を加えると気体から液体に変化する。温度が 31.1℃ 以上では，圧力が臨界圧力の 7.39 MPa 以上であれば，超臨界状態となり，CO_2 は気体のような挙動をとる。この状態では，密度は非常に大きくなり，貯留容積を小さくできることから，地中貯留には有利な

56   4. 地 中 貯 留

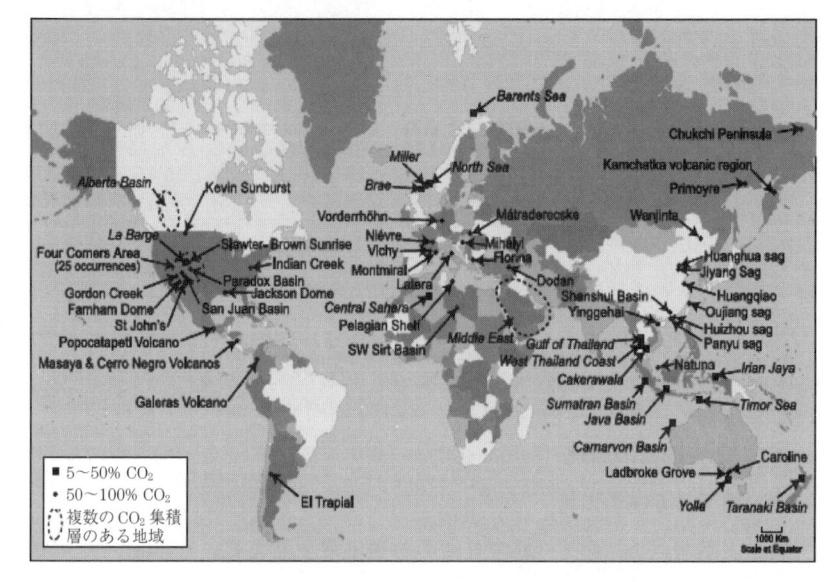

図 4.1 世界の地下 CO_2 ガス貯留地層分布[1]

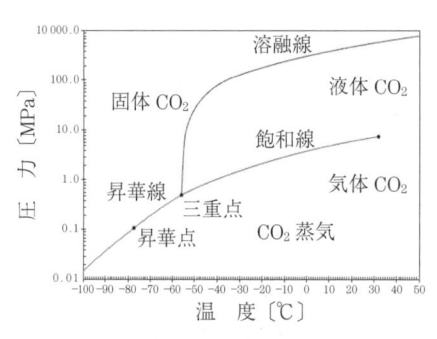

図 4.2 CO_2 の相状態図[1]

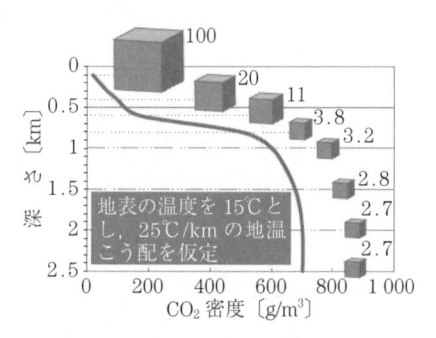

図 4.3 地中の CO_2 密度変化[1]

条件となる。固体-気体，固体-液体，液体-気体の相変化に際しては，発熱・吸熱を伴うが，超臨界から気体，あるいは超臨界から液体に変化する際は発熱・吸熱を伴わない。

実際に地下に CO_2 を貯留した場合の深さによる密度変化を予想した図が，**図 4.3** である。地表温度 15℃，地温こう配 25℃/km，静水圧を仮定している。深度 800 m 付近で，CO_2 は超臨界状態になる。図中の立方体は地表での

状態との容積比を示している。深度 800 m 以上では容積比が小さくなっているのがわかる。深度 1 500 m 以上では CO_2 密度の変化は小さい。

(2) 地中貯留のメカニズム

流体を地下にとどめておくことのできる構造をトラップ (trap)，またとどめておくことをトラッピング (trapping) という。CO_2 を地中に貯留するには物理的トラッピングと地化学的トラッピングとを利用する。

(a) 物理的トラッピング

(i) 構造トラッピング (structural trapping)　非常に浸透率の小さいシール構造 (caprock：帽岩) をもった堆積構造は，CO_2 貯留には最適な構造である。これらの地層としては頁岩，泥岩，岩塩などがある。堆積盆地では塩水，石油，天然ガスを貯留した密閉型の構造トラップが存在する。構造トラッピングには断層や破砕帯でトラップが形成されたものもある。断層は場合によっては低浸透率帯として作用するが，時には高浸透率帯となる場合もある。

(ii) 層位トラッピング (stratigraphic trapping)　堆積層の隆起や沈下により，上部に位置する岩石の種類が流体の貯留に都合のよい条件を作り出して，CO_2 が貯留される様式を層位トラッピングという。

(iii) 残留トラッピング (residual trapping)　これは密閉型のトラップを有しない塩水層などで起こる。いったん地層中に侵入した CO_2 が地下水と完全に置換せず，地下水の流入により地層中に取り残される。これは，岩石中にある毛細管構造での水と CO_2 の流動特性の違いによって生じる。CO_2 が取り残されることから残留トラッピングと呼んでいる。

(iv) 吸着トラッピング (adsorption trapping)　石炭層ではガスは吸着によりトラップされる。吸着量は圧力が高くなると増加し，温度が高くなると減少する。

(b) 地化学的トラッピング (geochemical trapping)　地化学的トラッピングは，化学トラッピングと呼ばれることもある。

(i) 溶解トラッピング (solubility trapping)　CO_2 が地層水に溶解すると，CO_2 相が単独で存在しなくなるので，溶解水と塩水の密度差が小さくな

り，溶解水の浮力による上昇速度は非常に小さくなり，CO_2 の移動速度を低下させる。

（ii）鉱物トラッピング（mineral trapping） CO_2 の地層水への溶解により，鉱物が溶解され pH を上昇させるとともにイオンを形成し，そのうちのある成分は炭酸塩鉱物を形成し，CO_2 を固定できる。炭酸塩鉱物を形成する反応速度は非常に遅く，鉱物ができるまで数千年以上かかると見積もられている。しかし，鉱物トラッピングは最も安定性の高い CO_2 貯留方法と考えられている。

図 4.4 は CO_2 を地下に注入後，物理的トラッピングが地化学的トラッピングにどのように変化して，CO_2 地中貯留が安定化していくかを示したものである。構造・層位トラッピングから，残留トラッピング，溶解トラッピング，鉱物トラッピングと変化していき，より安定化する。図 4.5 は CO_2 を注入した地層条件を考慮した注入後 100 万年までの CO_2 貯留安定化のシナリオを表している。特に CO_2 を注入した地層に隣接する層への CO_2 の移動の有無を考慮したものである。シナリオ A は CO_2 が注入した層のみに貯留される場合で，最終的には最も安定した鉱物トラッピングに達する。シナリオ B は CO_2 の移動条件はシナリオ A と同じであるが，CO_2 と鉱物の反応が少なく，100 万年

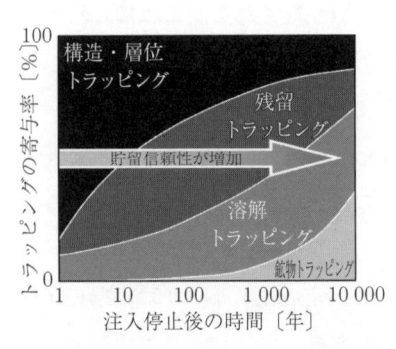

図 4.4 物理的トラッピングから化学的トラッピングへの変化による CO_2 貯留の安定化[1]

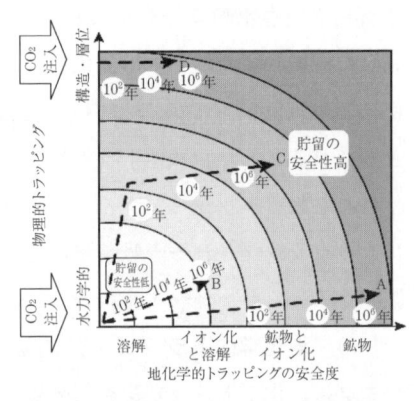

図 4.5 物理的トラッピングと地化学的トラッピングの組合せによる長期貯留[1]

後でも溶解トラッピングと残留トラッピングが主である。シナリオCは隣接層（主として上部層）へのCO_2の移動があり，そのゾーンが地質的に不均質な場合である。不均質な地質ゾーンでは，浸透率，空げき率と鉱物との反応性が変化する。この場合は，予期しないCO_2移動通路が形成されることもある。シナリオDはCO_2の流れが坑井付近に限定される場合である。イオン形成や鉱物トラッピングに適した化学反応は起こらず，溶解トラッピングと物理的トラッピングのみで貯留される。

4.1.2　世界のCO_2地中貯留可能地域
（1）　地中貯留に適した地層

CO_2地中貯留の可能性のある地層は，油田，ガス田，帯水層，石炭層などの堆積盆地である。このような地層は世界のどこに存在するのであろうか。CO_2貯留に適した堆積層とは

① ある程度の貯留可能量とCO_2注入性を有すること
② 密閉構造を形成できるキャップロックが存在すること
③ 地層が安定していること

などの条件を満たす必要がある。

地下へのCO_2貯留効率を，地層単位体積当りのCO_2貯留量と考えると，CO_2濃度は大きいほうがよい。貯留の安全性という観点からみると，CO_2密度が大きいほど貯留後の地表に向かう浮力が小さくなるので，安全性が高くなる。CO_2の貯留量に影響する空げき率や，CO_2の貯留速度に影響する浸透率は非常に重要なファクターである。石油，天然ガス，炭層ガスの生産がこれまでに行われており，地下の地層の状態がある程度把握されている地域でのCO_2貯留が最初の候補地になると考えられている。図4.6はCO_2貯留が可能と考えられる世界の堆積盆地を示している。CO_2貯留の可能性のレベルを，大雑把に，①ポテンシャルが高い地域，②ポテンシャルがある地域，③ポテンシャルのない地域の3種類に分類している。

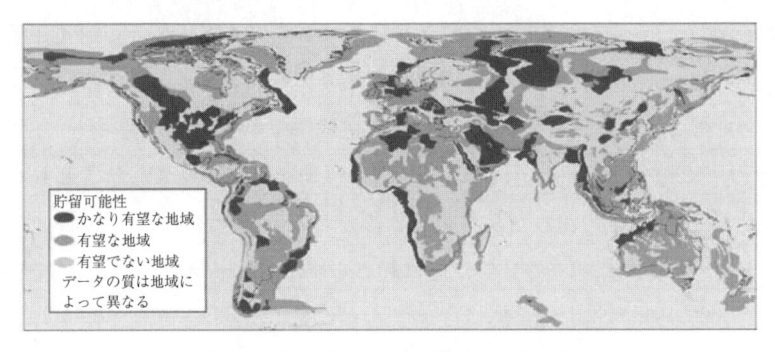

図 4.6 CO_2 貯留が可能な世界の堆積盆地[1]

（2） 地中貯留可能地域

実際の CO_2 地中貯留を考えると，CO_2 発生源と貯留地層の位置関係も重要である。これらの距離が近くないと CO_2 輸送コストが大きくなり経済的な貯留は実現できない。図 4.7 は世界の定置型 CO_2 発生源と貯留可能堆積盆地とを同じ図に表したものである。発生源と貯留地の距離が 300 km 以内ならば貯留可能であるとして，図 4.6 と同じように地域のポテンシャルのランク付けを行っている。

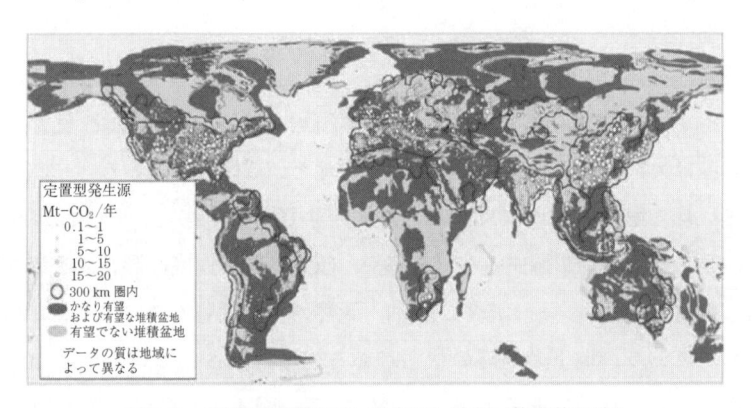

図 4.7 世界の定置型 CO_2 発生源と貯留可能堆積盆地[1]

4.1.3 CO_2 地中貯留システム

（1） CO_2 地中貯留プロセス

CO_2 地中貯留のプロセスは

① CO_2 発生地・発生量と貯留可能量・可能地の評価
② 貯留サイト選定
③ 注入井の掘削
④ CO_2 注入作業
⑤ CO_2 挙動のモニタリング（注入期間中）
⑥ 注入井の密閉
⑦ CO_2 挙動のモニタリング（密閉後）

からなる。

表 4.1 に CCS 地中貯留プロジェクトの工程についてまとめる。

（2） 注入井と密閉

CO_2 地中貯留に使用される坑井は，油田や天然ガス田でガス注入作業に使用される坑井とほとんど同じである。その技術仕様に関してはこれまでの長い経験から確立されているといってよい。CO_2 貯留では地下部分の材料は耐圧，耐腐食を考慮する必要がある。坑井の数は，CO_2 注入量，浸透率，注入層の厚さ，最大注入圧力，地表の使用可能面積など，いろいろなファクターに依存する。浸透率が大きく厚い地層では坑井本数は少なくてすみ，また水平坑井の場合も坑井本数は少なくてすむ。注入井の口元には CO_2 の圧力がなんらかの原因で上昇し，大気中に放出されることを防止するために，圧力開放弁とバイパスが設けられている。

注入井の廃棄に際しては，特に坑井から CO_2 が漏えいし，割合浅い地層を流れる地下水に流入し，飲用水を汚染しないようにする注意が必要である。坑井の廃棄・密閉に関しても従来の石油産業や天然ガス産業の坑井廃棄方法とほとんど同じ方法がとられる。しかし，CO_2 はセメントや密閉プラグと反応し，セメントが劣化し，長期間の間にはこれらから漏えいするおそれがあるので十分注意する必要がある。注入層の上層に位置する部分のケーシングを引き抜き，または破砕し，ケーシングパイプを除去し，ケーシングの腐食による CO_2 のリークをなくすようにしている。ケーシングを除去したあとは，その空間にセメントプラグを注入し，CO_2 の漏えいを防止する（図 4.8）。耐 CO_2 セメン

表4.1 CCS地中貯留プロジェクト工程

	課題設定	工程	具体的な作業
1	CCSができるか	定置型CO_2発生源	・現在および今後のCO_2発生量を求める
2	貯留可能量は十分か	地域での貯留可能性	・可能性のあるサイトをスクリーニングし,最適地を決める
3	サイトは適正か	貯留サイトの評価	・地質評価 ・数値モデルの構築 ・貯留層シミュレーション ・リスク評価
4	プロジェクトは適正か	CO_2注入,貯留プロジェクトの提案	・モニタリング計画の作成 ・リスク削減対策の作成 ・坑井修復計画の作成 ・経済性評価の実施 ・関係者(自治体,住民)との協議
5	プロジェクトは官庁の認可条件を満たしているか	CO_2注入,貯留の認可申請	・許認可官庁との交渉 ・ベースライン測定
6	プログラムが法規制に適合し,地域住民に受け入れられるか	CO_2貯留とモニタリング	・地下でのCO_2分布モニタリング ・CO_2漏えい危険地域のモニタリング ・シミュレーション・ヒストリーマッチング ・関係者(自治体,住民)との協議
7	計画貯留量を達成。貯留を終了し密閉を開始するか	注入停止	・モニタリングを継続 ・ヒストリーマッチングを継続 ・密閉計画の立案
8	官庁が密閉を許可するか	サイト密閉	・認可条件と適合しているか確認 ・坑井密閉 ・サイト修復 ・関係者(自治体,住民)との協議
9	密閉後の環境影響はないか	密閉後モニタリング	・関係法規に基づき定期的にモニタリングを実施

トの開発も行われている。

 図4.9は,現在実際にCO_2注入が行われているEOR(石油の増進回収法)とCO_2地中貯留プロジェクトのCO_2注入規模を比較したものである。図には500 MW出力の石炭火力発電所からのCO_2発生量も記してある。EORなどの現存の技術は,CO_2地中貯留を実施するのに十分な規模になっていることがわ

4.1 概論

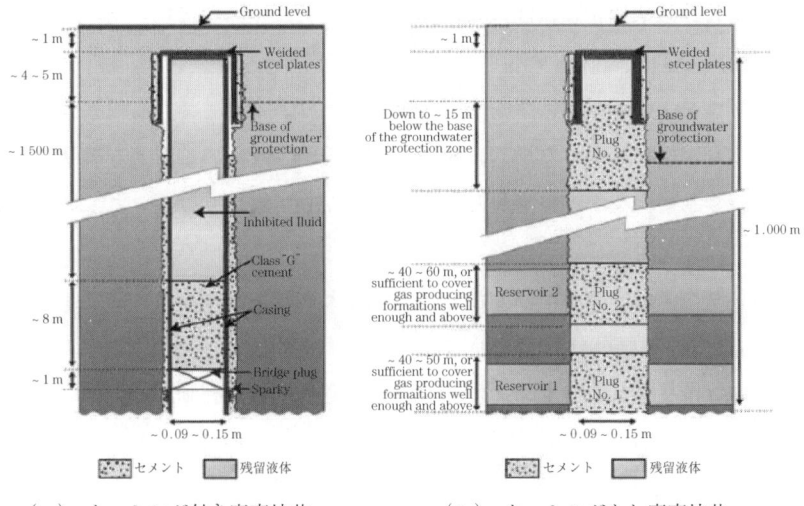

(a) ケーシング付き廃棄坑井   (b) ケーシングなし廃棄坑井

図 4.8　坑井廃棄（口元密閉）の方法[1]

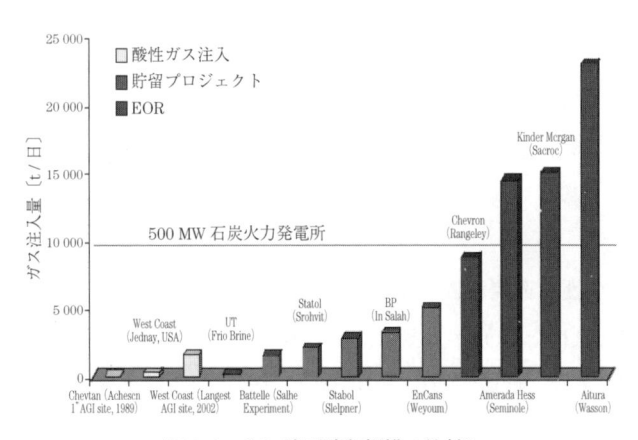

図 4.9　CO_2 地下貯留規模の比較[1]

かる。

(3) **モニタリング**

　地下に注入した CO_2 が地下でどのように移動し，また地表に戻って大気放出されることがないかどうかは最も関心のある点である。モニタリングの目的は

① 注入井の状態管理（注入量，坑口圧力，坑底圧力など）
② 注入 CO_2 量を確認する
③ プロジェクトの貯留量を最適化する
④ CO_2 が当初計画した地層に間違いなく貯留されていることを確認する
⑤ CO_2 リークを早期に発見し，その対策を立てる

である。

モニタリングに先立ち，CO_2 注入後の状態と比較するために，測定する項目の CO_2 注入前の状態（ベースライン）を測定しておく。

CO_2 の貯留状態は，つぎにあげるような測定を通して評価する。

1）注入量，注入圧力の測定
2）地下の CO_2 分布測定

トレーサによる測定，地下水中の CO_2 濃度，地震法，電気的方法，重力法，地表変移量，などの測定による。

3）注入井の健全性測定

ケーシング周囲のセメントの連続性を検層。

4）地域環境測定

地下水，空気，土壌の性質を測定。

4.1.4 安全性・環境影響評価

地中に貯留された CO_2 が大気に放出されることにより発生する環境影響は，地球環境への影響と地域環境影響の両面が考えられる。地球環境への影響は，容易に理解できるように地球環境を保護しようとして地中貯留した CO_2 がもとの大気に戻ることによる，地球温暖化への影響である。地域環境影響に関しては

① 地表付近での CO_2 濃度が上昇することによる直接的影響
② CO_2 が地下水に溶解し，水質汚染や岩石の浸食などを引き起こす影響
③ 地下に注入された CO_2 により排除された流体の移動による影響

などが考えられる。

（1） CO_2 のリークプロセス

地下に注入された CO_2 は，つぎの経路を通って注入された地層から流出する可能性がある。

① CO_2 がキャップロック中の空げきの残留毛細管圧力よりも高い圧力で注入された場合には，キャップロックの空げきを通って CO_2 が上方に移動する。

② キャップロック中の天然のき裂や断層を通過して移動する。

③ 廃棄坑井など人工的な通路による移動。

などが考えられる（**図 4.10**）。

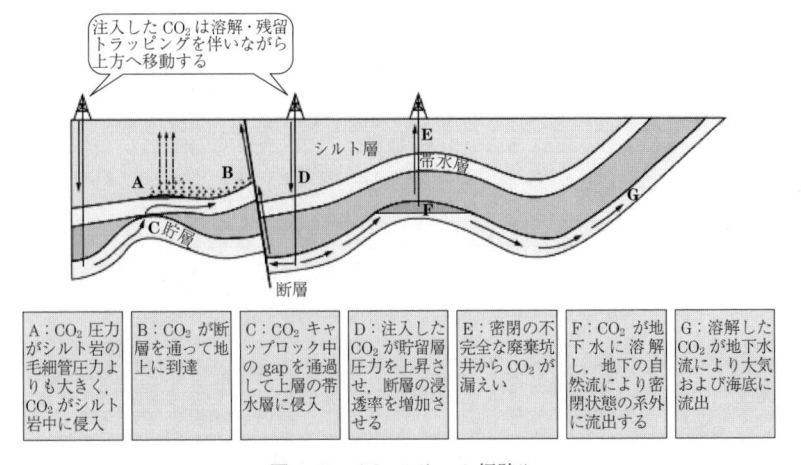

| A：CO_2 圧力がシルト岩の毛細管圧力よりも大きく，CO_2 がシルト岩中に侵入 | B：CO_2 が断層を通って地上に到達 | C：CO_2 キャップロック中の gap を通過して上層の帯水層に侵入 | D：注入した CO_2 が貯留層圧力を上昇させ，断層の浸透率を増加させる | E：密閉の不完全な廃棄坑井から CO_2 が漏えい | F：CO_2 が地下水に溶解し，地下の自然流により密閉状態の系外に流出する | G：溶解した CO_2 が地下水流により大気および海底に流出 |

図 4.10 CO_2 のリーク経路[1]

注入井と廃棄坑井は CO_2 リークの最も可能性の高い場所と考えられている。坑井の掘削は地下に空間を設けるということのほかに，セメントやケーシングなどの材料を使用するため，これらの材料の長期管理も重要となる。

廃棄坑井からの CO_2 リークは，**図 4.11** のようにいろいろな経路が考えられている。廃棄坑井からの CO_2 リークの確率は廃棄坑井と CO_2 を含んだ流体が交差する件数に比例し，また深度や坑井廃棄方法に依存する。**図 4.12** は世界の石油・天然ガス井の面積当り坑井掘削密度を示している。石油・天然ガス井掘削が多く実施されている開発の進んだ堆積盆地では，CO_2 注入井付近の廃棄

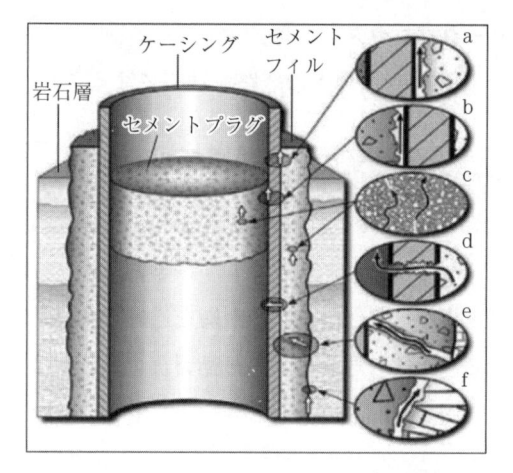

図 4.11 廃棄坑井からの CO_2 リーク経路[1]

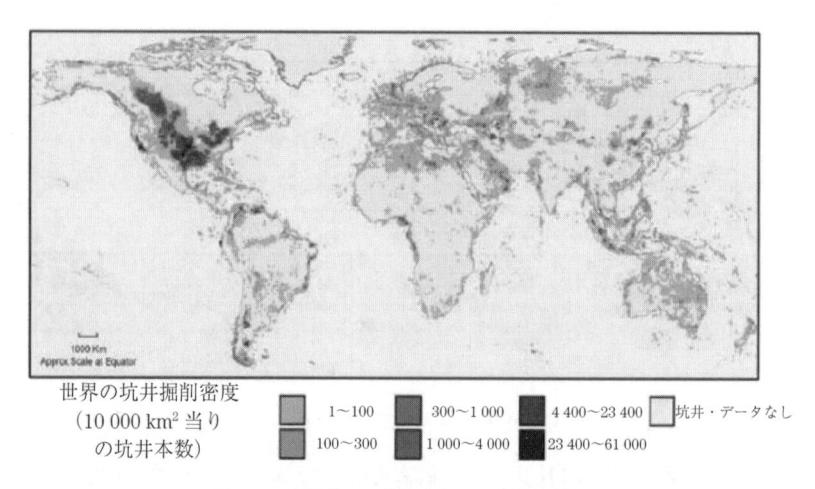

図 4.12 世界の石油・天然ガス井掘削密度[1]

世界の坑井掘削密度
（10 000 km² 当り
の坑井本数）

1～100　　300～1 000　　4 400～23 400　　坑井・データなし
100～300　　1 000～4 000　　23 400～61 000

坑井数はかなりの数にのぼる。これらの地域での CO_2 地中貯留では廃棄坑井からのリーク対策が重要となる。

（2） 貯留サイトからの CO_2 リークの可能性

　CO_2 貯留サイトは CO_2 を半永久的に貯留できることが望ましい。しかし，地中貯留された CO_2 のいくらかは大気中に放出されると予測されている。その定量的評価に関して，確信をもって数値的な結論を出したものは少ない。

CO_2 長期地下貯留の信頼度を評価する方法としては，つぎのようなものが参考となる．

① CO_2 堆積層や石油・天然ガス層などの天然システムのデータ
② 天然ガス地下貯蔵システム，EOR などの工業プロセスのデータ
③ 地下 CO_2 の溶解や移動に関する物理，化学，力学的プロセス
④ CO_2 移動の数値解析
⑤ 現在進行している CO_2 地中貯留プロジェクトのデータ

実際のプロジェクトで CO_2 長期地中貯留の信頼性は，サイトの条件に負うところが大きい．サイト選定，注入エンジニアリングシステム，坑井廃棄方法が適正に行われれば，現在の技術で，注入 CO_2 を 99％以上 100 年間以上にわたって地下貯留できる"可能性は高い"，また，注入 CO_2 を 99％以上 1 000 年間以上にわたって地下貯留できる"可能性はある"といわれている．

(3) 環境影響

(a) 人間・動植物への影響　　CO_2 は無臭で空気よりも重く，CO_2 が地中から地表にリークした場合，その量が多い場合には地表付近に滞留する．滞留地点では酸素濃度が小さくなり窒息の危険性が出る．空気中の CO_2 濃度が 2％以上になると人間は呼吸困難となり，7～10％以上では意識不明から死に至ることがある．流量が小さい場合には，CO_2 が拡散するので，地表で高濃度になる危険は少ない．土壌中の CO_2 濃度は植物の成長に大きく影響する．CO_2 は土壌中にある 20～95％を占め，土壌中ガスは通常 0.2～4％の CO_2 濃度である．CO_2 濃度が 5％以上になると植物の成長に影響を与え，20％以上になると植物は枯れる．CO_2 貯留地域では地上への CO_2 流出量，または地上の CO_2 濃度を監視する必要がある．

(b) 地下水への影響　　地下水中に CO_2 が溶解すると，地下水は酸性になり，金属や周辺岩盤鉱物を溶解する．CO_2 注入に先立ち，CO_2 溶解水と注入サイト岩石の反応性を調査しておく必要がある．CO_2 は一般に 800 m 以深の飲料水となる地下水層からはるかに深い地層に圧入するので，飲料水の汚染のリスクは少ない．万が一，CO_2 が直接飲料水となる地下水層に侵入し，飲料水

の水質が変化した場合には，エアレーションによる水質改善，地下水流の流れを変えるための坑井の掘削などで対応する。

4.2 油・ガス田

流体である石油や天然ガスを長期間にわたって実際に貯留していたことからも明らかなように，油・ガス田は CO_2（流体）の貯留場所として最適な候補の一つと考えられる。また，地下への流体圧入技術は，天然ガスの需給調整を目的とした地下貯蔵で約 100 年，石油の回収増進を目的とした EOR（詳しくは後述）で約 40 年の実績がある。油・ガス田の開発・操業で培われてきた技術や知見の多くは，CO_2 の地中貯留にも応用することができ，その技術的な実効性を高めている。

そこで本節では，CO_2 の地中貯留を考えるうえで必要となる基礎事項を整理するために，油・ガス田の性状やその開発手法についてはじめに概説する。油・ガス田を対象とした地中貯留は EOR を通じて，もしくは枯渇油・ガス田を対象として行われる。これらに関してその工学的側面を解説し，CO_2 の貯留可能量の評価についても触れる。最後に油・ガス田における地中貯留の実例を紹介し，展望と課題をまとめる。

4.2.1 油・ガス田の形成と開発

石油・天然ガスは，炭素と水素の化合物である炭化水素（hydrocarbon）類の混合体であり，その生成は有機成因説で説明されることが多い。この説では，炭素と水素は生物由来であるとされ，生物体の遺骸が続成作用を受けてケロジェン（kerogen）と呼ばれる高分子化合物に変質し，このケロジェンを含む岩石（石油根源岩：source rock）が地中で高温状態に置かれることによって石油や天然ガスが生成されると考えられる。

（1）形　　成

石油根源岩は，その上に別の堆積物が沈積することによって地下深部へと埋

没が進む.地温こう配に応じて深部ほど高温となるため,ケロジェンが受ける熱分解作用も深度によって異なる.図 4.13 に石油・天然ガスの生成量と温度(ならびに代表的地温こう配から換算される深度)の関係を示す.一般に,温度が 60～120℃の領域で石油の生成が,また 120～225℃の領域で天然ガスの生成が顕著であるとされている[3]｡

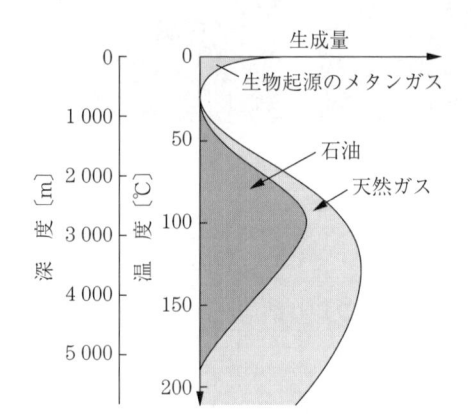

図 4.13 石油・天然ガスの生成量と温度・深度の関係

根源岩は泥岩のような緻密な岩石であり,そこに分散して存在する石油や天然ガスを直接に人間の時間スケール内で回収することはできない.しかしながら地質学的時間スケールの中で,生成された石油・天然ガスの一部は根源岩から水などを媒体として移動し,天然資源として有用な程度に濃集した集合体を形成することがある.これを鉱床(deposit)と呼ぶ.石油や天然ガスが生成される深度(図 4.13)との関係から鉱床の深度も決まるが,その多くは 1 000 m 以深に発見されており,油・ガス田を利用する CO_2 の地中貯留は,このような地下深部を対象とすることになる.

鉱床が形成されるためには,石油・天然ガスをためる貯留岩(reservoir rock)と,石油・天然ガスの逸散を防ぐ遮へい機構が必要である.貯留岩と遮へい機構が組み合わさり,石油や天然ガスを集積させる地質構造をトラップ(trap)という.図 4.14 に代表的なトラップを示す.図(a)は,背斜トラップと呼ばれるしゅう曲の背斜部に形成されるものであり,世界の油・ガス田の多くがこのトラップによる.貯留岩はキャップロック(帽岩:cap rock)と

4. 地中貯留

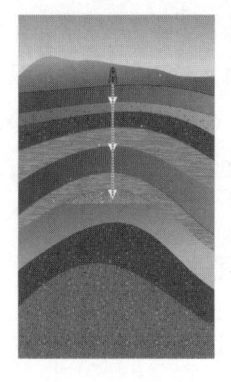

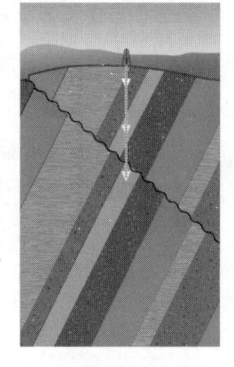

(a) 背斜トラップ　　(b) 断層トラップ　　(c) 不整合トラップ

図 4.14　トラップの例[2]

呼ばれる緻密な岩石に上部を覆われており，水よりも比重の小さな石油・天然ガスが上方に逸散するのを防いでいる。図（b）は断層が，また図（c）は不整合面が遮へい物として機能している例である。

石油・天然ガスの貯留層（油層：petroleum reservoir）は，流体をためるための孔げき（pore）が卓越し，また，流体が流れやすい多孔質媒体（porous medium）でなければならない。孔げきの発達度合いは以下に定義される孔げき率（porosity）で表される。

$$孔げき率 = \frac{孔げきの容積}{岩石のかさ体積} \tag{4.1}$$

図 4.15 に孔げきの顕微鏡写真を示す。石油や天然ガスは，このような微細

図 4.15　孔げきの顕微鏡写真[2]

な空間に地層水とともにとどまっており，地中貯留においてはCO_2をこの空間にためることになる。また，流れやすさの指標としては，浸透率（permeability）が用いられ，その単位はミリダルシー〔md〕である。一般的に，良好な貯留岩になりうる岩石の孔げき率は10～30%，浸透率は$10～10^4$ mdである。その多くが砂岩，ついで炭酸塩岩であり，この2種類の岩石で世界の貯留岩のほとんどを占める。

（2）開　発

石油・天然ガスの開発は，鉱床の探査（探鉱）から始まる。探査は，前述の有機成因説に基づいて行われるのが一般的であり，鉱床の成立要件（根源岩，熱的熟成環境，貯留岩，トラップ）の適否を評価する。地質学的探査などにより，一定量の根源物質の存在ならびに石油生成に十分な熟成環境が推定され，石油生成の可能性が示されれば，トラップの所在ならびに形状を精査するために地震探査が行われる。

地震探査（seismic survey）とは，人工的に起こした弾性波動が物性の異なる地層界面で反射して戻ってくるまでの時間を測定して地下構造を解析する手法である。地震探査の例を図4.16に示すが，背斜や断層などの構造解釈に有用な情報が提供される。この探査手法は，地質・土木など多くの分野で一般的に用いられており，CO_2の地中貯留においても，これを適用することができる。

鉱床の存在を実際に確認するためには，坑井を掘削することによる直接的探査（試掘）を行う必要がある。これにより，石油や天然ガスが孔げき内にどの

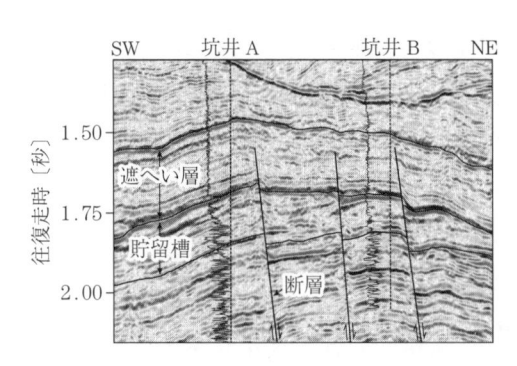

図4.16　地震探査による地下構造の可視化[2]

程度の割合（飽和率：saturation）で存在しているかを直接評価する。

$$\text{流体}j\text{の飽和率} = \frac{\text{孔げき内に占める}j\text{の容積}}{\text{孔げきの容積}} \quad (j\text{は石油，ガス，水などの流体})$$

(4.2)

試掘の数や位置は，間接的探査で得られたデータの総合的な解釈，鉱床の存在が予想される有望なトラップの選定により決定される。試掘坑井の掘削時にはカッティングス（掘削による岩石の小片）やコア（地層から採取される円柱状の岩石試料）を採取し，孔げき率や浸透率などの貯留岩物性評価，ならびに堆積環境の推定や岩相評価などが行われる。また，坑内物理検層を用いることにより，岩石物性・岩相評価に加えて，地層の傾斜や流体分布・圧力状況などを坑跡に沿って連続的に調査することが可能となる。石油や天然ガスが存在する場合には，その試料を採取し，炭化水素組成の分析，熱力学的物性，密度（density），粘度（viscosity）などの測定が行われる。

探査によって鉱床が発見されれば，これが商業的開発対象となる可採埋蔵量（reserve）を有しているかを評価する段階に進む。可採埋蔵量は，鉱床として存在している資源量（原始埋蔵量）に回収可能な割合（回収率：recovery factor）を乗じたものである。生産履歴がない探査段階においては，可採埋蔵量をつぎの式で評価する。

$$\left.\begin{array}{l}\text{可採埋蔵量} = \text{原始埋蔵量} \times \text{回収率} \\ \text{原始埋蔵量} = \dfrac{\text{油層の面積} \times \text{層厚} \times \text{孔げき率} \times \text{油の飽和率}}{\text{油の容積係数}}\end{array}\right\} \quad (4.3)$$

流体である石油は温度・圧力条件によって体積が変化するため，埋蔵量を同一基準で評価できるように，常温・大気圧（基準状態）での体積に換算して計上することとなっている。油の容積係数は，そのための換算係数にあたる。油層の面積は貯留層の構造図に応じて，また，層厚，孔げき率，油の飽和率は物理検層やコア分析により算定される。天然ガスの埋蔵量評価も同様の手法によって行われる。

回収率は，油層や石油・天然ガスの性状，生産方法などによって異なり，探

査段階で正確に評価することは困難である。探査段階における可採埋蔵量の評価には，ある程度の誤差を伴うことは避けられない。その後の開発により生産履歴を含む情報が追加されるのに伴って，埋蔵量の見直しを逐次行うのが一般的である。

4.2.2 石油・天然ガスの生産と回収率

石油・天然ガスの生産方法としては，自然の排油エネルギー（後述）による生産と人工的に排油エネルギーを付与する生産とが考えられ，後者の一つにEORがある。この項では，石油・天然ガスの生産と回収率について解説し，CO_2地中貯留の一つのオプションであるEORが，油・ガス田開発においてどのように位置づけられるかを概観する。

（1）生　　産

貯留層には高い地層圧力がかかっており，そこに胚胎する流体も高圧状態にある。そのような貯留層に坑井を掘削して圧力の低い点を作ると，高圧の流体は低圧の坑井に流れ込むこととなる。石油を坑井に向かって持続的に流動させる機構を排油機構（drive mechanism）といい，そのために必要なエネルギーを排油エネルギーと呼ぶ。

貯留層の圧力は石油の生産に従って低下するが，石油・地層水・貯留岩が膨張することによって排油エネルギーを供給する（枯渇押し型：depletion drive）。さらに圧力が低下するとメタンなどの軽質な炭化水素がガスとして遊離・膨張する（溶解ガス押し型：solution gas drive）。油層の頂部にガスが存在している場合（ガスキャップ押し型：gas cap drive）や，底部や側部から地層水が供給される場合（水押し型：water drive）には，油層にガスや地層水が膨張・浸入することによって排油エネルギーが供給される。

開発初期の排油エネルギーが大きい時期には，坑井内の石油は地表にまで自然に押し上げられる。石油がこのように噴出してくる状態を自噴（natural flow）という。生産が進み，排油エネルギーが低下すると自噴は停止し，坑井内の流体を人工的に汲み上げる（人工採油）ことも行われるが，最終的には坑

井への石油の流れ込みがなくなる。この段階の石油生産は自然の排油エネルギーのみによるものであり，時系列的分類として1次回収と呼ぶこともある。

1次回収の回収率は総じて小さく，平均的には20%程度である。油層に隣接する水層からの地層水の供給が十分に大きい水押し型の場合には30%を超えることもあるが，石油が重質（ガス化する軽質成分が少ない）であったり，貯留層の性状が不均質な場合など，10%に満たない回収率も珍しくない。

回収率を増加させるには，人工的に排油エネルギーを加えることが必要となる。その代表的な手法として，採掘坑井の周辺坑井から水を圧入することにより油層圧力を回復し，さらに石油を採掘坑井へ向けて置換することを目的とした水攻法（water flooding），ならびに，生産早期より水やガスを圧入することによって油層圧力低下を抑える圧力維持法があげられる。時系列的表現では2次回収法として分類されるこれらの回収法は，人工的付加エネルギーにより排油機構を維持することを目的としたものであり，10～20%程度の追加回収率が見込まれる。

回収率をさらに向上させるために，上記の排油機構以外の回収原理を利用する手法がある。それがEOR（enhanced oil recovery：石油増進回収）であり，時系列的表現では3次回収法として分類される。適用実績が多く技術的に確立されたものとして，熱攻法の一種である水蒸気攻法やガス攻法の一種であるミシブル攻法があげられる。水蒸気攻法は，周辺坑井から水蒸気を圧入して採掘坑井へ石油を置換するものであり，熱供給による石油の粘度低下や気液相挙動による炭化水素成分抽出を利用した回収率向上技術である。ミシブル攻法は，石油との界面張力が消失するようなガスを圧入して石油を回収する技術である。圧入ガスとしては，中間成分（エタン～ヘキサン）を多く含む炭化水素ガスやCO_2などが用いられる。このほかにも，粘性や界面張力を調節する化学攻法や石油の分解・粘性低下を促進する微生物攻法などがあるが，油層内での薬剤調整や品質管理の困難さならびに操業コストの面から，熱攻法やガス攻法に比べて，その適用実績は少ない。

図 4.17 に回収法の種類と分類を示す。貯留層の把握技術や流体の流動予測

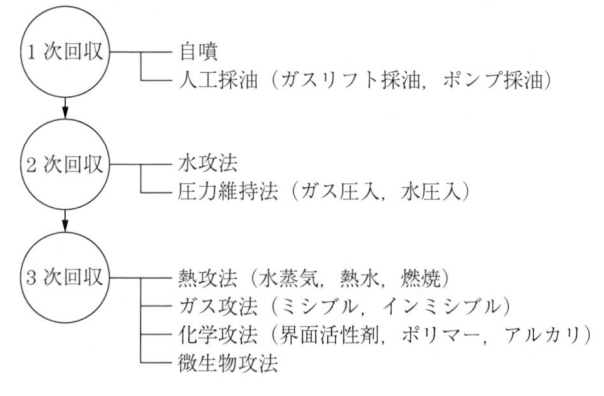

```
1次回収 ─┬─ 自噴
         └─ 人工採油(ガスリフト採油,ポンプ採油)
    ↓
2次回収 ─┬─ 水攻法
         └─ 圧力維持法(ガス圧入,水圧入)
    ↓
3次回収 ─┬─ 熱攻法(水蒸気,熱水,燃焼)
         ├─ ガス攻法(ミシブル,インミシブル)
         ├─ 化学攻法(界面活性剤,ポリマー,アルカリ)
         └─ 微生物攻法
```

図 4.17 石油回収法の種類と分類

技術が進展したことにより,現在では開発の当初から EOR を適用することもあり,必ずしも 1 次・2 次・3 次回収といった時系列的分類が当てはまらないことも増えてきている。なお,天然ガスの生産においては,その膨張率が高く生産に伴う圧力低下が小さいこと,ならびに粘度が小さく貯留層内を流れやすいなどの理由により回収率は 80% を超えることも珍しくない。したがって,2 次・3 次回収のように人工的な生産方法を適用する油田の開発とは異なり,天然ガスの生産は自噴によるのが一般的である。

(2) 回収率と EOR

石油の回収量は 2 次回収を行っても原始埋蔵量の 1/3 程度であり,残りの 2/3 すなわち生産された量の 2 倍もの石油は地中に残されたままである。これは,貯留層の物性(孔げき率や浸透率など)が不均質であるため流体の流れにくい地域に巨視的な石油の取残しがあること,ならびに,岩石の微細な孔げきに地層水とともに存在している石油に毛細管力の影響で流動抵抗が働くため微視的な取残しがあることによる。

水攻法のように石油を置換して回収する場合,その回収率 (R) は次式で表される。

$$R = E_s \times E_d \tag{4.4}$$

E_s は掃攻効率 (sweep efficiency) と呼ばれ,貯留層に圧入された流体が流れ

込んだ（掃攻した）容積割合を表す。また，E_d は置換効率（displacement efficiency）といい，流れ込んだ部分で，どの程度の石油が圧入流体によって押し出されたか（置換されたか）を表す。これらはそれぞれ，石油の回収に関する巨視的な効率と微視的な効率に対応している。

式（4.4）は，回収率が「圧入流体が掃攻した容積割合」と「圧入流体が置換した容積割合」の積として表されることを意味している。例えば，水攻法で圧入された水が，油層内の 70% の領域を掃攻し（$E_s=0.7$），その領域に残っていた石油の 50% を置換したとすると（$E_d=0.5$），石油回収率は $R=0.7×0.5=0.35$ となる。

回収率をさらに向上させるための EOR では，以下のメカニズムのいずれか，または組合せを適用することが考えられている。
・易動度比を改善する。
・石油と圧入流体間の界面張力を小さくする。
・石油の成分を溶媒によって抽出する。

易動度比は，圧入流体の易動度（流れやすさ）を石油の易動度で割った値として定義される。易動度比が 1.0 よりも小さいということは，圧入流体に比べて石油のほうが流れやすいことを示しており，その場合は石油を押し出すための界面が安定し，掃攻効率 E_s ならびに置換効率 E_d を大きくすることができる。易動度は流体の粘度に反比例することから，易動度比を小さくするには石油の粘度を小さくする，または圧入流体の粘度を大きくすることが効果的である。

EOR として実績をあげている熱攻法は，熱を加えることによって石油の粘度を下げ，易動度比を改善することを意図したものである。比重の大きな石油のほうが粘度の低下度合いが大きいため，熱攻法は重質油を対象として適用されることが多い。また，特に水蒸気攻法においては，石油成分の一部を抽出することによる石油回収増進効果も知られている。

一方，石油と圧入流体間の界面張力を小さくすることは，毛細管力を低減させることになるため置換効率 E_d の向上につながる。ガス攻法は，この効果を

意図したものであるが，特にミシブル攻法は界面張力を消失させ，副次的に，石油の膨潤，石油粘度の低減などの効果もあわせもっている．

4.2.3 CO_2-EOR

ミシブル攻法で用いられるガスの一種に CO_2 がある．これを用いて，CO_2 の地中貯留を EOR の一環として実施することが考えられる．石油回収の増進効果による経済的メリットに加え，油・ガス田の生産操業中に地中貯留を実施することにより，計量・モニタリングなどに要する設備・作業の集約化も期待できる．この項では，CO_2 を用いた EOR（CO_2-EOR）の概要を紹介するとともに，他のガスではなくなぜ CO_2 が用いられているのかを解説する．

（1） CO_2-EOR の実際

CO_2-EOR の歴史は古く，高圧で CO_2 を圧入することによる回収率増進の考え方についてはすでに 1940 年代から議論されている．その後，回収原理に関するより詳細な室内実験や理論研究を経て，1970 年ごろから実際の油田に対する適用（実証試験も含む）が米国で開始された．1980 年代には油価の上昇もあり EOR への関心が高まるなか，1984 年にコロラド州ならびにニューメキシコ州の大規模な CO_2 ガス田から輸送のためのパイプライン網がテキサス州西部の油田地帯（Permian Basin）向けに完成したことを機に適用例が増え，CO_2-EOR は商業ベースの採油技術として認知されるに至った．

現在（2008 年）も Permian Basin は CO_2-EOR の中心地であり，その生産量は世界の CO_2-EOR 生産量の 8 割程度を占める．テキサス州のほかにもルイジアナ州，ミシシッピ州，ワイオミング州などでプロジェクトが稼働しており，図 4.18 に示すように米国内の CO_2-EOR 適用数は 100 を超え，その日産量は 250 000 バーレル（1 バーレルは約 $0.159 \mathrm{m}^3$）に上る[4]．

しかしながら，米国以外では，カナダ，ハンガリー，トルコなどで数例の適用が報告されているにすぎない．これは，CO_2-EOR の対象となる油田の近くに CO_2 の供給源が存在しないことが主因と考えられる．4.1 節の図 4.1 は，CO_2 が天然集積した地域を示したものである．高濃度の CO_2 が大量に集積し

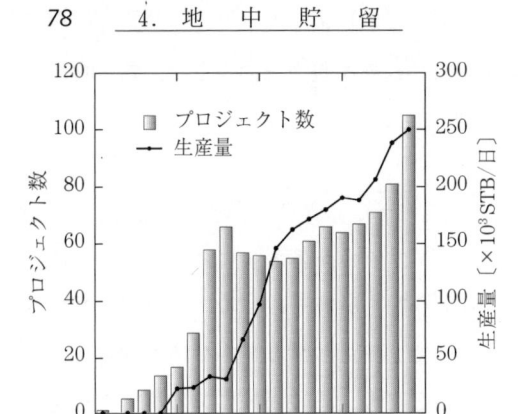

図4.18 米国における CO_2-EOR の推移

ている貯留層は，米国西部，東欧，インドネシアなどで発見・開発されているが，中東，北海，ロシア，アフリカなどの油田地帯の近傍には，そのような CO_2 源は発見されていない。米国における CO_2-EOR の発展は，天然集積の CO_2 を安価に供給できる環境によるところが大きい。

増油効果の有無を基準とした CO_2-EOR の適用要件に照らせば，世界の油田の多くはこれを満たしている。温暖化対策としての CO_2 地中貯留は，CO_2-EOR にとっては CO_2 供給源の創出としてとらえられ，これまで CO_2 の供給制約のために適用が見送られてきた油田の多くに，CO_2-EOR の可能性が生じることになる。

(2) 石油増進回収のメカニズム

CO_2 を用いた EOR は，基本的には置換効率 E_d の向上を意図したものであるが，それはおもに以下の効果によるものである。

・石油との間にミシビリティー（miscibility）すなわち混和性を達成し界面張力を消失させる。
・石油に溶け込み粘度を低下させる。
・石油に溶け込み膨潤させる。

これらの中でも，ミシビリティーの達成による回収率増進の効果は特に大きい。油層に圧入された CO_2 は，接触した石油に溶解する一方で，石油から多

くの炭化水素成分（おもに C 2〜C 30）を CO_2 中に抽出する。油層中を流動する過程で，この溶解と抽出が繰り返され，CO_2 の最前部と石油の境界面でミシビリティーが達成される。界面張力が消失することによって石油は CO_2 によってピストン状に押し出されることになり，この状態での置換では理論上 $E_d=1$ となる。

図 4.19 は CO_2-EOR による石油生産の様子を示している。CO_2 による掃攻が進むと，いずれは CO_2 の一部は随伴ガスとして生産されが，この CO_2 は分離・回収され，再び油層に圧入される。

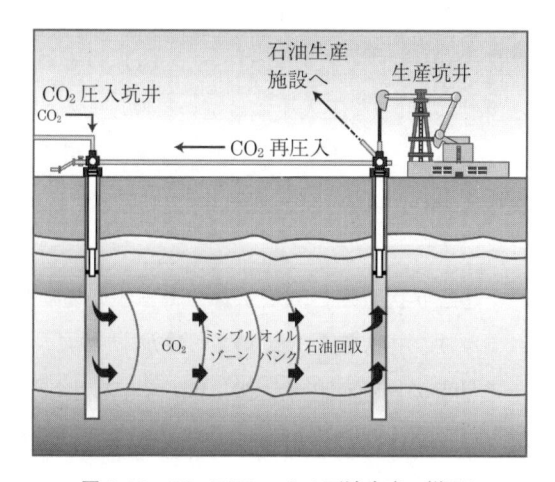

図 4.19 CO_2-EOR による石油生産の様子[6]

ミシビリティーを達成するために必要な最低限の圧力を最小ミシビリティー圧力（minimum miscibility pressure：MMP）という。MMP は，貯留層の温度ならびに石油の性状に依存するが，CO_2 と石油の場合，一般には 7〜20 MPa 程度である[5]。CO_2-EOR を考える際には，この MMP 以上での圧入操業が可能か否かを確認することが肝要である。MMP の推定には相関式を用いる方法や，対象とする油田から実際に採取した石油を用いた試験方法などが確立されている。

一方で，地層に過大な圧力をかけると，岩石に引張応力が働きき裂が発生す

る。き裂発生圧力の把握には，坑井内の物性を測定することによって推定する方法や，実際に小規模のき裂を人工的に発生させることによる評価方法などがある。き裂発生圧力は岩石力学的理由で，また MMP は熱力学的理由で，ともに深度に応じて増加するが，ある深度以下では MMP よりもき裂発生圧力のほうが小さい。き裂は CO_2 の漏えいにもつながるため，CO_2-EOR においては，MMP 以上かつき裂発生圧力以下の適正な圧力範囲での操業が必要であり，それに対応する深度の貯留層を選定しなければならない。

　置換効率 E_d を改善するのに適している CO_2 ではあるが，欠点として，その粘度が水などに比べて小さいことがあげられる。一般的な油層条件下での水の粘度が 7×10^{-4} Pa・s 程度であるのに対して，CO_2 のそれは 5×10^{-5}〜8×10^{-5} Pa・s である。粘度の小さな圧入流体は高い易動度をもつため，易動度比が大きくなり，掃攻効率 E_s が低下する。これを改善する目的で CO_2 と水を交互に圧入する WAG（water alternating gas）法が考案され，CO_2-EOR の一種として適用されている。

　交互に圧入された超臨界状態の CO_2 と液体である水の易動度は CO_2 単独のそれに比べて小さくなり，易動度比を小さくする効果がある。しかしながら，WAG 法は CO_2 と石油との接触を阻害することにもなるため，置換効率 E_d の低下を招きかねない。WAG 法の適用では，E_s の改善と E_d の低下の最適な妥協点を見出すことが重要となる。

（3）　ミシビリティーと CO_2 の特性

　ミシブル攻法に用いられる圧入流体の多くは CO_2 であり，比較的入手が容易な窒素や，油田においては調達が簡単なメタンなどを用いることはほとんどない。これは，CO_2 の MMP が窒素やメタンに比べて低いためである。図 4.20 に温度 40〜60℃における CO_2 の密度と圧力の関係を示す。いずれの温度においても，圧力が約 7 MPa を超えるあたりから密度の急激な増加が認められる。多くの油層で想定される温度・圧力領域での密度（600〜900 kg/m³）は石油の密度に近くなり，石油の成分を抽出してミシビリティーを達成しやすく（すなわち MMP を低く）している。比較のために示した窒素，メタンの密度は

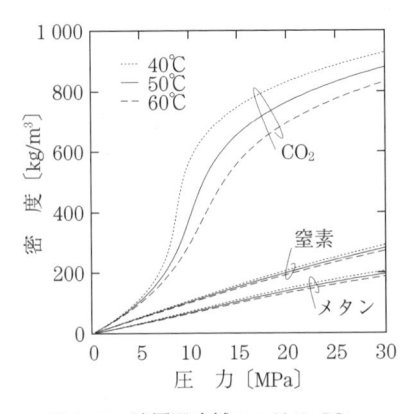

図 4.20 油層温度域における CO_2，窒素，メタンの密度と圧力の関係

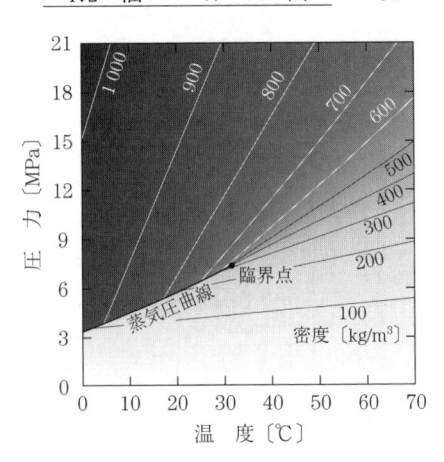

図 4.21 CO_2 の密度と温度・圧力の関係

小さく，石油との混和性が低いことが推定される．実際，窒素やメタンを用いたミシビリティーの達成は，対象が密度の小さな石油に限られ，MMP も高くなるため高圧での圧入が必要となる．

　物質の密度は，温度と圧力によって変化する．図 4.21 に CO_2 の密度変化を示す．臨界点（critical point）を終点とした蒸気圧曲線の上部が液相，下部が気相となり，この曲線を境に密度は不連続に変化する（臨界点における密度は 467 kg/m³）．臨界温度（critical temperature）と臨界圧力（critical pressure）をそれぞれ超える温度・圧力領域で，CO_2 は超臨界状態（supercritical state）になり密度が増加する．図 4.20 に見られる密度の増加は，臨界温度（31.1℃）より若干高い温度域での圧力の増加に伴って CO_2 が液体に近い密度を呈する超臨界状態になるためであり，急激な増加が始まる圧力は CO_2 の臨界圧力（7.39 MPa）に対応している．

　密度の急激な増加が窒素やメタンに見られない理由は，臨界特性の差異によって説明できる．図 4.22 は，いくつかの物質の臨界圧力と臨界温度の関係を示している．石油の構成成分である炭化水素に関しては，分子量とともに臨界温度は増加し，逆に臨界圧力は減少する傾向が（メタンを除いて）認められる．メタンと窒素の臨界温度は，それぞれ $-82.5℃$，$-147.1℃$ であり，油層

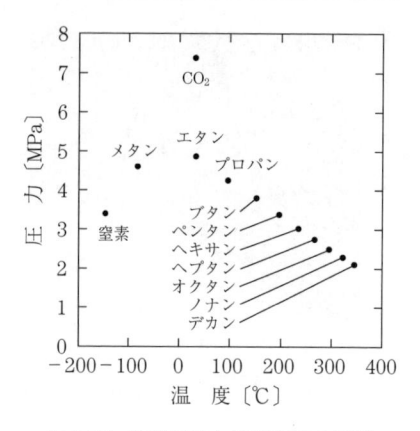

図 4.22 臨界圧力と臨界温度の関係

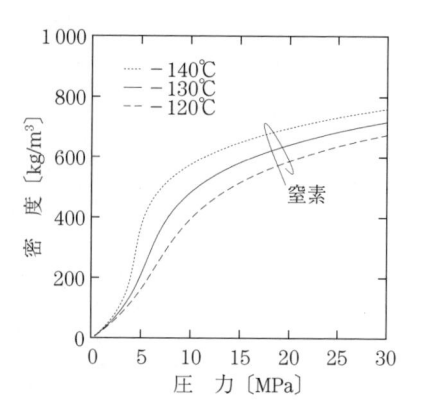

図 4.23 低温域における窒素の密度と圧力の関係

で想定される温度に比べて著しく低い。一方，CO_2 の臨界温度（31.1°C）はエタンとほぼ同じであり，油層温度に比較的近い。臨界温度よりも大幅に高い温度にあっては，物質の密度は気体に近くなるため，窒素やメタンは超臨界状態にあってもその密度は小さい。これを確認するために，温度 $-140\sim-120$°C における窒素の密度変化の様子を**図 4.23** に示す。温度は窒素の臨界温度よりも若干高い程度であることから，超臨界状態での密度は液体状であり，窒素の臨界圧力 3.39 MPa を超えるあたりから密度の急激な上昇が見られる。すなわち，窒素も CO_2 と同様に，臨界温度付近においては密度の急激な上昇を呈することがわかる。

以上のことから，CO_2 が EOR に用いられるのは，その臨界温度が油層温度に近いという物理化学的な要因によるところが大きいことが理解できるであろう。他の物質による代替は，容易には望めないのである。

（4） CO_2 地中貯留としての CO_2-EOR

CO_2-EOR の元来の目的は，石油回収の効率的増進であり，最小限の操業コストすなわち最小限の CO_2 圧入によって最大限の石油回収を達成することである。CO_2-EOR に用いられる CO_2 の量は油田ごとに異なり，一概には論じられないが，Permian Basin における実績では 1 バーレルの石油を生産する

ために0.15～0.4t程度のCO_2が圧入されている[6]。日産数千バーレルの石油増進回収の達成は，日量千t規模（年間数十万t）のCO_2圧入に相当する。一方で，地球温暖化対策としてのCO_2地中貯留の観点からCO_2-EORを実施する場合，その目的はCO_2貯留量の最大化にも及ぶこととなる。

石油回収とCO_2貯留の最大化を両立させる圧入手法が，従来のCO_2-EORの目的に適したものと必ずしも同じになるとは限らない。例えば，WAG法をEORとして用いる場合には，圧入水の量は掃攻効率E_sの改善による石油回収率の増進を最大化するように設計すればよいが，CO_2地中貯留としての応用においては，水が占める孔げき容積の分だけCO_2の貯留量の最大化を阻害することにつながるため，圧入水量を最小限に抑える制約も同時に考慮しなければならない。

まとめとして，CO_2地中貯留としてCO_2-EORを考える場合の適合性判定基準を，表4.2に示す[7]。油層特性としては，増油効果，貯留可能量，圧入・

表4.2　CO_2-EORとCO_2地中貯留のスクリーニング基準

	関連する項目	望ましい条件	注意すべき条件
油層の特性			
油の飽和率×孔げき率	増油効果，貯留可能量	0.05以上	0.05以下
浸透率×層厚〔md・m〕	貯留層内流動，圧入・生産性	10～100以上	10以下
深度〔m〕	MMP以上での圧入	油の特性によるが，一般に1 000以上	750以下ではき裂発生の危険性
遮へい機構	漏えいの回避	キャップロックの健全性，油層損傷の履歴がない	ずれやすい断層の存在
石油の特性			
密度〔kg/m^3〕	ミシビリティーの達成	900以下	900以上
組成	ミシビリティーの達成	C 5～C 12の中間成分が豊富	芳香族が豊富
粘度〔Pa・s〕	掃攻効率，ミシビリティーの達成	0.01以下	0.01以上

生産性にかかわる油の飽和率，孔げき率，浸透率，層厚などが，また，MMP以上での圧入操業に関連して深度が指標となる．石油の特性では，ミシビリティーの達成と掃攻効率に関連して，密度，組成，粘度が指標として用いられる．

4.2.4 枯渇油・ガス田

4.2.2項で述べたように，石油・天然ガスは現実にそのすべてを回収できるわけではない（枯渇するまで回収することはできない）が，生産操業をなんらかの理由（多くの場合は経済性）で終了したものは「枯渇」油・ガス田と称される．枯渇油・ガス田は以下の理由から，CO_2地中貯留の有力な候補になりうるとされている[6]．

- 石油や天然ガスが漏えいすることなく集積されていた実績から，地中貯留に際しても，その健全性と安全性が高い確度で期待できる．
- 多くの油・ガス田では，探査や開発に伴って地質構造や物性が広範囲にスタディーされ，その特性がすでに把握されている．
- 油・ガス田内で起こる流体（炭化水素）の移動，置換挙動，ならびにトラッピングを予測するための数値シミュレータがすでに開発されている．
- 油・ガス田に既設のインフラや坑井の一部を地中貯留のために転用することができる．

4.2.5項に述べる貯留可能量の観点からは，生産によって油層圧力が十分に低下しており，また，水押しなどによる水の浸入がないほうが望ましい．

これらの条件を備えた油・ガス田をCO_2の地中貯留に利用するタイミングはさまざまである．油・ガス田の開発・生産は数十年の期間続けられるものであり，必ずしも生産が完全に終了したものを対象にするとは限らない．生産と並行して貯留が行われることも十分に考えられ，実際のプロジェクトとしても4.2.6項でとりあげるインサラの例のようにすでに立ち上げられている．

枯渇油・ガス田を地中貯留に利用する利点は上記のとおりであるが，その反面，懸念される点は多くの坑井がキャップロックを貫いて掘削されていることである．生産や圧入が終了した坑井の廃坑作業は，泥水（比重調整を施した特

殊な流体）やセメントを用いた埋立てが一般的である。しかしながら，廃坑作業の時点ではCO_2の地中貯留は想定されておらず，そこで使用される泥水やセメントがCO_2耐性を備えているとは限らない。また，鋼管（ケーシング）が抜管されずに埋め立てられている場合は，CO_2溶解水による腐食が考えられ，これらの坑井（跡）を経路としたCO_2の漏えいが懸念される。

また，特に古い枯渇油・ガス田においては，廃坑された坑井の位置の特定が困難な場合もあり，さらに，廃坑の手法も現代の基準を満たさないものも含まれている可能性がある。枯渇油・ガス田においては，坑井経由の漏えいに特に留意する必要があり，万一漏えいが発生した場合の対応を準備しておく必要がある。

坑井の補修技術は，油・ガス田開発において用いられているものを応用できる。坑井の鋼管入替えや鋼管を地層と接着する役割のセメンチングをやり直すことは必要に応じて日常的に行われている。また，ある坑井になんらかの理由でアクセスできない場合，その漏えい箇所に向けて新たに坑井を掘削し，地中で補修作業を行うことも掘削技術の進歩で可能となっている。

4.2.5 貯留可能量の評価

CO_2-EOR は前述のとおり，油層の特性ならびに経済性に応じて操業設計がそれぞれ独自になされるため，CO_2の貯留可能量を一概に評価することはできない。しかしながら，個々の油田に対しては数値シミュレーションなどを用いて石油の回収量を予測する際に，地中に貯留されるCO_2の量も計算されるため，油田単位であれば比較的正確な評価が可能である。

一方，枯渇油・ガス田における貯留可能量評価の考え方は，以下に記す二つの基本条件によるのが一般的である[8]。

・油・ガス田の圧力は石油や天然ガスの生産によって低下しているが，CO_2の圧入は，貯留層圧力が初期圧力に回復するまでとする。
・貯留されるCO_2の容積は，生産された石油や天然ガスが占めていた地中容積に等しい。水押し型の貯留層や水攻法が実施された油層の場合には，貯留

層に浸入した水の量と生産された水の量を考慮する。

これらの条件から，貯留可能な CO_2 量（重量）は以下の式で表される。

$$貯留可能量＝貯留可能容積×CO_2 の密度$$
$$＝(油・ガス生産量－水の浸入量＋水の生産量)×CO_2 の密度$$
(4.5)

圧力に関する条件は，貯留層ならびにキャップロックにき裂が発生することを回避するためのものである。個々の貯留層によっては，枯渇による圧力低下のために貯留層やキャップロックが力学的に脆弱になることもあり，その場合には，初期圧力以下で圧入を停止しなければならない。逆に，き裂発生圧力が正確に把握できている場合には，その範囲内で初期圧力以上の圧入によって貯留可能量を増やすことも可能である。

一方，水が浸入した部分に CO_2 を圧入する場合，毛細管力などの影響によって水の一部は残留するため，厳密にはすべての貯留可能容積を利用できるわけではない。そのため，実際の評価では，式 (4.5) で与えられる理論値に，個々の貯留層に応じた補正を施す必要がある。

現在ある程度の確度で貯留可能量が評価されているのは，北西ヨーロッパ，米国，オーストラリア，カナダなどの地域に限られており，合計で約1700億tと見積もられている。中東，ロシア，アジア，アフリカ，南米などの産油地域の評価はなされていないが，石油・天然ガスの埋蔵量の比率から推計される貯留可能量は世界合計で約9000億tと報告されている。これらは，現在確認されている油・ガス田を対象としたものであるが，未発見のものを考慮すれば1兆数千億tの貯留可能量が見込まれている[6]。

4.2.6 プロジェクト例

（1） ワイバーン油田における CO_2-EOR

米国ノースダコタ州の石炭ガス化施設で発生する CO_2 を，全長325 kmに及ぶパイプラインでカナダサスカチュワン州のワイバーン（Weyburn）油田へ輸送し（図4.24），CO_2-EOR に利用するプロジェクトが1999年にEnCana

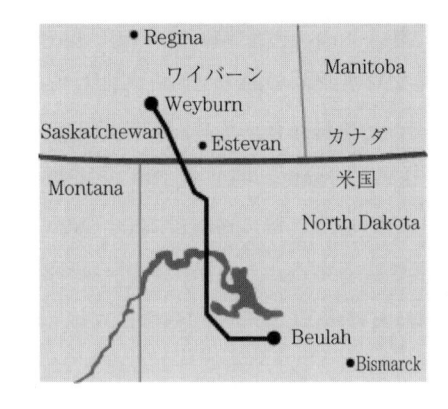

図 4.24 ワイバーンプロジェクトにおける CO_2 のパイプライン輸送

社と国際エネルギー機関（IEA）などの公的機関の共同事業として立ち上げられた。このプロジェクトは，人間活動由来の CO_2 を用いた CO_2-EOR であること，2国間を越境して CO_2 を輸送していることに加えて，油田に関するデータベースが整っており，それに立脚して CO_2 地中貯留に関するモニタリングを含めた研究計画が盛り込まれていることから，関係者の注目を集めている。

1954年に発見されたワイバーン油田は，深度約1 420 m に炭酸塩岩からなる油層を形成し，その層厚は 30 m 程度である。180 km^2 の範囲に広がる油田に合計1 000本以上の坑井が掘削されており，物理検層やコア試料の分析によって，油層の性状が詳細に把握されている。原始埋蔵量は約14億バーレルと評価されており，CO_2-EOR を開始するまでに1次回収ならびに水攻法によって約3.5億バーレル（回収率25％）を回収している。

CO_2 の圧入は 2000年9月に開始された。ガス化施設で発生する CO_2 は 96 ％の純度であり，若干の硫化水素と窒素ならびに炭化水素を含んでいる。これを 15.2 MPa まで昇圧したうえでパイプラインによってワイバーン油田へ輸送し，超臨界状態で油層へ圧入している。当初の圧入量は1日当り約5 000 t であり，2004年3月段階で累計約500万 t の CO_2 が圧入されたと報告されている。プロジェクト終了までには2 200万 t の CO_2 を地中貯留する計画であり，その結果として1.3億バーレルの石油増進回収が見込まれている。

一方，CO_2 が地中に安定的に貯留されていることを確認する目的で，各種のモニタリングが IEA による研究開発プログラムの第一フェーズとして 2000 年から 2004 年にかけて実施された。3 次元地震探査，坑井間弾性波トモグラフィー，坑井内物理検層，地表面での採集ガス分析，地下水分析などを総合的に解釈し，ワイバーン油田の地質条件が CO_2 の貯留に適しており，漏えいなどの問題が起こっていないことが確認されている。モニタリングの研究開発は，隣接するミデール（Midale）油田における EOR にも対象を拡大して継続されている。

(2) インサラにおける実例

インサラ（In Salah）プロジェクトは，天然ガス開発を目的とした合弁事業（Sonatrach 社，BP 社，Statoil 社）であり，サハラ砂漠において七つのガス田を開発することが計画されている。その第一フェーズとして 3 ガス田の開発に着手し，2004 年に生産を開始することとなった。産出される天然ガスには最大で 10% の CO_2 が含まれており，天然ガスを消費地である欧州にパイプライン輸送する際の輸出規格（CO_2 の濃度を 0.3% 以下に抑える）に適合させるために，これを分離回収する必要があった。分離された CO_2 は環境保護の観点から地中貯留されることとなり，クレチバ（Krechba）ガス田の水層が貯留場所として選定された。

図 4.25 にインサラにおける地中貯留の概略を示す。クレチバガス田は単純な背斜構造をもつ厚さ約 20 m の砂岩層で形成され，ガス層と水層の境界であ

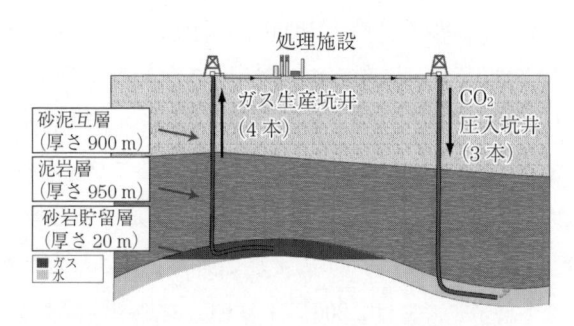

図 4.25 インサラにおける CO_2 の地中貯留[6]

るガス-水界面（gas water contact：GWC）が深度1 800 mに確認されている．その上部には950 mに及ぶ厚い泥岩がキャップロックとして機能している．

インサラプロジェクトでは，天然ガス生産のための水平坑井がガス層内に4本，CO_2圧入のための水平坑井がGWC下方の水層内に3本仕上げられた．水平仕上げ部の長さは1.5 kmにも及ぶ．これは，対象層の浸透率が低い（5 md程度）ために，貯留層と坑井の接触面積を大きくすることによって圧入性を高めることを意図したものである．2004年4月に年間約100万t規模のCO_2圧入が開始され，プロジェクト終了までに約1 700万tの地中貯留が計画されている．

水層に圧入されたCO_2は背斜構造に沿って上方へ徐々に移動し，最終的にはGWCを越えてガス層へ浸入すると考えられる．しかしながら，油層工学に基づく数値シミュレーションによれば，この浸入はガスの生産期間（約25年）中には起こらないと予測されており，天然ガス開発とCO_2地中貯留を両立させる事業計画となっている．

4.2.7 今後の展望と課題

油・ガス田開発に関連して，地中に流体を圧入するノウハウは水攻法やEORなどにより蓄積されており，圧入流体としてのCO_2の取扱いについてもCO_2-EORを通じて約40年の経験・実績があることは述べた．この意味では，油・ガス田を対象としたCO_2の「地中圧入」は完成された技術であり，実際にEORならびに枯渇ガス田を対象としたプロジェクトが始動している．ただし，油・ガス田には地域的偏在性があり，必ずしもCO_2排出源に近接しているとは限らず，その輸送に関しては課題が残る．

また，油・ガス田の開発期間は一般に数十年の単位であり，開発終了後に地中に残る流体に対して特段の注意が払われることはない．一方，CO_2の地中貯留においては，圧入中はもちろんのこと，圧入終了後も（少なくとも）一定期間はCO_2の貯留層内挙動や漏えいに関する監視を続ける必要がある．CO_2の処理を「地中圧入」から「地中貯留」に展開するには，モニタリングによる

貯留の安全性の確認が必須であり，万一漏えいが発生した場合に備えて補修技術を確立することが重要となる。

モニタリングはその実施時期に応じて，以下のような意義をもつ[9]。

・圧入前：地中貯留プロジェクトを設計する段階であり，CO_2 圧入以前の基準値の確定，地質構造の把握，リスクの評価などを目的とする。
・圧入期間：数十年に及ぶ圧入期間中に，貯留の安全性や効率性に関連する事項を把握する。モニタリングの結果は圧入手法にフィードバックされる。
・閉鎖期間：圧入が終了してからの CO_2 挙動が想定の範囲内であることを確認し，継続的モニタリングを完了してよいかを判断する。
・閉鎖後：漏えいの疑いがある場合など，新たな情報の収集が必要となった場合に限って実施される。

モニタリング技術に関しては，油・ガス田の探鉱から開発・生産の種々の場面で用いられているものが応用できる。表4.3に，主要なモニタリング手法とその目的をまとめる。モニタリングにかかるコストの削減は重要な課題であり，既存技術の組合せによるモニタリングの効率化，ならびに新規モニタリング技術の研究開発に取り組む必要がある。

表4.3　主要なモニタリング手法とその目的

手　法	目　的
地震探査	貯留層内ならびに外部への CO_2 移動の把握
電気・電磁探査	貯留層内ならびに外部への CO_2 移動の把握 地層水の浅部帯水層への移動の検知
重力測定	貯留層内ならびに外部への CO_2 移動の把握
坑井内物理検層	貯留層内ならびに外部への CO_2 移動の把握 地層水の浅部帯水層への移動の検知
坑井内ならびに坑井間弾性波トモグラフィー	貯留層内 CO_2 分布の詳細な把握 断層やき裂を経路とした漏えいの検知
坑口ならびに地中圧力測定	き裂発生圧力以下での圧入 坑井の健全性確保 貯留層外への漏えいの検知
地層水組成分析	浅部帯水層への漏えいの検知 CO_2-地層水-岩石反応の同定

漏えい補修に関しても,油・ガス田開発で培われた技術の応用が考えられている。漏えい対処法の基本的な考え方は,モニタリングによる早期検知,漏えい箇所の特定と規模の把握,圧入停止や生産による貯留層圧力の低減である。また,漏えい先の層に坑井を掘削し,水などを圧入することによって圧力こう配を逆転させて漏えいの流れを抑止し,必要であればその層からCO_2を生産することによってこれを取り除くことも考えられる。

漏えい経路としては,坑井（跡）が最も懸念されるものの一つであるが,4.2.4項で触れたとおり坑井の補修・廃坑技術は一定のレベルにある。ただし,大量のCO_2に対する長期間の耐性をより高めるための技術開発は今後も継続されるべき課題である。

一般に,油・ガス田は地中では比較的開発の進んだ領域であり,そのCO_2貯留層への転用に際しては,いかに既存の技術・知見を主目的のシフトに適合させるかが主要な問題になる。無論,よりよい精度・安全性の向上のため,地中でのCO_2の挙動への理解を深め,圧入・貯留・モニタリング・漏えい補修などの技術を高めることは必要不可欠であるが,油・ガス田での貯留は社会的受容性も高く導入も比較的容易である。CO_2地中貯留の中で先導的な役割を果たすことが期待される。

4.3 深部塩水層

深部塩水層（deep saline aquifer）とは,飲料などに供される有用な浅部地下水と不透性の地層で隔てられた「深部」の「塩水層」をいう（**図4.26**）。世界中の堆積盆地の陸域ならびに大陸棚のいずれにも普遍的に存在し,その容量は膨大と考えられている。また,油・ガス田のような地域偏在性がないため,CO_2の大規模排出源の近傍に貯留サイトを設定できる可能性も高い。

深部塩水層も「地下に存在する多孔質媒体」という点では油・ガス田の貯留層と同じであり,4.2節で解説した地中貯留の考え方や技術の応用が可能である。一方で,油・ガス田のように流体を長期間貯留していた実績がないため,

92　　4. 地　中　貯　留

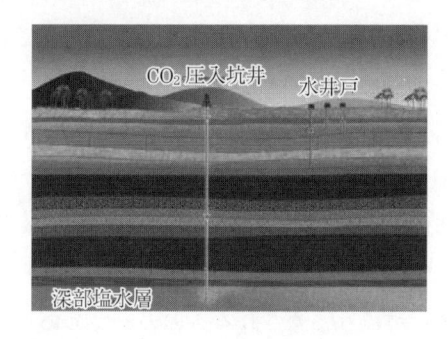

図 4.26　深部塩水層と帯水層[2]

CO_2 貯留のメカニズムを理解し，貯留サイトの適切な選定に留意しなければならない。

貯留のメカニズムは油・ガス田を含む貯留層全般に共通のものであり，この節でまとめて解説する。それを踏まえて，貯留可能量の評価とその問題点，ならびに貯留サイト選定の基準について考える。また，深部塩水層を対象とした地中貯留の実例を紹介し，最後に展望と課題をまとめる。

4.3.1　貯留のメカニズム

貯留は，そのメカニズムによって物理的トラッピングと地化学的トラッピングに大別できる。CO_2 の圧入当初は物理的トラッピングによって貯留の安全性が保たれ，時間とともに地化学的トラッピングの貢献度が増す。図 4.27 にトラッピングの種類と貢献度の時間的推移を示す。

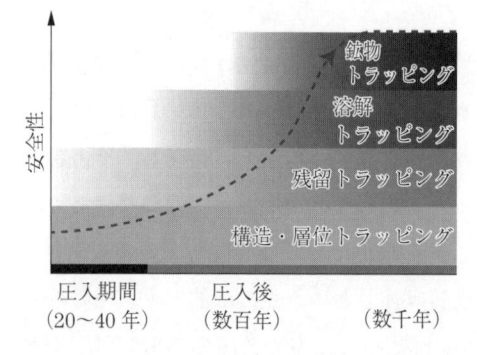

図 4.27　トラッピングの種類とその貢献度の推移[2]

（1） 物理的トラッピング

　地中に圧入された CO_2 には，坑井からの圧力こう配に従った放射状の流れや浮力による上方への流れが生じる。これらの圧入初期の流れは，構造・層位トラッピング（structural and stratigraphic trapping）によって止められる。これは，図 4.14 に示した石油や天然ガスのトラップと同じメカニズムによるものであり，圧入の最初期に機能する主要な貯留メカニズムである。超臨界 CO_2 は粘度が低く比較的流れやすい状態にあり，これをトラップするためにはキャップロックや断層などの遮へい性を保つことが重要であり，過大な圧入圧力によるき裂の発生などに注意する必要がある。

　浮力による上方への流れや地質構造に沿った横方向への流れの過程において，CO_2 でいったん飽和されたところに，再び地層水が浸入してくることがある。この場合，すべての CO_2 が置換されることなく，その一部が水力学的にトラッピングされ移動できなくなる現象が起こる。これは水と CO_2 の二相流動におけるヒステリシス（履歴現象）によるものであり，残留トラッピング（residual trapping）と呼ばれる。

　この現象は，図 4.28 に示した孔げきモデル内の置換を考えることによって

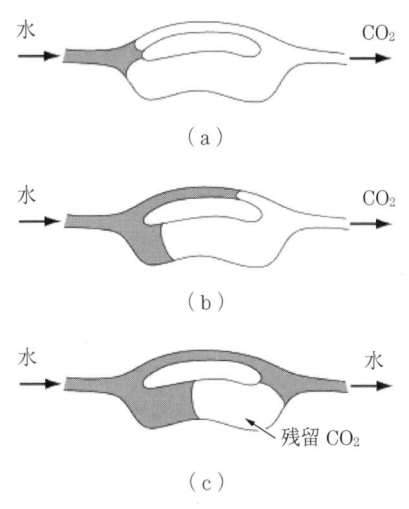

図 4.28　残留トラッピングの概念

理解できるであろう。実際には複雑な構造をもつ孔げきを大小2本の毛細管モデルで簡略化し，CO_2 で満たされている毛細管に水が浸入してくることを考える（図（a））。毛細管力が支配的な状況においては，断面積の小さな毛細管への浸入速度のほうが大きい[5]。したがって，図（b）のように水は小毛細管のほうに早く浸入する。2本の毛細管の連結部に水が到達して小毛細管の水に連続性が達成されると（図（c）），その後は小毛細管を通路とした水の流れが優先的になる。この時点で，大毛細管には CO_2 が孤立して取り残され，これを排出することができなくなり残留トラッピングが成立する。

（2） 地化学的トラッピング

物理的トラッピングによって地中に貯留された CO_2 は，地層水や岩石との間で地化学的相互作用を及ぼしあう。CO_2 は比較的水に溶けやすい物質であり，超臨界状態または気体として存在している場合の流動性は，水に溶解することによって大きく制限される。また，CO_2 が溶解することによって水の密度が増加するため，貯留層の下部に沈積して安定化する。これを溶解トラッピング（solubility trapping）と呼ぶ。図 4.29 に，CO_2 の水に対する溶解度と温度・圧力の関係を示す[10]。地中貯留の対象となる条件範囲においては，CO_2 の溶解度は，高温であるほど小さく，高圧ほど大きい。また，地層水の塩分濃度が高いほど小さくなる。したがって，溶解トラッピングは地温こう配が小さく塩分濃度の低い塩水層において，より効果的に機能することになる。

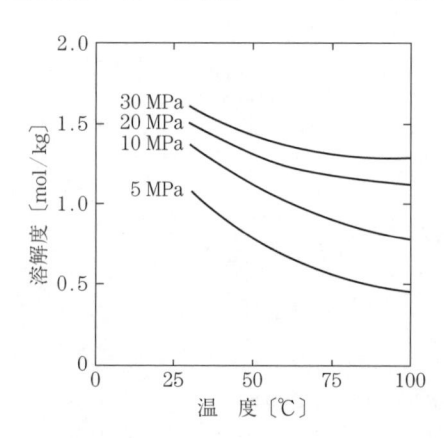

図 4.29 CO_2 の水に対する溶解度

CO_2 が溶解した地層水は貯留層の岩石と反応し，その一部が最終的に炭酸塩鉱物として固定化されることが考えられる。これを鉱物トラッピング（mineral trapping）と呼ぶ。固体としてトラップされるため，これは半永久的な固定であり，最も安定した貯留メカニズムである。

このように，地化学的トラッピングでは CO_2 の存在形態を変質させることによって流動性を制限するため，流動性の高い単一相として存在している物理的トラッピングよりも，貯留の安全性は高いと考えられている。しかしながら，これを成立させるために要する時間は長いため，図 4.27 に示すように，それぞれのトラッピングを相互補完的に利用することが重要となる。

4.3.2 貯留可能量の評価

深部塩水層における貯留可能量の評価は，以下の理由により一般に困難を伴う。

- 貯留のメカニズムが複数のトラッピング（4.3.1 項）によっている。
- トラッピングのいくつかは同時に，また，そのいくつかは時間のずれを伴って機能する。
- 各トラッピング間の関係や相互作用は複雑であり，サイトごとの条件によって異なる。
- 油・ガス田に比べて，評価のためのデータが少ない。

このため現段階で行われている貯留可能量評価の多くは，構造・層位トラッピング（一部は溶解トラッピングも含む）に関するものである。

構造・層位トラッピングによる貯留のメカニズムは，4.2.1 項に述べた油・ガス田の鉱床形成に類似したものであり，その貯留可能量（重量）の評価は，埋蔵量評価の式（4.3）を参考に以下のように表される。

$$\left.\begin{array}{l}貯留可能量 = 最大貯留可能量 \times 有効貯留率 \\ 最大貯留可能量 = 貯留層の面積 \times 層厚 \times 孔げき率 \times CO_2 密度\end{array}\right\} \quad (4.6)$$

有効貯留率は，油・ガス田開発の場合の回収率と同様に，事前にこれを正確に評価することは困難である。有効貯留率に影響する因子として，塩水層内の

二相流動，比重差による重力分離，塩水層の不均質性，塩水層の地質構造などが考えられるが，これらに関するデータが貯留を開始する前に整備されていることは現状では考えにくい。

このように深部塩水層における貯留可能量評価には不確定要素が多く含まれるため，これまでに行われた評価結果にもばらつきがみられる。しかしながら，堆積盆地のわずかを占めるにすぎない油・ガス田における貯留可能量が約9000億tと評価されていること（4.2.5項）から，広く膨大に存在する深部塩水層の貯留可能量は全世界で少なくとも1兆tはあるとされており，その10倍以上と評価する報告もある[6]。

日本における貯留可能量の評価は，データの信頼度ならびに貯留対象の地質構造を考慮して行われている。評価結果を表4.4に示す。カテゴリーAは背斜構造への貯留であり，カテゴリーBは層位トラップなどを有する地質構造への貯留である。この評価では，有効貯留率などのパラメータにカテゴリーの違いを反映させるなど，比較的綿密な検討がなされている[11]。

表4.4　日本のCO_2貯留可能量の評価

地質データ		カテゴリーA：背斜構造への貯留〔億t〕	カテゴリーB：層位トラップなどを有する地質構造への貯留〔億t〕
既存油・ガス田	坑井・地震探査データが豊富	35	275
基礎試錐	坑井・地震探査データあり	52	
基礎探査	地震探査データあり	214	885
小　計		301	1 160
合　計		1 461	

4.3.3　貯留サイト選定の基準

CO_2の貯留サイト選定のための大枠の基準として，貯留と遮へいが考えられる。

- 貯留層の量と質：CO_2 を貯留するのに十分な容積（量）があり，人間活動に即した速さで圧入できるような物性（質）を備えていること．
- 遮へい機構の充足性：貯留された CO_2 が長期間とどまっているように，キャップロックや閉塞構造による遮へい機構が整っていること．また，貯留の健全性を毀損することのない程度に地質環境が安定していること．

これらに関して，より具体的な基準を以下に述べる．貯留サイト選定の考え方には共通する部分が多いため，ここでは，深部塩水層に限定せず油・ガス田も含めた貯留層一般について考える．

（1） 貯留層の量と質

CO_2 の貯留量（重量）は，式（4.6）で表されるように貯留層の孔げき容積と CO_2 の密度によって決まる．孔げき容積は，貯留層の面積，層厚，孔げき率によるため，これらが大きな貯留層が好ましい．孔げき率は，深度が大きいほど強い圧密を受けるため，深度に伴って減少する傾向がある．

圧入性は浸透率と層厚に比例するため，これらが大きな貯留層が望ましい．圧密は，浸透率に対してもこれを減少させる傾向があるため，大深度の貯留層は一般に流体の圧入性に関しても不利である．圧入性の低い貯留層に対して過剰量の流体圧入を行うと，圧力が上昇しき裂を誘発することがある．構造・層位トラッピングを機能させ続けるためにも，圧入性の確保は重要な選定基準の一つである．

超臨界状態の CO_2 は，密度が水などの液体に近い程度に高くなる反面，流動に関係する粘度のオーダは気体のそれと同程度に小さいのが特徴的である．すなわち，この状態にある CO_2 は，貯留の量と圧入速度の両方に有利な特性を有することになる．

深度が 100 m 増えるにつれて，一般に地温は 2〜3℃程度，圧力は静水圧を仮定すれば 1 MPa 増加する．**図 4.30** は，地表温度 15℃，地温こう配 2.5℃/100 m とした場合の CO_2 の密度と深度の関係を示している．深度 800 m 程度において，CO_2 は超臨界状態となり，密度の急激な増加が認められる．また，深度が 1 500 m を超えると，密度の増加は緩やかになる．これらのことから，

98   4. 地中貯留

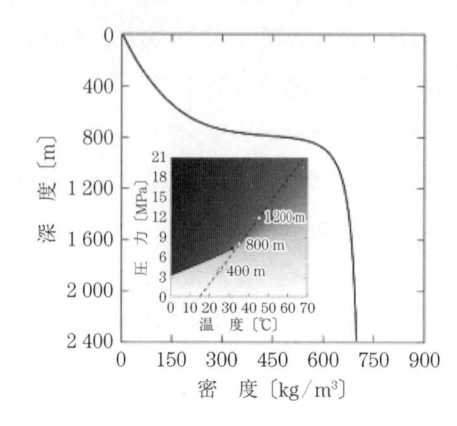

図 4.30 CO_2 の密度と深度の関係

貯留層の深度は目安として 800 m 以深が望ましく，また，大深度であるほど坑井掘削や圧入にコストがかかることもあり，過度に深い貯留層は避けるべきである。

（2） 遮へい機構の充足性

CO_2 の圧入最初期に働く貯留メカニズムは構造・層位トラッピングであり，貯留サイトとしては，これらの遮へい機構が整っていることが重要である。背斜トラップの遮へいを担うキャップロックには十分な厚さが必要であり，また，浸透性のあるき裂や断層などが存在しないことが求められる。断層トラップや不整合トラップなどの閉塞構造については，断層ならびに不整合面が不透性である必要がある。

貯留層の選定に際しては，まずこれらの遮へい機構を確認しなければならない。油・ガス田の場合は，石油や天然ガスを埋蔵していたことから，遮へい機構が実際に機能していることは明らかである。一方で，深部塩水層にはそのような履歴がないため，遮へい機構に関する十分な調査が必要となる。地質構造の把握と理解，ならびにキャップロックのコアサンプルを用いた遮へい性の試験などに加え，より直接的な調査法として，キャップロックの上・下層の坑井間圧力導通試験などが考えられている。

ただし，遮へい機構は人為的に弱められることもあるので注意が必要である。例えば，枯渇油・ガス田などには多くの坑井がキャップロックを貫いて掘

削されているため，これらの坑井がCO_2の漏えい経路になりうる。また，水攻法やEORによる流体圧入，人工的にき裂を発生させる水圧破砕法などにより，キャップロックの健全性が損なわれている可能性もある。サイト選定に際しては，油・ガス田の操業履歴の精査も重要となる。

地域性に関しては，大陸中央部や安定した大陸の縁辺部などは，地質環境が安定している点で貯留サイトに向いた地域といえる。一方で，地殻変動の活発な地域では，貯留の健全性が毀損される可能性がある。地質環境の不安定な地域においては，遮へい機構の充足性に関する基準を特に重視して貯留サイトの選定を行う必要がある。

4.3.4 プロジェクト例
（1） スライプナーにおける実例

ノルウェー沖250 kmの北海においてStatoil社が操業するスライプナー（Sleipner）プロジェクトは，CO_2の地中貯留が塩水層に対して商業規模で立ち上げられた世界初の事業である。海底下約2 300 mに位置するスライプナーガス田から産出される天然ガスには9％のCO_2が含まれており，欧州ガス市場の販売規格（CO_2濃度を2.5％以下に抑える）に適合させるために，CO_2を分離回収する必要があった。当初，回収したCO_2は大気放散されていたが，1991年にノルウェー政府が炭素税を導入したのを機に，この課税額に比べてコスト面で比較優位性をもつ地中貯留を実施することとなった。

図4.31にスライプナープロジェクトの概略を示す。海上リグにおいてMEA吸収法によって分離回収されたCO_2は，大偏距坑井によって海底下約800～1 000 mの塩水層（ユトシラ層：Utsira）に圧入されることとなった。ユトシラ層は200～300 mの厚さの未固結砂岩で形成されており，孔げき率（27～40％）・浸透率（1 000～8 000 md）ともに高く，貯留に適した塩水層である。CO_2の貯留可能量は，10～100億tのオーダと推定されている。また，薄い頁岩（細かな泥粒子が水平に堆積した後，脱水・固結してできた岩石）の層が複数挟在しており，垂直方向の流れを阻害する働きをしている。ユトシラ

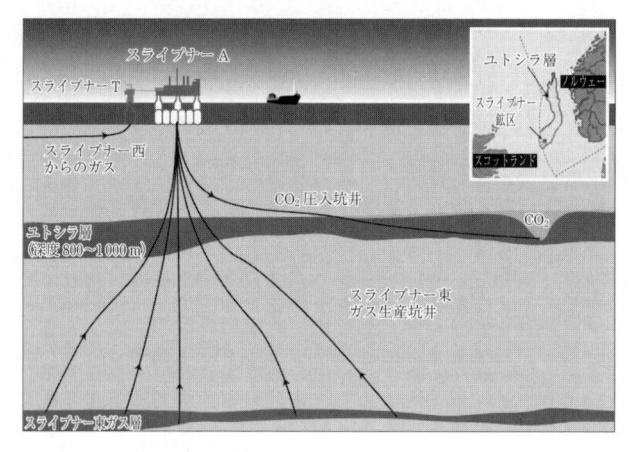

図 4.31 スライプナーにおける CO_2 の地中貯留[6]

層の上部には数百 m に及ぶ頁岩ならびに粘土層からなるキャップロックが存在しており，地震探査，坑内物理検層，コア試料の分析などから，その遮へい能力の有効性が確認されている。

1996 年 10 月より，年間 100 万 t の CO_2 圧入が開始された。これは，当時のノルウェーの年間排出量の約 3% に相当する。坑底における圧入圧力は約 10.5 MPa であり，これは超臨界圧力ではあるが，ユトシラ層のき裂発生圧力よりは低く設定されている。2005 年はじめまでに累計で 700 万 t を超える量の CO_2 圧入（1 日当り約 3 000 t）が報告されており，プロジェクト終了までに約 2 000 万 t の地中貯留が計画されている。

スライプナープロジェクトと並行して進められた SACS（saline aquifer CO_2 storage）ならびに SACS 2 は，塩水層貯留における CO_2 の移動をモニタリングし研究することを主目的としたプロジェクトである。図 4.32 は，そこで得られた地震探査の結果である。CO_2 を圧入する以前（1994 年）の画像と比較して，圧入開始後の 1999 年ならびに 2001 年の画像では，CO_2 の広がりが視覚的に理解できる。垂直断面（図上）では，圧入位置（図中●）から煙突状（図中 c）に上昇する CO_2 飽和率の高い部分から水平方向への広がりが複数認められる。これは，地層水よりも軽い CO_2 が上昇する過程で，砂岩層中

4.3 深部塩水層   101

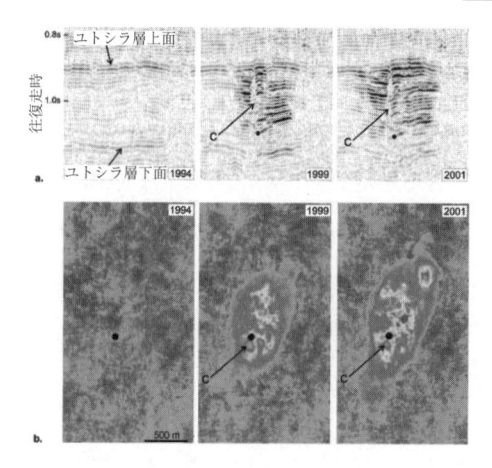

図4.32 スライプナー地中貯留における CO_2 の広がり[6]

に挟在する頁岩層に沿って水平方向へ移動するためと解釈される。その距離は数百m〜数kmに及び，5 km² の範囲に広がっていることが水平断面（図下）で確認できる。遮へい機構に関しては，上部のキャップロックによって CO_2 がユトシラ層内にとどめられていることがわかり，貯留の有効性が検証された。

油層工学に基づく数値シミュレーションによれば，数百年から数千年の間に，貯留された CO_2 は最終的には地層水に溶解し，塩水よりも高密度となるため，沈降すると予測されている。これは，長期にわたる漏えいのリスクをさらに低減するものと考えられている。

（2） 日本における実例

日本における CO_2 の地下への圧入は，1988年から6年間にわたり CO_2-EOR の実証試験として新潟県頸城油田において実施されたプロジェクトが最初期のものであり，それに引き続き，秋田県申川油田においても同様の実証試験が行われている。深部塩水層を対象とした CO_2 地中貯留の実証研究は，これらの経験を踏まえながら，2000年から経済産業省の補助を受け国家的プロジェクトとして開始された。

試験貯留サイトの選定においては，深部塩水層の条件として，①深度が800〜1200 m程度であること，②連続性のあるキャップロックが存在するこ

と，③十分な貯留能力があること，④地層傾斜が緩やかであること，⑤断層などの漏えい経路がないこと，などを考慮した。さらに，地上圧入設備に関する諸条件も加味した結果，新潟県南長岡地域の灰爪層に卓越する砂岩部（以下，塩水層）を実証のための試験対象層に選定した。この地域では従来，天然ガス田の開発のために地震探査や試掘坑井の掘削が実施されており，地質構造に関する予備調査が可能であった。

試験地点として背斜構造の翼部を選び，圧入坑井を1本，その周りにモニタリングのための観測坑井を3本配置することとし（**図4.33**），CO_2の塩水層内挙動に関するデータ収集に配慮した。坑井の掘削に際しては，坑内物理検層，コア試料採取，坑井圧力試験などを実施し，貯留層性状を評価した。塩水層の深度は1100mであり，層厚約60mの砂岩層の孔げき率は20〜25%，また浸透率は0.3〜11mdであった。泥岩からなるキャップロックは150m程度の厚さがあり，その遮へい性は十分であると判断された。

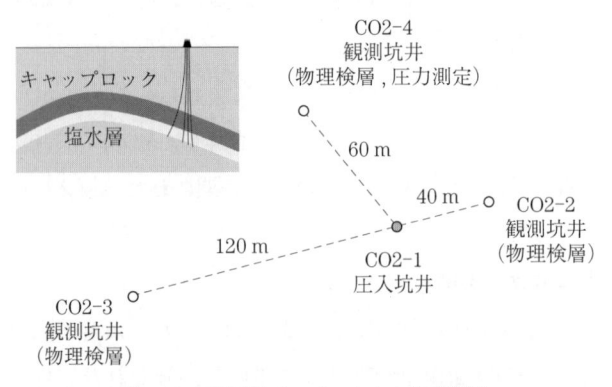

図4.33 南長岡プロジェクトの坑井配置

圧入を実施する前に数値シミュレーションによる挙動予測を行い，試験期間中に観測坑井へCO_2を到達させるため，圧入を浸透率の比較的高い区間（層厚12m）に限定することとした。2003年7月に圧入を開始し，き裂発生圧力を超えないように圧入量を調整した。最終的には1日当り40tのCO_2を坑底圧力約12.6MPaで圧入することとし，2005年1月までに累計で10400tを

地中貯留して圧入試験を完了した。

圧入試験中ならびに圧入完了後も各種モニタリング（坑口・坑底での圧力・温度測定，坑内物理検層，坑井間弾性波トモグラフィー，地層流体サンプリング・分析，地盤微動観測）を実施し，塩水層内のCO_2挙動を継続監視した。例えば図 4.34 は，観測坑井 CO 2-4 号井において測定された音波検層の結果を時系列に示したものである。圧入開始から 300 日目以降，深度 1 090 m 付近に音波速度の低下が確認できる。これは，地層水部分に CO_2 が浸入したことによる現象である（CO_2 中の音波速度のほうが水中の速度よりも小さい）。すなわち，圧入坑井 CO 2-1 号井から 60 m 離れた CO 2-4 号井に CO_2 が約 300 日かけて到達したことが，検層によって検知されたのである。同様の解析によれば，40 m 離れた CO 2-2 号井には約 240 日後に到達している一方，120 m 離れた CO 2-3 号井までの広がりは確認されていない。

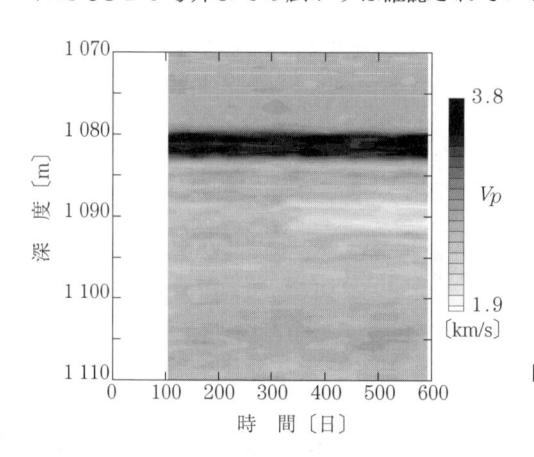

図 4.34 観測坑井への CO_2 の到達を示す音波検層結果

さらに，CO_2 の詳細な広がりを評価する目的で，観測坑井 CO 2-2 と CO 2-3 の間で弾性波トモグラフィーが実施された。図 4.35（a）に累計圧入量 3 200 t 時点での CO_2 の広がりを，また図（b）に 10 400 t 時点での広がりを示す。圧入に伴って CO_2 は地層傾斜方向に徐々に広がるが，安定してキャップロック下にとどまっていることも確認できる。

これらのモニタリングデータを用いて，数値シミュレーションモデル

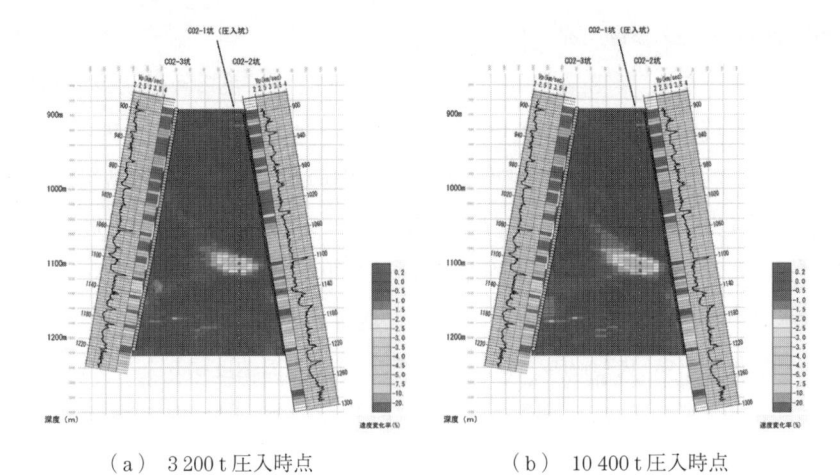

(a) 3 200 t 圧入時点　　　　　　　(b) 10 400 t 圧入時点

図 4.35　坑井間弾性波トモグラフィーによって評価された CO_2 の分布[11]

(GEM-GHG) のヒストリーマッチングが実施された。マッチング結果の例として，図 4.36 に，数値シミュレーションによって計算された CO_2 の分布を示す。圧入完了時の分布（図（a））は，坑井間弾性波トモグラフィーの結果と整合している。図（b）は，それから 3 年後の分布であり，傾斜に沿った若干の広がりが確認できる。このモデルを用いた 1 000 年間の予測では，地層水への溶解や残留トラッピングの効果により，このサイトでの超臨界 CO_2 の移動は限定的であり，長期間の安定的貯留が可能であるとの結果が得られている。

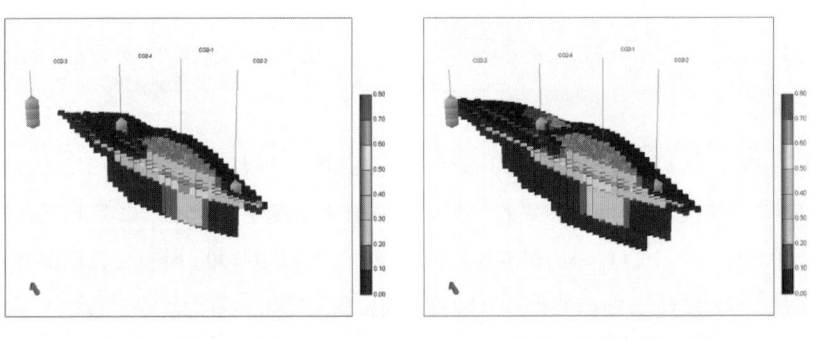

(a) 圧入完了時点　　　　　　　(b) 圧入完了 3 年後

図 4.36　数値シミュレーションによって予測された CO_2 の分布[11]

このように，数値シミュレーションによるCO_2挙動の把握と予測は実用段階に入っている。

圧入期間中ならびに圧入終了後には，2度の大きな地震（新潟県中越地震2004年10月発生M6.8，新潟県中越沖地震2007年7月発生M6.8）を経験した。その間も継続されていたモニタリングからは，地上設備，坑井，キャップロックの遮へい性，塩水層内のCO_2分布などに異常がないことが確認され，地中貯留の安全性が検証された。南長岡における実証試験によって，既存技術のCO_2地中貯留への適用性が確認され，より大規模な貯留事業への展開が検討されている。

4.3.5 今後の展望と課題

前述のように深部塩水層は堆積盆地の陸域ならびに大陸棚のいずれにも普遍的に存在し，その容量は膨大であり地域偏在性がないため，CO_2排出源との地理的マッチングに利点が認められる。油・ガス田のように流体を長期間貯留していた地質学的実績はないが，世界で初めてのCO_2地中貯留が深部塩水層において行われ成功裏に進行しているなど，その実効性が認知されるに至っている。

深部塩水層を対象とした地中貯留においても，モニタリングならびに漏えいの補修技術に関しては，4.2.7項に述べた油・ガス田の場合と同じ課題がある。ただし，油・ガス田に比べて貯留層に関する事前の情報は少ないのが一般的なため，リスク評価に関して特に留意すべきであり，圧入前のモニタリングを周到に実施する必要がある。

事前情報の少なさは，4.3.2項でとりあげた貯留可能量の評価においても課題として指摘されている。加えて，複数のトラッピングが複雑に機能しているため，その正確な評価をいっそう困難にしている。必要なデータを取得したうえでトラッピング機構を適切に反映した手法を整備し，貯留可能量の評価の精度を高めることが求められる。

同様のことは，サイト選定基準の高度化においてもいえる。貯留層の量と

質，遮へい機構の充足性についてより緻密な検討を可能にすることが，大量かつ安定な CO_2 地中貯留への道を拓くものといえよう。貯留層の規模や構造の把握，地質環境の安定性についても，より詳細なデータを取得したうえでの検討が望ましい。また，貯留のメカニズム（複数のトラッピングの相互作用を含め）の解明を進めることは，より積極的な意味合いにおいて，CO_2 地中貯留に適したサイト選定を実現することになる。

しかしながら，油・ガス田と異なり，深部塩水層においては積極的なデータ収集のインセンティブがないため，データの取得が遅れているという側面がある。深部塩水層の早期かつ広汎な活用には，先に述べた貯留層の規模や構造，ならびに地質環境の安定性に関するデータの集積に公的機関が関与し，その実現を促進することが望まれる。

さらに長期的な視点では，地中貯留された CO_2 になんらかの価値を付与する発展的技術の開発も期待されるところである。地中貯留は結果として，CO_2 の濃集状態を比較的高温に保たれた地層中に出現させることになる。この濃集と温度保持が達成されている熱力学的に優位な状況を活用し，CO_2 を有用物質に変換することが可能となれば，時代を画する技術となる。そのためには，早期の基礎データ取得と貯留メカニズムの解明に加えて，原位置における革新的変換技術の研究開発が必要である。

深部塩水層は現在未開発な領域であり，CO_2 の貯留層としての高いポテンシャルを期待させる。油・ガス田の開発で培われたノウハウを活用したうえで，深部塩水層固有の特性を十分に理解し，その効果的な利用を考えることにより，温室効果ガス削減のための実効的な技術の一つとなるであろう。

4.4 炭　　　　層

石炭は，木材から，亜炭，褐炭，亜瀝青炭，瀝青炭，無煙炭と石炭化が進行して生成されるが，その過程で水分とメタンを放出する。このメタンはコールベッドメタン（coalbed methane：CBM）と呼ばれ，石炭採掘ではガス爆発

などの保安上の問題をもたらすが，効率的に回収すれば天然ガス資源として利用できる。地上からの坑井掘削により，CBM が天然ガスとして商業的に回収利用されるようになったのは米国が始まりで，1980 年代のことである。

　天然ガスとしてのコールベッドメタンを，外部からなんらかの力を作用させて強制的に増進回収する方法を，コールベッドメタンの増進回収（ECBMR：enhanced coalbed methane recovery，ECBM と略記することもある）と呼んでいる。増進回収には CO_2，N_2，燃焼排ガスなどのガスを一方の坑井から高圧で注入し，石炭層内で注入ガスとメタンを置換させ，もう一方の坑井からメタンを生産するという方法がとられる。CO_2 を用いた増進回収法を CO_2-ECBMR（CO_2-ECBM）という。ECBMR の概念図を図 4.37 に示す[12]。石油の増産回収，いわゆる EOR と異なり，コールベッドメタン増進回収では，主として石炭とガスの吸着反応を利用してメタンを回収する。CO_2 注入による ECBMR ではメタンを生産できる一方，同時に CO_2 を炭層内に固定（貯留）できる。したがって，ECBMR は CO_2 地中貯留の一方法とみなせる。

　火力発電所からの排ガスから CO_2 を分離回収する場合は，燃焼排ガス→CO_2 分離回収（例えば，アミン吸収法）→炭層圧入→CH_4/CO_2 置換→CH_4 生産→

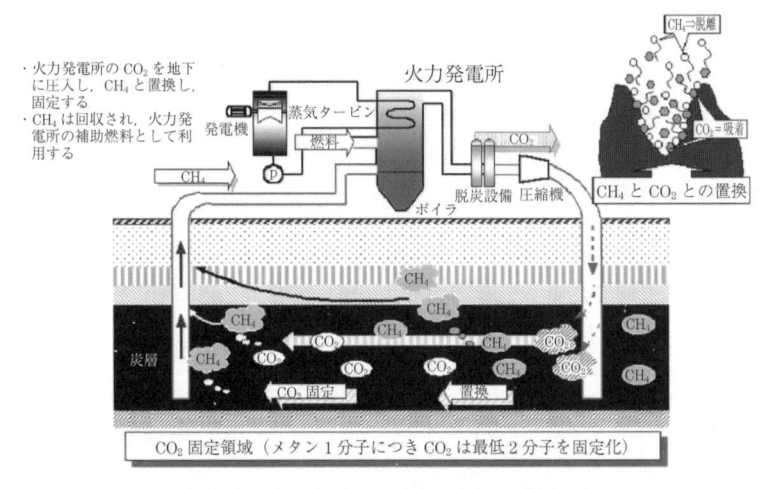

図 4.37　CO_2 注入による ECBMR の概念図

天然ガスとして利用，という工程となる。排ガスを直接炭層に圧入する方法も考えられている。この場合は，燃焼排ガス→炭層圧入→CH_4/CO_2置換→CH_4+N_2混合ガス生産→CH_4分離回収（例えば，深冷分離法）→天然ガスとして利用，という工程となる。

4.4.1 石炭と炭層ガスの生成
（1） 石炭化過程

石炭は地下に埋没し地層中に堆積層を形成した植物が，長い年月かけて地圧と地熱の作用を受けて変化生成したものである。根源植物が石炭に変化する過程を石炭化作用（coalification）と呼び，植物質が腐敗土や泥炭様の物質に変質する腐食化過程と，地圧および地熱の作用で加圧還流され，脱水，脱炭酸，脱メタンなどの反応によって石炭に変化する過程に大別される。したがって，石炭は堆積岩中に炭層を形成して存在し，鉱物などの雑物を含んでいる。また，石炭の生成年代による植物種や，木質部か葉，胞子の部位による違いなどにより，石炭化度の違いによってさまざまな組織上の違いがあり，石炭化作用を強く受けたものほど炭素分の多い石炭（石炭化度の高い石炭）となっている。石炭化度の高いものから，無煙炭，瀝青炭，亜瀝青炭，褐炭に分類されている。

Van Krevelenは，セルロース，木材およびリグニンのそれぞれの酸素，水素，炭素の百分率を求め，縦軸に水素/炭素の原子数比，横軸に酸素/炭素の原子数比を目盛り，ここに泥炭，褐炭，瀝青炭，亜瀝青炭，無煙炭のそれぞれの値をプロットした（**図4.38**)[13]。図の⑤～⑩はある一つの幅（バンド）の中に入るように見える。いま，縦軸と横軸の原子数比の値の目盛を図のように同じ長さで2：1にとる。こうすると，図中で45°の傾きで左下に向かう一点鎖線の原子数比の変化は，分母のCの原子数を固定して考えると，H原子2に対してO原子1の割合で減少していることになるので，結局H_2O（水分）がなくなっていることになる。同様に右下方向に向かう破線は，水素が急激に減少し，同時に炭素が減少する（酸素が変化しないと仮定）ので，脱メタン反応

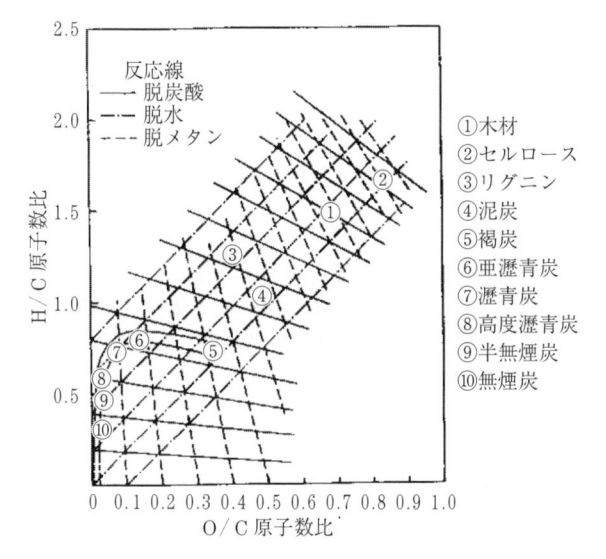

図 4.38 van Krevelen のコールバンド

が起こっていることがわかる。

さらに，左上方向に向かう実線は酸素と炭素が減少していることから，脱炭酸の反応が進行していることがわかる。ここで，褐炭⑤から亜瀝青炭⑥，瀝青炭⑦を経て無煙炭⑩に至る経路を van Krevelen はコールバンドと呼んだ。褐炭は脱炭酸反応を経て，亜瀝青炭に変化し，それから脱水反応と脱メタン反応を併起しながら瀝青炭になり，さらに脱メタン反応を起こし無煙炭に変化することがわかる。このように，脱炭酸反応，脱水反応，脱メタン反応が植物から石炭が生成される石炭化作用の中身と考えられている。木材，セルロース，リグニン，泥炭はこのコールバンドからは外れているが，脱水反応により褐炭に近づき，リグニンは脱メタン反応が起こり泥炭に移行すると考えられる。

（2） 石炭の分類

石炭の分類の方法にはいろいろな方法があるが，最も広く用いられているのは石炭化度による分類である。石炭化度が進んだものから，無煙炭，瀝青炭，亜瀝青炭，褐炭，亜炭，泥炭に分類される。石炭化度が進むにつれて炭素含有

量が増加し揮発分が減少する。日本の JIS 法では，発熱量（無水無灰ベース）と燃料比で分類している。表 4.5 に JIS による分類を示す。また，無水，無灰（dry ash free＝daf）に換算した元素分析値の炭素％をパラメータとする分類法は学術的に合理的な分類法として実用されている（表 4.6）。

表 4.5　日本の石炭分類法（JIS M 1002：1978）

分類		発熱量[*2] （補正無水無灰ベース） 〔kJ/kg（kcal/kg）〕	燃料比[*3]	粘結性
炭質	区分			
無煙炭 (A)	A_1	—	4.0 以上	非粘結
	A_2[*1]			
瀝青炭 (B・C)	B_1	35 160 以上 (8 400 以上)	1.5 以上	強粘結
	B_2		1.5 未満	
	C	33 910 以上 35 160 未満 (8 100 以上 8 400 未満)	—	粘結
亜瀝青炭 (D・E)	D	32 650 以上 33 910 未満 (7 800 以上 8 100 未満)	—	弱粘結
	E	30 560 以上 32 650 未満 (7 300 以上 7 800 未満)	—	非粘結
褐炭 (F)	F_1	29 470 以上 30 560 未満 (6 800 以上 7 300 未満)	—	非粘結
	F_2	24 280 以上 29 470 未満 (5 800 以上 6 800 未満)		

* 1　A_2 は火山岩の作用でできたせん石
* 2　発熱量（補正無水無灰ベース）＝発熱量／(100－灰分補正率×灰分－水分)×100
　　　ただし，灰分補正率＝1.08
* 3　燃料比＝固定炭素／揮発分

表 4.6　炭素含量による石炭分類

炭素含量 〔wt ％，無水無灰基準〕	分　類	
～78	褐炭・亜炭	
78～80	非粘結炭	瀝青炭
80～83	弱粘結炭	
83～87	粘結炭	
87～91	強粘結炭	
91～	無煙炭	

（3）炭層ガスの生成

前述したように，石炭化の過程でメタン，CO_2 が生成する。それらの多くは生成過程で石炭層外に放出される。しかし，一部は石炭の微細な空げき孔内部に残留し，炭層ガスとなる。炭層ガスの成分は主としてメタンである。メタンは瀝青炭や無煙炭への石炭化過程で多く生成される。このメタンガスはコールベッドメタン（coalbed methane：CBM）と呼ばれている。CBMは，近年まで非在来型天然ガスとみなされていたが，1980年代の米国での商業生産以来，現在，オーストラリア，中国などで開発が進み，重要な天然ガス資源となりつつあり，在来型天然ガスとしての地位を確立してきている。炭層ガスには，メタンのほか，CO_2，エタン，プロパン，窒素などが含まれる。地域によってはほとんどが CO_2 である炭層ガスも存在する。石炭のガス包蔵可能量は炭化度が進むにつれて小さくなる。しかし実際のガス包蔵量は，石炭層の賦存条件，特に圧力と温度に依存するので，炭化度との関係は一概に決められない。

4.4.2 石炭層のガス貯蔵・流動特性

（1）ガス包蔵量

石炭内部に包蔵されるガスは，石炭中の空げきに取り込まれている遊離ガス（free gas）と，石炭内部表面に吸着されている吸着ガス（adsorbed gas）とからなっている。遊離ガスは，石炭中の空げきの容積，圧力，温度がわかっていればガスの状態方程式からその量を計算できる。吸着ガスは，やはり圧力と温度の関数になるが，一般に温度が一定の場合の吸着等温線で表される。石炭とガスの吸着等温線はLangmuir式（式(4.7)）がよくあてはまるといわれている。

$$C_m = V_L \frac{P}{P+P_L} \tag{4.7}$$

ここで，C_m：圧力 P での吸着量，V_L：飽和吸着量，P_L：定数である。

また，混合ガスの吸着に関しては拡張Langmuir式（式(4.8)）がよく使用されている。

$$C_{mi} = V_{Li} \frac{P_i/P_{Li}}{1+\sum_j P_j/P_{Lj}} \tag{4.8}$$

ここで，i, j：ガス成分。他の記号の説明は式（4.7）と同じである。

　石炭では吸着状態のガスが遊離ガスよりはるかに多い。図 4.39 に石炭と各種ガス（CH_4，CO_2，N_2）の吸着等温線の例を示す[14]。この図から，CO_2：CH_4：N_2の吸着量比はおおよそ 2.5：1：0.5 となっていることがわかる。つまり，完全にガスの置換が行われたとすると，2.5 cc の CO_2 を注入すると 1 cc の CH_4 を生産できることになる。この CO_2/CH_4 吸着量比は石炭の種類によって異なる。図 4.39 で使用した石炭は赤平炭で，石炭の種類でいうと瀝青炭に属するが，瀝青炭ではこのような吸着量比が一般的である。しかし，石炭化度の低い褐炭では，CO_2/CH_4 吸着量比は大きく 10 程度の場合もある。図 4.40 に褐

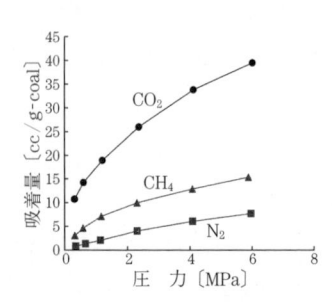

図 4.39 赤平炭（瀝青炭）の各種ガスに対する吸着等温線

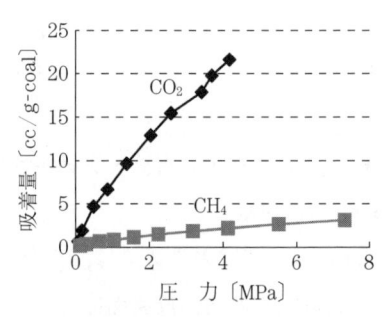

図 4.40 褐炭の吸着等温線（米国，Powder River Basin）

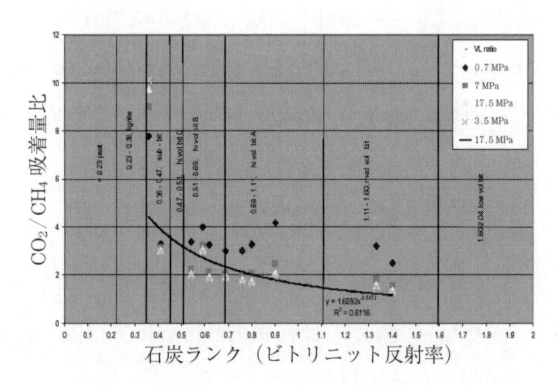

図 4.41 石炭ランクと CO_2/CH_4 吸着量比の関係

炭の CO_2 と CH_4 の吸着等温線の例を示す。石炭ランクにより CO_2/CH_4 吸着量比は大きく変化する。石炭ランクと関係するビトリニット反射率と CO_2/CH_4 吸着量比の関係を図 4.41 に示す[15]。ビトリニット反射率が大きいほど石炭化度は大きくなる。ビトリニット反射率は，瀝青炭では 1.0～2.0，亜瀝青炭では 0.6～1.0，褐炭では 0.25～0.6 程度である。

（2） 炭層内のガス流れ様式

石炭にはクリート（cleat：炭理）といわれるき裂群が発達しており，これには主炭理（フェースクリート：face cleat）と副炭理（バットクリート：butt cleat）がある。主炭理は連続して長く伸びており，副炭理は主炭理に直交し，主炭理間で発達している。ちょうどあみだくじのような配列になっている（図 4.42）。この炭理に囲まれた石炭の固体部分は，非常に微細な空げきを有した多孔質体で，マトリックスと呼ばれている。ガスが坑井を通って地上で回収されるまでには，まず石炭マトリックスの内部表面からガスが脱着し，石炭マトリックスやミクロポアで拡散し，炭理や天然のき裂を通って流出するという過程を経る（図 4.43）。

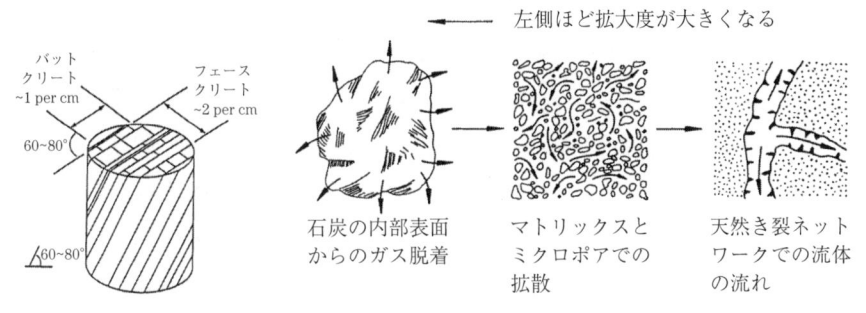

図 4.42 炭層内の炭理（米国 Fruitland 層の例）[16]

図 4.43 炭層内ガス流れ

ガスが天然き裂や炭理を流れる場合は，その流量はき裂内の圧力こう配によって決まるダルシー式で表される。一方，マトリックス内でのガス移動は，マトリックス内部のガス濃度こう配によって決まる拡散式で表される。石炭層ではこの 2 種類の様式の異なる方式でガスが流動する。地下にある石炭層に，コ

ールベッドメタンの回収を目的として坑井を掘削すると，坑井周辺のガス圧は低下し，き裂内に圧力こう配が生じ，き裂内のガスは坑井方向に流れる。その結果マトリックス表面のガスの濃度が低下し，今度はマトリックス内に濃度こう配が生じ，マトリックス内のガスがき裂に向かって移動する。石炭層の浸透率は一般に 0.1〜100 md の範囲にある（特殊なケースとして，1 000 md という報告もある）。1 md 前後以下を低浸透率，数 md のオーダを中浸透率，10 md 以上は高浸透率とみなされる。アジア地域の炭層は低浸透率のものが多く，このように石油層，天然ガス層の浸透率よりも小さい。

（3）浸 透 率

石炭層内のガス流れは，ダルシー式で表され，その流量を決定するパラメータとして浸透率がある。浸透率に用いられる単位はダルシー〔darcy〕あるいはミリダルシー〔millidarcy＝md〕である。浸透率は石炭中の空げきやクリートの大きさに左右される。

流れが二相流（例えば水とメタン）である場合には，流体の流れに相対浸透率の考えを導入する必要がある。一般に，相対浸透率は水飽和率の関数として表される。水飽和率とは空げき中の水の占める割合をいう。水が多くなると，水がガスの通路をふさぐのでガスの浸透率は低下する。さらに水が多くなると，ガスは完全にブロックされ流れなくなり，表面張力で保持されるようになる。この点を残留ガス飽和点という。同様にはじめ水で飽和された炭層を水が流れる場合，水の浸透率はしだいに減少する。水が完全に流れなくなる点を残留水飽和点という。石炭の相対浸透率の例を図 4.44 に示す。

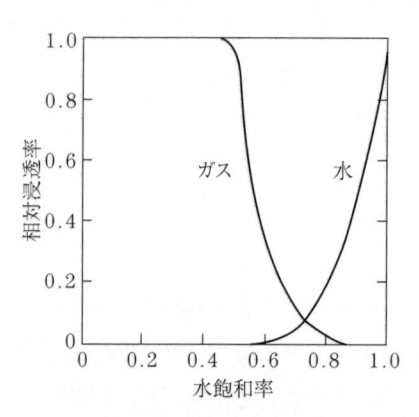

図 4.44 石炭の相対浸透率（Pocahontas 炭）[17]

上述のように石炭は各種ガスを吸着するが，その際，石炭の固体部分であるマトリックスが膨張し，その結果，き裂は小さくなり，浸透率は減少す

る。この現象を swelling と呼んでいる。この逆の現象，すなわちガス脱着によるマトリックスの収縮を shrinkage という。Swelling の大きさは，ガス吸着量と関係する。吸着量が大きければ，swelling も大きくなり，浸透率は減少する。したがって，炭層内に CO_2 を注入すると，吸着能の小さい CH_4 と置換されるため，石炭は膨張し，浸透率は減少し，ガスの生産という面からはマイナスの作用をする。通常の CBM 生産では，元来炭層内にあった CH_4 を生産し，残存 CH_4 が減少するにつれて浸透率は増加する。この場合は，生産面ではプラスに作用する。このように，ガス吸着による石炭膨張は，ガス生産に大きく影響を与える。図 4.45 にガス吸着による石炭膨張の実験結果例を示す[18]。大体ガスの吸着量に比例して体積が膨張しているのがわかる。H_2S の swelling 効果は非常に大きい。

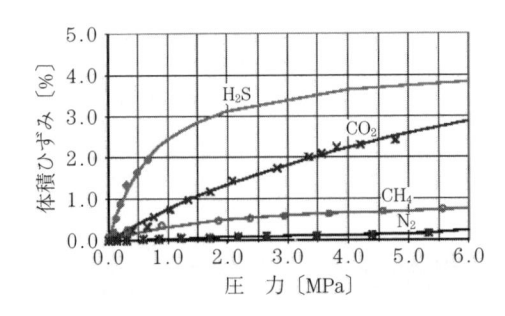

図 4.45 ガス吸着膨張による体積ひずみ変化（Wolf Mountain 炭：カナダ）（H_2S はこの目盛の 5 倍）

4.4.3 増進回収の原理とメタン生産予測

（1） 増進回収の原理

図 4.39 に示したように，石炭への CO_2，CH_4，N_2 の吸着量は，CO_2，CH_4，N_2 の順に小さくなっている。この吸着量の大きさが石炭と各ガスの吸着力の強さを表している。N_2 を炭層に注入すると，クリート内のガスは N_2 が 100% に近くなり，一方 CH_4 分圧はゼロに近くなる。この結果，吸着状態のメタンがクリート内に脱着される。すなわち遊離ガスの分圧がクリートへのメタン移動の機動力となる。一方，CO_2 を炭層に注入すると CO_2 の吸着力が強いため，CO_2 が選択的に石炭に吸着され，メタンと置換する。この場合は，メタンを移

動させる起動力は CO_2 の吸着・置換である。CO_2 の置換によるメタン増進回収ばかりでなく，遊離ガス中の分圧低下によるメタン増進回収とを組み合わせて回収効率を高めようという考えが，発電所の排ガスを直接炭層に注入する方法である。

(2) 注入ガス成分

ECBMR では注入ガスとして CO_2 を使うか，N_2 を使うかによってメタンの生産速度は変わってくる。CBM 増進回収シミュレータによる計算でその特徴を説明する。シミュレータには ECOMERS-UT を使用した[19),20)]。図 4.46 は注入井と生産井を碁盤の目状に規則正しく交互に配置した坑井配置（5-スポットパターンと呼ばれる）における，注入ガス種類の違いによる CBM 生産量を示している。

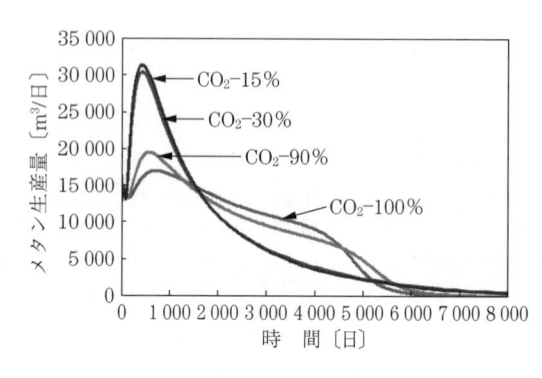

図 4.46 注入ガス成分とメタン生産量の関係

注入ガスとしては，CO_2/N_2 混合ガスを考え，その濃度を 100〜15% で変化させている。図からわかることは

① CO_2 濃度が小さい（N_2 が多い。例えば，CO_2-15%，石炭火力発電所からの排煙に相当する）場合には，CBM 最大生産速度は早い時期でピークに達し，その後割合早く生産速度は減少している。

② 一方，CO_2 濃度が大きい場合（例えば，CO_2-100%。酸素燃焼や CO_2 分離・回収の場合に相当する）には，CBM 最大生産速度は前者ほどではないが，最大後の生産量の減少は緩やかであり，長い期間一定の生産量が維持できる。

図4.47は，図4.46と同様の条件下での生産井での生産ガス中のメタン濃度変化を示したものである．この図から

③ CO_2 濃度が小さい場合には，生産ガス中のメタン濃度が早い時期で低下する，すなわち早くブレークスルー（生産井に注入ガスが到達すること）が生じる．

ことがわかる．

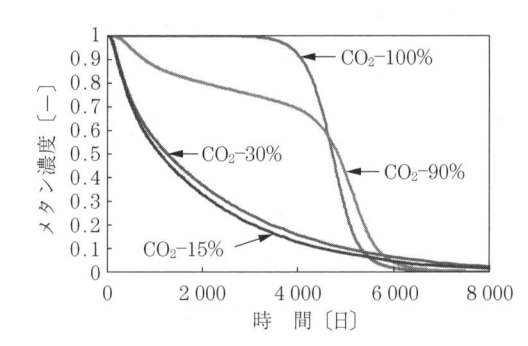

図4.47 注入ガス成分と生産井のメタン濃度変化の関係

以上の現象をよりわかりやすく理解するために，注入井と生産井間でのそれぞれのガス成分の濃度分布を調べてみる．図4.48は以上の計算と同じ条件で，90% CO_2，10% N_2 の混合ガスを注入した場合のガス成分濃度の経時変化を示している．上からメタン，CO_2，窒素である．注入開始から14年後までをみている．メタンは注入後注入井付近の濃度が減少し，濃度低ゾーンは生産井に

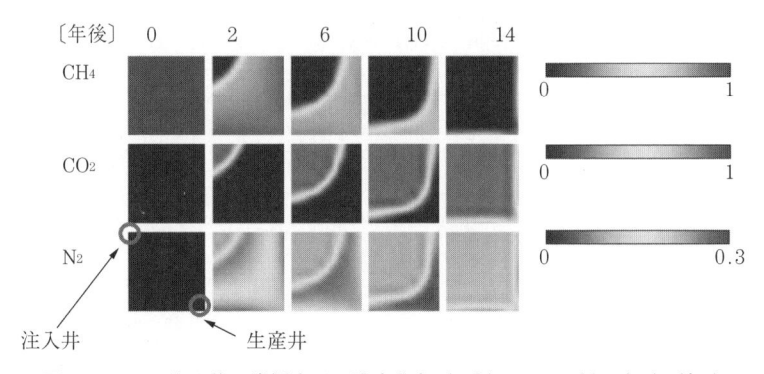

図4.48 ガス注入後の炭層内ガス濃度分布（90% CO_2，10% N_2）（口絵3）

向かって緩やかに移動している。また，濃度のこう配が急であるため，移動フロントがはっきりしている。CO_2 の挙動もメタンの動きと似ている。メタン濃度の低下した部分が CO_2 の濃度の高い部分と対応しており，メタンと CO_2 の置換が行われているのがはっきりわかる。一方，窒素は注入開始後2年で濃度の濃い部分が生産井に向かって伸びており，メタンの挙動とは異なっている。この時点で窒素は生産井付近まで到達，あるいはブレークスルー（注入した窒素が生産井中のガスに含まれて出てくる）している。前に説明したように，窒素は石炭への吸着量が弱いためクリート内を迅速に移動するが，CO_2 は吸着力が強いためメタンと置換しながらゆっくりと炭層内を移動する。

（3）浸透率

つぎに浸透率の大小がメタン生産にどのように影響するかをみる。図4.49 はこれまでの計算と同じ条件で，100％濃度の CO_2 を注入し，浸透率を1 md〔ミリダルシー〕から10 mdまで変化させた場合のメタン生産量を示している。浸透率の大きさはメタン生産量に大きく影響を与えることがわかる。浸透率が10 mdの場合は，注入開始後すぐに生産量のピークがあり，生産量は急激に減少する。浸透率が3.6 mdの場合には生産量のピークは注入開始後600日くらいに現れ，その後徐々に減少する。浸透率1 mdの場合は，生産量のピークは注入開始後約6 000日と，非常に遅くなる。それまでの生産量も小さい。図4.50 は生産井でのメタン濃度変化を示している。浸透率が10 mdの場合は生産量が大きいため，早い時期に濃度低下が始まる。注入ガスは CO_2 で

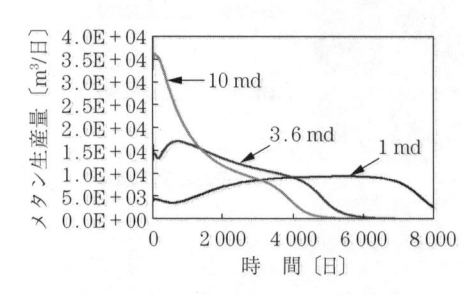

図4.49 浸透率とメタン生産量の関係

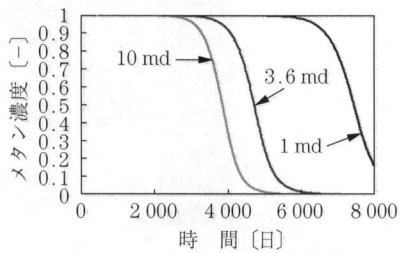

図4.50 浸透率と生産井のメタン濃度の関係

あるので，いずれの浸透率の場合でもブレークスルーが生じた後の濃度低下は大きい．

表4.7は，生産井のメタン濃度が90％になった時点での，メタン生産量(A)，CO_2固定量(B)，この時期までなにも注入せず1次生産を行った場合のメタン生産量(C)の関係を調べたものである．浸透率が大きい場合には，メタン生産量は大きいが，CO_2固定量は少ない．A/Cはメタン生産量に対するCO_2固定量の比であるが，これは低浸透率の炭層のほうが大きい．すなわち，低浸透率炭層は，CO_2注入量に対するメタン生産量は大きい．$(A-C)$はCO_2注入の場合のメタン生産量から1次生産の場合の生産量を差し引いたものであるので，増進回収によるメタンの生産増加分を示している．したがって，$(A-C)/B$は増進回収によるメタンの増産効果を示している．この値も低浸透率炭層のほうが大きい．このように，メタン生産という観点からすると，増進回収（ECBMR）は低浸透率炭層に対して効果がある方法といえる．

表4.7　ブレークスルー時のメタン生産量とCO_2固定量

浸透率〔md〕	時間〔日〕	A：CH_4生産量〔m^3〕	B：CO_2固定量〔m^3〕	C：CO_2を注入しない場合のCH_4生産量〔m^3〕	A/C〔—〕	$(A-C)/B$〔—〕
1	6 676	5.08E+07	1.36E+08	1.88E+07	2.68	0.235
3.65	4 091	5.33E+07	1.15E+08	2.88E+07	2.16	0.213
10	3 297	5.51E+07	9.31E+07	3.82E+07	1.69	0.182

4.4.4　ECBMRプロジェクト

先にコールベッドメタンの開発は米国から始まったと述べた．その CBM 生産増産の一方法として ECBMR が San Juan Basin で行われた．この ECBMR は CO_2 炭層固定を目的としたものではないが，ここで得られた知見は，その後の世界各地の ECBMR プロジェクト実施の際の参考として大きく貢献している．

CO_2 炭層固定を目的として ECBMR フィールドテストの計画をまとめると表4.8のようになる．ここでは，これらのうち米国 San Juan Basin とわが国の夕張プロジェクトについて述べる．

表 4.8　世界の CO_2 炭層固定プロジェクト[1]

プロジェクト名	国　名	主導組織	CO_2 注入開始年	CO_2 注入量〔t/日〕	CO_2 総注入量〔t〕(計画値)
Fenn Big Valley	カナダ	Alberta Research Council	1998	50	200
RECOPOL	ポーランド	TNO-NITG	2003	1	10
しん水炭田	中国	Alberta Research Council	2003	30	150
夕張	日本	METI	2004	10	200
CSEMP	カナダ	Suncor Energy	2005	50	10 000

（1）San Juan Basin（米国）

坑井を碁盤の目のように配置する 5-スポットパターン方式による，世界で唯一大規模な ECBMR パイロット試験を実施したのは，米国コロラド州とニューメキシコ州にまたがる San Juan Basin である。この地域は米国の CBM 商業生産の口火を切った場所であり，その生産井が数多く掘削されており，その坑井を利用した。San Juan Basin での CBM 生産井を図 4.51 に示す。Burlington Resources は 1995 年から同 Basin 北部の Allison Unit で CO_2 による CBM の増進回収を実施した。対象炭層は Fruitland 層でその平均深度は約 700 m，サイトでの炭層深度は 950 m であった。石炭層の厚さは 13 m，炭層内の初期ガス圧は約 11.5 MPa，水飽和率 100％であった。CO_2 注入井は 1989 年に生産を開始した井戸で，4 本の注入井を坑井密度 160 エーカー（0.65 km^2 に 1 本の坑井が存在する密度），1995 年から CO_2 注入を開始した。CO_2 供給ラインは，テキサス州の油田の EOR に使用する CO_2 供給パイプラインから分岐して供給した。このため CO_2 供給コストは火力発電所からの CO_2 分離回収と比較するとかなり安く収まっている。この CO_2 はコロラド州にある周囲の 9 本の井戸を生産

図 4.51　San Juan Basin の CBM 生産井

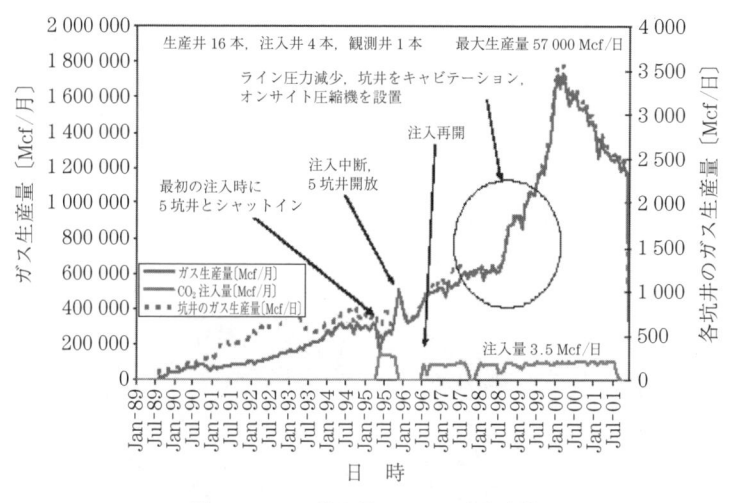

図 4.52 CO_2 注入量とメタン生産実績

井とした。貯留層評価のために一時 CO_2 注入を中止したこともあったが，**図 4.52** のような生産実績を示した[21]。注入した CO_2 総量は 1.81 億 m^3 で，そのうち 0.45 億 m^3 は生産井から回収されたので，実質 1.36 億 m^3（約 28 万 t）の CO_2 を注入した。CO_2 注入の CH_4 生産に及ぼす影響をみるため，リザーバシミュレーションにより CO_2 注入なしの場合とありの場合の CH_4 生産量を予測した。その結果によると，CH_4 生産量増加分は 0.44 億 m^3 であり，メタン増産量の約 3 倍の CO_2 を固定している。**図 4.53** に Allison Unit の CO_2 注入井を示す。

図 4.53 Allison Unit の CO_2 注入井

（2）夕張プロジェクト

わが国では，経済産業省の補助事業として北海道の夕張市で平成 16 年度から 19 年度まで，炭層に CO_2 を圧入し，CO_2 の炭層固定と CBM 増産効果を確

かめるパイロット試験が実施された。CO_2 注入井と CBM 生産井は炭層内で間隔が約 66 m となるように掘削された。圧入される CO_2 はいったん液化 CO_2 としてタンクにためられ，昇圧ポンプにより昇圧後，気化器によって気化され注入井へ送られる（**図 4.54**）。生産井にはポンプが設置され，炭層内のクリートやき裂にある水を汲み上げ，CBM を生産する（**図 4.55**）。試験期間中の CO_2 圧入量は 884 t であった。

図 4.54 CO_2 貯蔵タンク，圧入ポンプと注入井（大賀光太郎氏提供）

図 4.55 生産井（大賀光太郎氏提供）

夕張プロジェクトでは，つぎの大規模実証試験へ向けての多くの知見が得られた。

① 石炭のガス包蔵量の測定値は 22〜26 m^3/t であることが明らかになった。この値は現在盛んに CBM 開発が行われている地域のガス包蔵量が 10〜15 m^3/t であるのと比べても非常にガス包蔵量が多く，CBM 開発に有望な地域である。

② CBM 生産量は当初予想の 1/10 程度にとどまった。その原因としては生産井の坑井障害が発生していることが推察された。実際ボアホールカメラによる観察により，細かい粉炭が坑井に認められた。炭層部では粉炭による目詰まりが生じていたと考えられる。これは，夕張炭が非常に破砕しやすいもろい炭層のためである。

③ CO_2 圧入量に関しても当初予想の 1/10 程度の注入量しか入らなかった。その原因としては，注入井の目詰まりと CO_2 圧入による石炭の膨張（swelling）が考えられた。実際，CO_2 注入後の石炭層の浸透率は約 1 md

から 0.13 md に減少していた。また，地下水の影響により CO_2 が冷却され超臨界状態で注入できなかったため，CO_2 注入量を低下させた。

④ CO_2 注入と窒素注入を交互に行った場合，窒素注入時には注入性が改善されることが確認された。

4.4.5 今後の展望と課題

(1) 経済性

ECBMR による CO_2 固定コストは，地質条件，プロジェクトの規模（固定する CO_2 の量），ガス供給・輸送のインフラの有無，など多くの条件に依存する。実際の大規模な CO_2 固定が行われていないので，シミュレーション結果に基づいた予想値での評価が大部分である。IPCC の報告によれば，世界の炭層を対象とした ECBMR での CO_2 固定コストは，-20 から $+150$ US\$/t-CO_2 の範囲にあるとなっている（マイナスは利益が出ることを意味する）。ECBMR プロジェクトサイトの物価，生産メタン販売価格，CO_2 の供給プラントの有無なども経済性に影響を与える。また固定される CO_2 にクレジットがつけば，さらに経済性は良くなる。世界的にみれば，石炭火力発電所は炭鉱に割合近い場所に建設されている地域も多い。これは石炭層を CO_2 吸収源とみなせば，CO_2 発生源と吸収源の距離が近いことを意味し，CO_2 輸送コストは低く抑えられる。このように CO_2 発生源と吸収源の距離が短いという効果を期待できる地域は多い。

(2) 掘削技術の進歩

ECBMR では石炭層に CO_2 を注入するため，注入後の石炭は採掘できなくなる。したがって，CO_2 注入石炭層は，今後経済的採掘が見込まれない石炭層を対象とする必要がある。薄層で炭層枚数が多い挟炭層や，深部炭層とかが考えられる。深部炭層では浸透率が小さいと予想されるが，現在は低浸透率でも経済的な CBM 回収が可能な水平坑井掘削技術が進歩しており，ECBMR を実施できる炭層は今後増加するものと思われる。掘削技術の進歩による ECBMR の対象炭層拡大には大きな期待が寄せられる。

（3） Swelling

現在，ECBMRでの最大の技術課題は，CO_2注入による石炭の膨張である。膨張の結果，石炭の浸透率は減少し，CO_2の注入性の低下をもたらす。現在，swellingに対する効果的な対策は見つかっていない。CO_2とN_2の混合ガスを注入するという対策も提案され実際に試みされているが，N_2を注入する場合にはブレークスルーまでの時間が短く，生産ガスへのN_2の混入は避けられなくなる。こうなると，ガス分離技術がプロジェクトの鍵となる。これはECBMRに限らずあらゆるCO_2地中固定にいえることであるが，ガス分離コストが地中固定のプロジェクトの経済性を左右する。

引用・参考文献

1) IPCC Special Report on CCS (2005)
2) CO_2CRC ホームページ：http://www.co2crc.com.au/
3) R. C. Selley：Elements of Petroleum Geology, Freeman (1985)
4) G. Moritis：Special Report EOR/Heavy Oil Survey, OGJ, pp.41-59 (2008)
5) L. W. Lake：Enhanced Oil Recovery, Prentice Hall (1989)
6) IPCC：Carbon Dioxide Capture and Storage, Cambridge Univ. Press (2005)
7) GEO-SEQ Project Team：GEO-SEQ Best Practices Manual Geologic Carbon Dioxide Sequestration：Site Evaluation to Implementation (2004)
8) Carbon Sequestration Leadership Forum：Estimation of CO_2 Storage Capacity in Geological Media Phase II (2007)
9) IEA Greenhouse Gas R&D Programme：Remediation of Leakage from CO_2 Storage Reservoirs (2007)
10) Z. Duan and R. Sun：An improved model calculating CO_2 solubility in pure water and aqueous NaCl solutions from 273 to 533 K and from 0 to 2000 bar, Chem. Geol., **193**, pp.257-271 (2003)
11) 財団法人地球環境産業技術研究機構（RITE）：二酸化炭素地中貯留技術研究開発成果報告書（2004-2008）〔http://www.rite.or.jp/Japanese/project/tityu/tityu.html〕
12) JCOAL ホームページ
13) D. W. van Krevelen：Coal, 3rd Ed., Elsevier (1974)
14) S. Shimada, H. LI, Y. Oshima and K. Adachi：Displacement behavior of CH_4

adsorbed on coals by injecting pure CO_2, N_2, and CO_2-N_2 mixture, J. of Environmental Geology, **49**, pp.44-52 (2005)

15) S. Reeves, R. Gonzalez, K. A. M. Gasem, J. E. Fitzgerald, Z. Pan, M. Sudibandriyo and R. L. Robinson Jr.: Measurement and Prediction of Single- and Multi-Component Methane, carbon dioxide and Nitrogen Isotherms for U. S. Coals, 2005 Intern. CBM Symposium, No.0527 (2005)

16) W. Landberg et al.: Coal geology and its application to coalbed methane reservoirs, Alberta Research Council (1990)

17) L. Paterson (editor): Methane drainage from coal, CSIRO (1990)

18) L. Chikatamarla, X. Cui and R. M. Bustin; Implications of Volumetric Swelling/Shrinkage of Coal in Sequestration of Acid Gases, 2004 Intern. CBM Symposium, No.0435 (2004)

19) S. Shimada and Y. Funahashi: CO_2 Leakage Risk Evaluation Using Enhanced Coalbed Methane Recovery Simulator, 2005 Intern. CBM Symposium, No. 0525 (2005)

20) 舟橋悠紀, 島田荘平, 北村　修, 山本晃司: コールベッドメタン増進回収の生産予測, 日本エネルギー学会誌, **86**(2), pp.74-79 (2007)

21) S. Reeves, A. Taillefert, L. Pekot and C. Clarkson: The Allison Unit CO_2-ECBM Pilot: A Reservoir Modeling Study, US DOE, Technical Report, DE-FC 26-0 NT 40924 (2002)

5. 海洋隔離

5.1 はじめに

　海洋隔離を取り巻く情勢を見る際に，海域地中貯留をはずして語ることはできない。海域地中貯留に関しては，2005年から国際的に急激な動きが続いている。まず，2005年5月のロンドン条約（廃棄物投棄による海洋汚染の防止に関する条約）の科学者会合で，海底下地層中の二酸化炭素（以下，CO_2）貯留というオプションを合法化することを検討すべきとの提案が英国からなされたことに端を発し，2006年11月には同条約締約国会議で，海域地中に注入するCO_2を，海洋に廃棄してよい物質リストに加えた付属書の採択があり，続いて2007年3月に，これを賛成12か国（締約17か国の2/3以上）で発効した。

　日本は国内法の整備が間に合わず締約できなかったが，2007年5月に海洋汚染防止法改正案が国会を通過し，同年秋の締約国会議で上記付属書を含んだ議定書を批准した。

　一方，2006年11月の国連気候変動枠組条約締約国会議（COP-UNFCCC）では，海域地中貯留されたCO_2を削減量としてインベントリーに加える提案がなされたが，バイオ燃料市場を拡大したい国々の思惑もあり，この場では2008年まで議論を継続すると決議するにとどまっている。しかし，2007年2月には，CO_2削減が今後政治・経済的な交渉を優位に進める手立てとなると判断したEUは，ポスト京都議定書をにらんで，2020年までに1990年対比20％削減することを決定し，そのうち半分の10％は地中貯留で対応するとして

いる。

　また、2007年5月の気候変動に関する政府間パネル（IPCC）第3作業部会で議決された第4次評価報告書では、CCSは原子力とともにCO_2の有効な削減策であると初めて明記された。そして2007年7月のハイリゲンダムサミットに続き、2008年の洞爺湖サミットで、2050年までに世界の温暖化ガスの排出を50%削減するという声明を福田首相が高らかに発表したことは記憶に新しい。同年7月に政府の発表によると2020年からCCSを実現化させるという。このように海域地中貯留の実施に関して、法的な問題はクリアされ、後はCOP-UNFCCCで削減分として認定されるのを待つばかりで、これも時間の問題であろう。

　一方、海洋隔離は、2006年のロンドン条約締約国会議でサイエンス不足のため議論は据え置きとされたように、IPCC、COP-UNFCCCなどにおいても、多少のニュアンスの違いはあるが、さらなる調査が必要という位置づけの技術とされている。では、どこまで研究が進んでいるのか？　そこで、隔離技術そのものおよび環境影響評価技術の研究が世界で最も進んでいると思われる、日本の研究開発プロジェクトの最新動向について、海洋隔離の必要性を交えてここに概説を試みる。

5.2　日本における海洋隔離の必要性

　1990年の日本のCO_2排出量は11.4億t、2005年は13.6億tであるから、単純に、この間排出量が線形に伸びるという、本節におけるBAU（business as usual：いまのペースでCO_2を排出し続けるという経済重視型のシナリオ）ケースを仮定すると、2050年の排出量は20.2億t、2100年には27.5億tであり、2050年に1990年を基準として50%削減するなら14.5億t/年（基準を2005年とすれば13.7億t/年）を削減しなくてはならない。さらに2100年にはゼロエミッションとすることを想定し、線形な排出量減少を仮定すると、2005年から2050年までの45年間の累計のBAUとの差は326億t、2050年か

ら2100年までの50年間では約1 050億tであり，これに相当するCO_2の削減対策が必要となる。

最もクリーンであると信じられる再生可能エネルギーのうち，メイングリッド（主要電力網）への電力供給に対してキャパシティーが大きいと考えられる風力，太陽光・熱，水力，地熱によるCO_2削減効果には多くの予想があるが，多く見積もったもので例えば2010年で4 000万t/年，2030年で2.7億t/年程度という予測がある。本節のBAUケースの2030年のCO_2排出量は17.3億tであるから，その15%程度となる。再生可能エネルギーは，コストやエネルギー密度の問題を乗り越え，さらなる貢献が求められるであろうが，これだけで2050年に1990年比半減は困難と考えるべきであろう。

環境と経済，食糧や資源供給のバランスを保ちつつCO_2排出量を削減するには，少なくとも2100年まで，化石燃料は減らしながらも使用せざるをえないと想像され，現在電力供給の30%の原子力の割合を，フランス並みの80%とはいかないものの，大幅に増やすか，あるいは化石燃料を燃やして出るCO_2を隔離するということになる。海域を含めた日本の地中貯留のキャパシティーは，財団法人地球環境産業技術研究機構（RITE）[1]によると，背斜構造を有する（キャップロックが凸型で，超臨界状態のCO_2が帯水層上部に浮力で安定的にトラップされる）帯水層のうち，基礎試錐データがありほぼ確実に安定貯留できる地域で87億t，地震波探索データのみがある地域で214億tとなっている[1]。両者合わせて，上記の2100年までの必要削減量の22%である。また2005年10月の経済産業省「技術戦略マップ（エネルギー分野）～超長期エネルギー技術ビジョン～」[2]によると，2025年から2100年までに削減しなくてはならないCO_2量は5～40億t/年とされており，地中貯留のキャパシティーは，もって10数年分である。

また今後，国内における海底下地中貯留の実施可能サイトについては，例えば経済的あるいは工法上可能な地域として，沿岸からの距離が例えば10 km程度以内に限られたり，貯留したCO_2の漏えいリスクを避けるために，貯留候補地は大小含めて断層のない地域に限定されるなどの規制がかかることが予

想され，地中貯留の貯留可能量は RITE の予想より少なくなると考えられる。さらに Akimoto et al.[3] の経済性モデルによるシミュレーション結果によると，2050 年に 2005 年の排出量の約半分を削減することができるのは，2050 年の GDP 当りの CO_2 削減量を 2000 年の 1/3 と想定したケースで，これには地中貯留だけでは不足で，2020 年から海洋隔離を併用することで経済的に達成可能となっている。これらのデータが示すように，地中貯留だけでは 2050 年に排出量半減は困難であり，特に地震国日本では，国として海洋隔離というカードは保持すべきものと位置づけられている。

5.3 海洋隔離のコンセプト

大気の CO_2 濃度が上昇すると，それと平衡になるように海は CO_2 を吸収するため，わざわざ人間が入れなくても，これまでのように大気に CO_2 を出し続ければ自然に CO_2 は海に溶解する。しかし，海には温度躍層があるため表層水（水深数百 m）と中深層水（数千 m）に分かれていて，鉛直方向の拡散は時間がかかり，厚さの薄い表層水はすぐに大気と平衡になるものの，それが中深層に行き渡って大気・海洋システム全体として平衡になるのに数百年から数千年と予測されている[4),5)]。

人間が大気に出す CO_2 の量が海全体による吸収に勝るため，大気と表層水中の CO_2 濃度がオーバシュートとなり，2100〜2300 年くらいの時点でピークに至り，局所的な気候変動や海洋表層の酸性化などのようなさまざまなハザードを引き起こす懸念がある。海洋表層酸性化の影響としては，IPCC の BAU ケースの場合，2100 年の大気の CO_2 濃度は 1 000 ppm を超えると予想されており，かりに 2 000 ppm と平衡した表層水中では巻貝などの炭酸カルシウムの殻が溶け出すというデータがある[6)]。IPCC の気候変動予測の中で，2100 年において最も濃度を抑えることになったシナリオでも，その予測結果は 550 ppm であり，最近の研究では，550 ppm と平衡した表層水中では例えばウニの幼生は正常な発育ができない[7)] ことがわかっている。留意すべきは，これらの生物

は，太陽光を受け光合成を行う植物プランクトンを生産者とする食物連鎖の範ちゅうにあり，したがって表層あるいは浅い海底に生息するという点である。

海洋隔離は，人間の手でCO_2を温度躍層より下の中深海（温度躍層の下，水深2000m程度）に送り込むことで，海のCO_2吸収力を人為的に早め，海洋表層の濃度ピークを低減する効果をもつ（**図5.1**）。したがって，海洋内の中深層に数千年かかって拡散する自然のプロセスを人工的に促進する技術であるといえる。海洋隔離をしようがしまいが，排出したCO_2は最終的には大気か海洋に配分されて平衡になるため，海洋隔離はこの平衡濃度を低減するものではない。あくまで，再生可能エネルギーのようなCO_2をほとんど出さない技術が一人前になるまで，すなわちエネルギー供給源として量的に化石燃料に取って代わられるようになるまで，化石燃料起源のCO_2を大気から隔離する技術である。水素エネルギーにしても，水素を作るために天然ガスの改質や石炭ガス化による方法がここ数十年は先行すると考えられるため，このとき排出されるCO_2は，隔離を伴って初めてクリーンということになる。

図5.1 海洋隔離のコンセプト
（出典：財団法人地球環境産業技術研究機構（RITE））

5.4 海洋隔離の研究動向

一方で，海洋隔離のリスクとして中深海生物への影響が考えられる。中深海では，表層と異なり，表層から落ちてくる生物の死骸や糞をベースとした生態系が存在し，動物プランクトン，バクテリアなどがおもな生息種となっている。そこでRITEが国から委託されたプロジェクト「CO_2海洋隔離の環境影

響評価技術開発」では，環境影響評価分科会で生物影響について，希釈技術開発分科会で希釈技術やモデルによる希釈の予測，モニタリング技術の開発を行ってきた。

生物影響は，時空間スケールにより，各種個体の急性影響と慢性影響，種の生活史への影響（誕生，発育，生殖），そして生態系影響に分類される。急性および慢性影響は，さまざまな CO_2 濃度下における死亡率で評価される。この中で，同じ pH の減少であっても，塩酸や硫酸などより CO_2 による酸性化のほうが生物の死亡率には影響が大きいこと[8]，魚類は暴露時間によらず 10 000 μatm 以上の高い CO_2 濃度（CO_2 分圧：pCO_2）で影響を受ける[9,10]のに対し，カイアシ類などの動物プランクトンは濃度が低くても暴露時間が長いと影響を受けること[11]などがわかってきた。さらに暴露実験の死亡率データから，実験した種のうち最も耐性の低いカイアシ類の無影響濃度を算出し，さらに魚類やベントスも含めたデータから，深海生物種全体の予測無影響濃度 (predicted no effect concentration : PNEC) を推定することができた[12]。

このように日本の海洋隔離のプロジェクトは，魚類やベントスの卵や幼生の発育などについて，現時点で世界の最先端となる詳細なデータを集積しており，さらには，バクテリア，アーキア，ヤムシ類を考慮した深海生態系モデル[13]も開発中である。

希釈技術開発では，図 5.2 に示す Moving Ship 法により，生物影響が発現する前に深海中の CO_2 濃度を予測無影響濃度（奇しくも自然変動分と同程度）以下に希釈するような放出技術を開発した[14]。

また，100 km×100 km の海域で 1 000 万 t/年，あるいは 100 km×300 km の海域で 5 000 万 t/年の隔離を想定したケースで，深海の乱流を計測して求めた拡散係数を使った放出ノズル近傍スケール[15]，数 km 程度の放出域スケール[16]，数百 km 程度の中規模スケール[17]，さらには地球シミュレータを用いた 10 000 km スケール（0.1°メッシュ）で CO_2 の移流拡散予測[18]を行い，CO_2 液滴のごく近傍を除くほとんどの海水の CO_2 濃度が予測無影響濃度以下になっていることを予測している（図 5.3）。

図 5.2 Moving Ship 法の概念図（出典：財団法人地球環境産業技術研究機構（RITE））　　図 5.3 広域スケールでの CO_2 拡散シミュレーション結果（出典：Y. Masuda et al.：Int. J. Greenhouse Gas Control, 2, pp.89-94 (2008)）

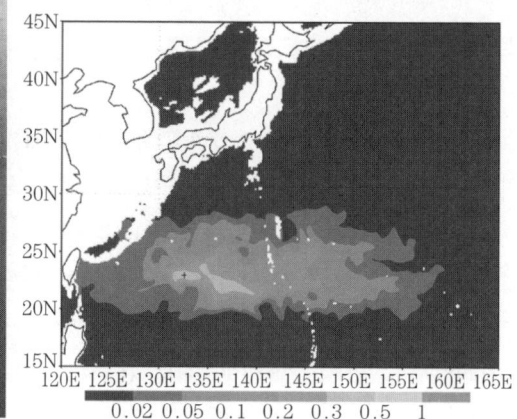

このほか，自然に CO_2 が噴出している熱水鉱床周辺の CO_2 濃度や pH を，精度よく広範囲にモニタリング・マッピングする技術[19]が開発され，また数千 m に及ぶ CO_2 送込みパイプに渦励振も発生しないことがモデル計算[20]により示されるなど，システムの安全性も検討している。

ここでは，ごく近傍域の小規模スケールと，中規模スケールのモデルシミュレーションについて，さらに詳細に解説する。

5.4.1 小規模スケールモデルによる CO_2 の拡散と生物影響予測

Sato[15]は，モデル海域の深さ 2 000 m における流速の 3 次元成分と温度の変動を測定し，コンピュータモデルの計算領域のサイズ（80 m）より大きな波長成分を抽出し，これを low-wavenumber forcing[21]することで，計算領域内に海洋乱流を再現する 3 次元 large-eddy simulation（LES）を実施した。Low-wavenumber forcing とは，計算領域より大きな波長成分（低波数成分）を対流項の移流速度に加えることで，エネルギーのカスケードダウンにより高波数成分（計算領域より小さな波長成分）を生成させる手法である。

これにより生成された深海の小スケール乱流場に，溶解したCO_2を染料と見立てて放出し，その移流拡散を計算する．液体CO_2はジェット噴流となって放出され，ノズルが配置された計算格子内で海水に完全に溶解すると仮定する．海洋にはもともとCO_2が溶解しているが，ここで扱う溶解CO_2とは，新たに人為的に加算されたCO_2を意味する．CO_2は海水に溶解すると，分子状で存在する分と電離する分があるが，ここでは両者を含めたものとする．

計算領域が80 mと小さいため，計算領域を地球座標上で固定すると，ノズルから噴出したCO_2は潮流・海流により短時間で計算領域から出ていってしまう．これを避けるため，図5.4に模式図で示すように，計算領域の中心の流速で計算領域を移動させる．すなわち，放出船が曳航するパイプ先端のノズルから放出されたCO_2濃度パッチの移流とともに計算領域が移動することで，つねに濃度の高い溶解CO_2を追跡することが可能となる．

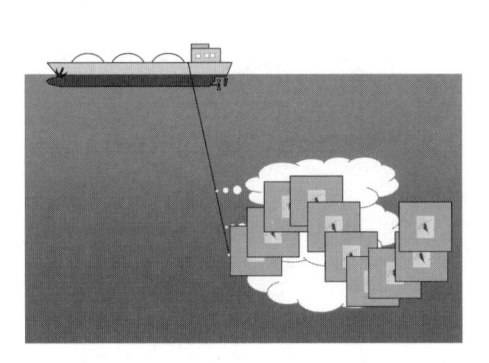

図5.4　小規模領域の移動の模式図

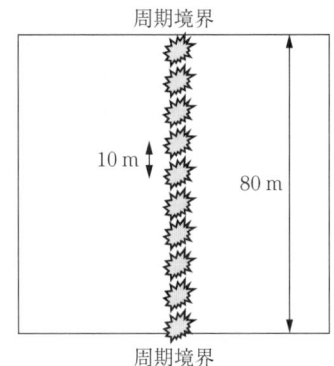

図5.5　小規模モデルの計算領域とノズルの初期配置

1隻の放出船からのCO_2放出量を1 000万 t/年とし，CO_2放出ノズルはパイプの長手方向に10 m間隔で100個ついていると仮定すると，一つのノズル当りの放出量は100 kg-CO_2/sとなる．ただし，計算領域の大きさは鉛直方向にも80 mであるため，すべてのノズルを扱うことはできない．ここでは，10 m間隔につけられたノズルを図5.5に示すように計算領域内に配置した．したがって，計算上は鉛直方向に100 kg/sでCO_2を放出する無限個のノズルがある

ことになる。

放出ノズルは船の移動に伴い，計算領域から出ていく。したがってこの計算では，水平方向に移動する放出ノズルが「置いて」いった溶解 CO_2 パッチの，その後の潮流・海流による移流と深海乱流による拡散を解く。

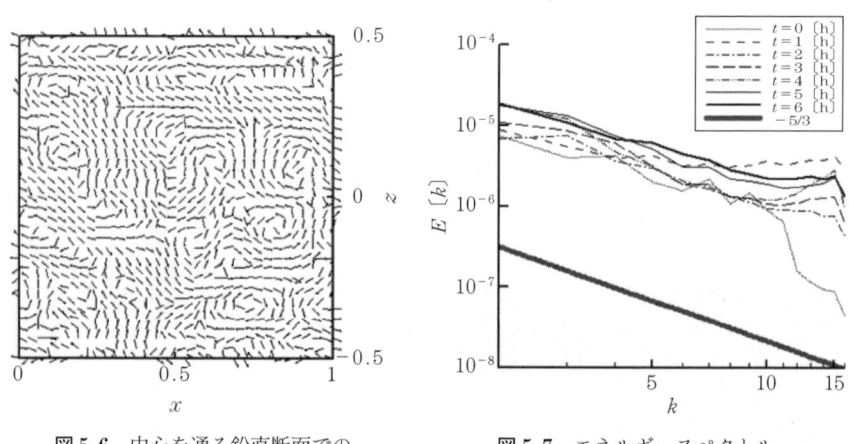

再現された深海乱流場の計算結果の速度ベクトルとエネルギースペクトルを図 5.6 と図 5.7 に示す。エネルギーはスムースにカスケードダウンされており，また Kolmogorov の $-5/3$ 乗則に従っていることがわかる。これにより乱流場は適切に再現されたといえる。

図 5.6 中心を通る鉛直断面での速度ベクトル

図 5.7 エネルギースペクトル

図 5.8 は溶解 CO_2 の濃度のコンターを時系列に示したものである。再現された深海乱流により拡散していくことがわかる。放出の時点で，計算領域の水平方向の中心にあったノズルは，4 時間後には，船が 4 knot で移動することにより計算領域左手に出ていってしまっている。

つぎに，計算領域中心での溶解 CO_2 濃度から pCO_2 を計算する。深海にもともとある溶解 CO_2 濃度を $0.0905\,\mathrm{kg/m^3}$ で一定とし，水温は領域中心で $6.78°\mathrm{C}$ とし，$0.015°\mathrm{C/m}$ で線形に成層しているとした。塩分は 34.6‰ で一定とした。もとの CO_2 濃度に，放出した CO_2 を加算し，水温と塩分を用いて，計算領域中心での pCO_2 を計算した。その値から，もとの CO_2 濃度のみで計

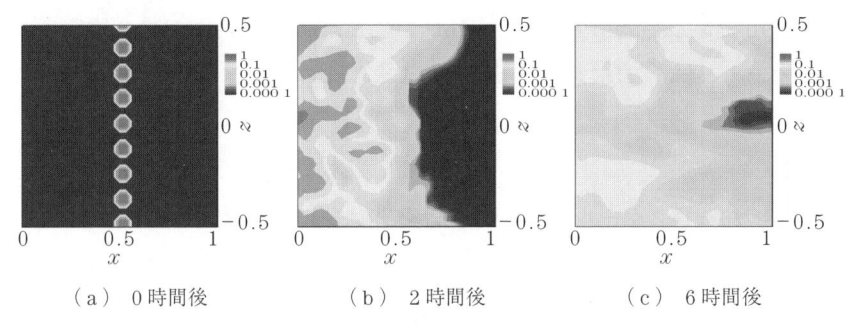

図5.8 放出後の溶解CO_2濃度のコンター図（口絵4）

算したpCO_2を差し引いたものがΔpCO_2である。このΔpCO_2の時間変化を図5.9に示す。

ΔpCO_2は2時間強で，Kita et al.[12]の予測無影響濃度500 μatm（μatmとppmはほとんど同じ）になっており，500 μatm以下に濃度が下がれば影響はないものと考えてよい。問題は，500 μatmに下がるまでの2時間強の間の生物影響が危惧されることである。

そこでSato[15]は，カイアシ類のCO_2による死亡率モデルを作成した。このモデルは後にSato et al.[22]によって，ΔpCO_2を時間変化させた際のカイアシ類の死亡率実験の結果から検証されている。

CO_2噴出の直後から，噴出ノズルのごく近傍にいたカイアシ類が，図5.9のΔpCO_2の時間履歴を経験した際の死亡率を計算し，その時間変化を示したの

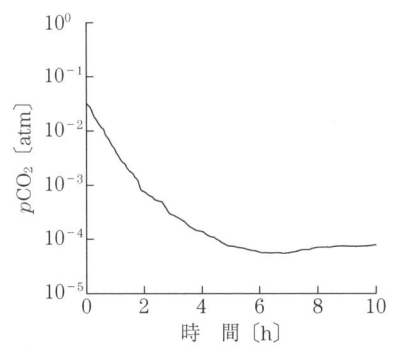

図5.9 ΔpCO_2の時間変化

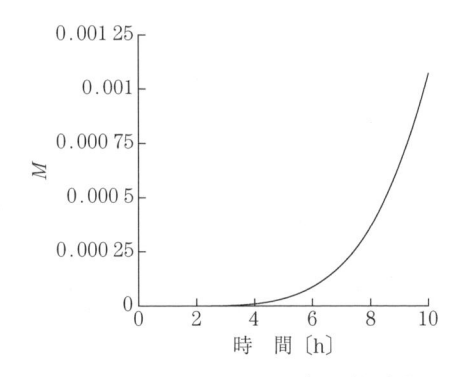

図5.10 カイアシ類の死亡率の時間変化

が図 5.10 である。図 5.9 で 500 μatm となる 2.5 時間後における死亡率はわずかであり，統計的に意味のある数字とされる 3 シグマ下限（$\mu\text{-}3\sigma$）の 0.125% より十分小さいことがわかる。

5.4.2　中規模スケールモデルによる隔離海域内の CO_2 拡散予測

CO_2 海洋隔離のシステムでは，想定海域を 100 km×100 km の領域とし，そこを CO_2 放出船が 1 000 万 t/年で深さ 2 000 m 程度の海水に CO_2 を溶解することを想定している。この際，一度放出船が通過した海域を何度も通ることが考えられるため，上記のような近傍域の小スケールでの計算以上に CO_2 濃度が高くなることが考えられる。

そこで今度は，100 km×100 km の中規模スケールの領域で，放出船が走り回って CO_2 を放出する際の CO_2 濃度の変化を見るために，中規模スケールの海洋流動モデルに船とともに進行する小規模スケールの格子系を重合させる，マルチスケールの moving and nesting grid を用いた数値シミュレーションを実施した。図 5.11 にシミュレーションの模式図を示す。

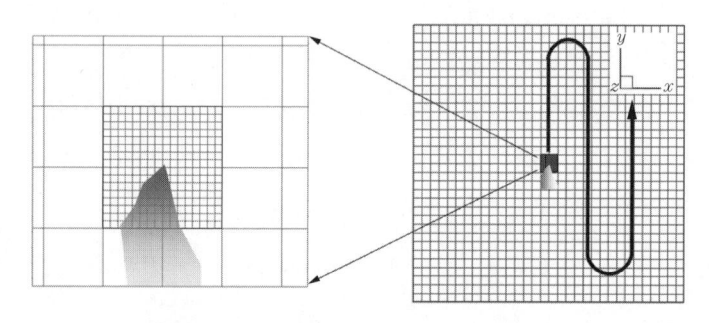

図 5.11　中規模スケールモデルに，移動する小規模スケールモデルをネスティングした様子

もちろん，100 km×100 km の領域をすべて小規模スケールの領域と同じ解像度で格子が切れれば，マルチスケールモデルにする必要はないが，残念ながらそれは現在使用可能な身近な並列計算機ではほとんど不可能である。中規模スケールモデルも小規模スケールモデルも非静水圧近似（full-3 D）とし，3

5.4 海洋隔離の研究動向　　　137

次元のナビエ-ストークス方程式を解いている。水平方向の渦粘性係数と渦拡散係数には Richardson の 4/3 乗則を用いた。鉛直方向の渦粘性係数と渦拡散係数には一定値を与えた。

このとき問題となるのは，小規模スケールモデルの計算領域から溶解 CO_2 濃度が中規模スケールモデルの領域に出る際，2種類の格子系の格子解像度の違いにより，格子系の界面で濃度が一気に数値拡散してしまう点である。一度 CO_2 を放出したうえに再度放出船が走る際も CO_2 濃度の重ね合せを解析することを目的としているのに，これでは先に放出された CO_2 は大きく拡散されてしまっていることになり正しく濃度の予測ができないことになる。そこで Jeong[17] は，小規模スケールから出た後の CO_2 濃度を，中規模スケールの領域の中で粒子法を用いて解析した。中規模スケール内での粒子法は，粒子を小規模スケールの格子系と同等の解像度になるように配置させることで，溶解 CO_2 に関して小規模スケール格子と同じ空間精度をもたせることができる。ただし計算負荷の減少のため，粒子法は溶解 CO_2 の移流拡散のみに使用し，粒子の移動（物質移動の式の移流項に相当）は中規模モデルのナビエ-ストークス方程式の結果として得られる速度を格子内で内挿することにより求める。

一般に中規模以上の海洋モデルでは，成層や地球の自転の影響で，水平方向と鉛直方向の運動は大きく異なり，これに応じて，それぞれの方向で，大きく異なる解像度の格子系と渦拡散係数を用いる。Jeong[17] は，粒子法における拡散係数を水平方向と鉛直方向に異なるものを用いる非等方拡散の粒子法を座標変換により求める手法を開発した。このモデルでは，中規模モデルの領域内で粒子法の拡散を与える重み関数に用いる粒子間距離は，デカルト座標系上では楕円回転体状となり，変換座標上では球となる。

粒子は小規模モデルの格子系から溶解 CO_2 が出る際に，それを表現する粒子とともに，まわりに濃度ゼロの粒子を小規模モデルの格子サイズの 1/2 の間隔で配置する（図 5.12）。また，移動する小規模領域に，以前に放出した溶解 CO_2 が入ってくる際には，小規模領域の格子一つ一つに流入する粒子を数え，界面でそれらの和をフラックスとして与えることとした（図 5.13）。

図 5.14 は中規模領域にネスティングされた小規模領域の様子である。中規模領域は，海底地形（平均深さ約 6 000 m）を考慮し，表層混合層を除いた海表面から 1 000 m までを計算領域とする。計算領域は，中規模，小規模モデルの計算領域のサイズは，それぞれ 111.4×111.4×5.1 km と 6.693×6.693×0.85 km で，それをそれぞれ 32×32×31 と 16×16×5 個の格子で分割した．小

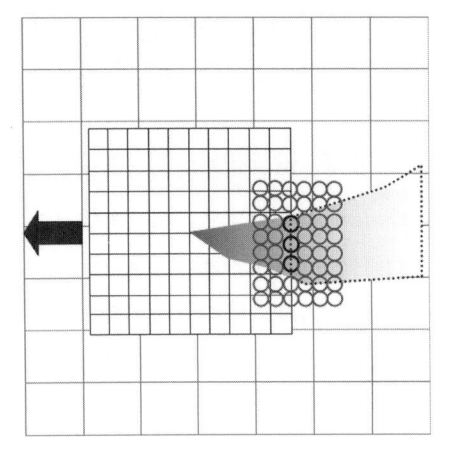

図 5.12 小規模モデル領域から出る際の溶解 CO_2 濃度を表現する粒子の配置

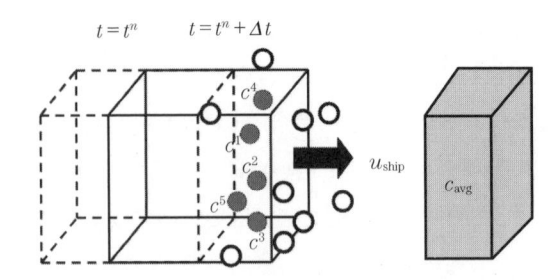

図 5.13 船の速度で移動する小規模モデル領域の 1 格子に入ってくる粒子

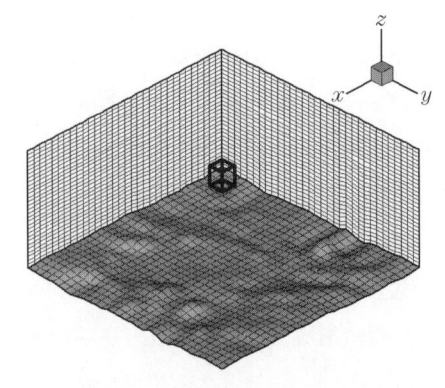

図 5.14 中規模モデル領域と小規模モデル領域

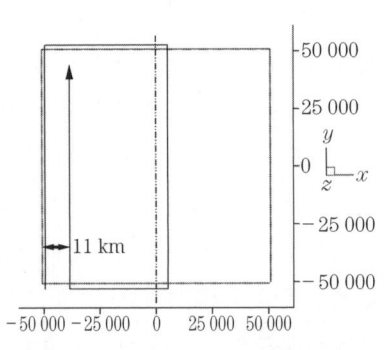

図 5.15 計算に用いた放出船の航跡

規模モデルの領域は，中規模モデルの格子 2×2 個に相当する。

船は $2\,\mathrm{m/s}$ で移動することとし，今回のシミュレーションでは，簡単のためその航跡は図 5.15 に示すように，11 km 間隔でずれながら南北に直線状に走るものとした。放出船が一通り想定海域内を走り終えると，CO_2 輸送船から CO_2 の供給を受けるための時間を設けた。

中規模モデル領域内の溶解 CO_2 の濃度のコンター図を図 5.16 に示す。船から放出された溶解 CO_2 の上に，さらに船が走り，濃度が重ねられ，それらが観測値として中規模モデルに forcing された潮流や海流によって移流しながら，渦拡散により拡散している様子がわかる。

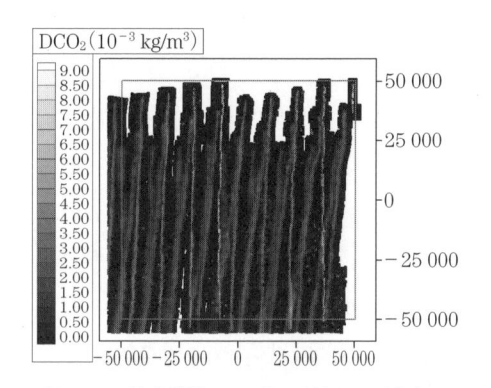

図 5.16　放出開始 21 日後の溶解 CO_2 濃度のコンター

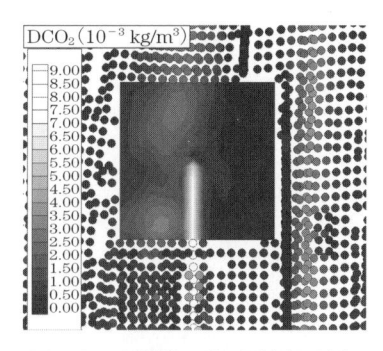

図 5.17　小規模モデル領域内の溶解 CO_2 の濃度コンターと中規模モデル領域内の粒子の濃度

また，小規模領域から中規模領域に放出された粒子や，逆に小規模領域に入ってくる粒子のもつ溶解 CO_2 の濃度と，小規模領域内の濃度との連続性を確認したのが図 5.17 である。図中央が中規模領域内を移動している小規模領域で，コンターは溶解 CO_2 濃度を表している。粒子のもつ濃度もコンター図と同じ濃淡で示している。出ていく濃度や入ってくる濃度が連続的に扱われていることがわかる。

最後に PNEC との関係を見るため，小規模，中規模両領域内の水塊体積の濃度ごとのヒストグラムで表したのが図 5.18 である。このとき，中規模スケ

140   5. 海洋隔離

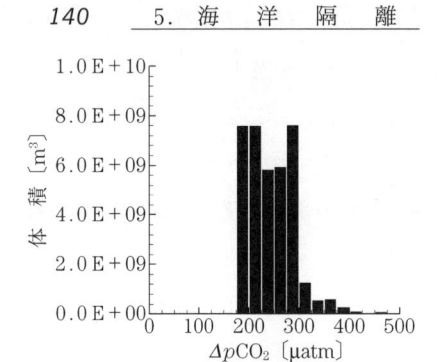

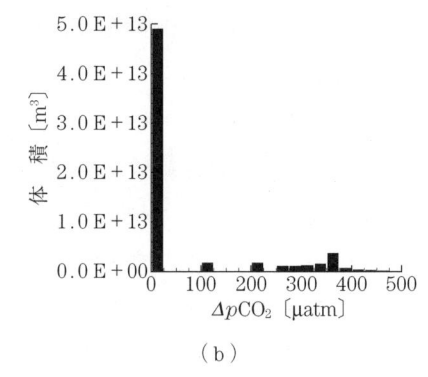

図5.18 小規模領域（a）と中規模領域（b）における，Masuda et al.[18]による大規模スケールモデルの想定海域の溶解CO_2濃度の鉛直分布および深海にもともとあるCO_2濃度を加えた後の，ΔpCO_2に対する海水体積のヒストグラム

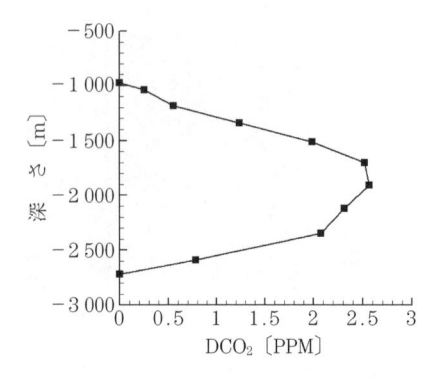

図5.19 Masuda et al.[18]による大規模スケールモデルの想定海域の溶解CO_2濃度の鉛直分布。横軸の単位のPPMは質量分率

ールから出ていったCO_2が再度この領域に入ってくることは，このモデルシステムでは取り扱えない。そこで，Masuda et al.[18]の北太平洋を領域とした大規模スケールモデルの計算結果から，想定海域内の溶解CO_2の濃度の鉛直分布（**図5.19**）を用い，これを単純に，想定海域の当該深さにもともとあるCO_2濃度とともに加算している。小規模，中規模領域とも，ΔpCO_2はPNECとされる500 μatmを超える水塊はほとんどないことがわかる。

5.5 今後の課題

海洋だけでなくすべての生態系は，人類には完全に把握できない非定常性と不確実性を内在しており，すべてを完全に解明することは不可能であると考え

5.5 今後の課題

られる。例えば、2006年度日本海洋学会秋季大会のシンポジウム「二酸化炭素海洋貯留：適切な環境影響評価のあり方について」では、中深層のバクテリアやアーキアの活動への影響などの懸念も示されており、今後、さらなる環境影響に関する研究の継続は不可欠である。しかしその一方で、かりに環境影響を100％理解しなければ開発ができないとなると、経済性や安全性とのバランスが崩れ、むしろ社会が不利益を被ることも起こりうる。そこで開発と環境への配慮を両立させるため提案されている手法が順応的管理［例えば、文献23)］である。これは、管理対象である生態系が非定常性と不確実性を含んでいるということを前提に、政策の実行を順応的な方法で、多様な利害関係者の参加のもとに実施するものである。このような取組みは、あらかじめ開発段階において実施することで、実用段階に起こるであろう問題を事前に把握することが可能となり、一般の人々の問題意識を把握することができることから、開発段階における研究投資の重点化ができるという点、今後CO_2海洋隔離が事業化された際に、順応的管理のプロセスを経て合意形成を得たという実績により、国際競争において優位に立てるという点において有効であると考えられる。

以上のように、CO_2海洋隔離を実用段階に移行する以前の開発段階において、その社会受容性を評価し、人々の価値観や問題意識を把握しておくことは、今後この技術を普及させていくための重要な足掛かりになるといえる。そこで、人々がどのようにこの技術を受け止めるかについての調査が行われている[24]。5大学180名の学生を対象にアンケート調査し、リスクやベネフィットの認知による社会的受容への寄与を共分散構造分析によって評価した結果、社会的受容を高めるためには、表層酸性化に対し海洋隔離が自然の摂理の促進であるというコンセプトの浸透、海洋隔離のベネフィットやリスクに関する適切な情報発信、海洋生物の安全を意識して隔離後のモニタリングを確実に実行することなどが有効な手段であることがわかった。さらに、Web上で擬似海洋実験を行い、サイエンスカフェ形式でBBSに書き込まれた議論を論理分析することにより、海洋実験を行い、その海域での生物現存量調査による生態系の

知見を増やすことが今後の社会受容性の拡大につながることなどがわかっている[24]。

今後は，さらなる現場海域調査を含んだ環境影響評価の研究を継続しつつ，10年程度の時間軸の中で，ロンドン条約の付属書改訂や COP-UNFCCC のインベントリー認定というハードルをクリアすることを目標に，実際に海洋実験を行い，その知見を国内社会はもちろん，世界に広く公開し，海洋隔離技術のコンセプト，ベネフィットとリスクを正しく理解させ，認知度を高めていくことが必要となる。逆にいえば，海洋隔離を語るには，表層と中深層を分断する温度躍層の存在や，大気中の CO_2 濃度の上昇は「表層」の酸性化を引き起こすことなど，大気・海洋システムを正しく理解することが肝要であり，誤った認識に基づいて，いまこのオプションを手放すことはわが国の温暖化対策にとって大きな痛手となる。海洋隔離が実現化されるとしても，早くて地中隔離に遅れること10年の2030年ころと考えられることから，まだ時間はある。繰返しとなるが，この間に，対象海域の物理・生態系の調査，環境影響評価技術の研究開発，社会認知のための活動の継続をさらに進展させる必要がある。

引用・参考文献

1) http://www.rite.or.jp/Japanese/project/tityu/fuzon.html
2) http://www.meti.go.jp/committee/materials/g 51013 aj.html
3) K. Akimoto et al.：Int. J. Greenhouse Gas Control, **1**, pp.271-279（2007）
4) M. Hoffert et al.：Climatic Change, **2**, pp.53-68（1979）
5) K. Caldeira and M. E. Wickett：Nature, **425**, p.365（2003）
6) J. C. Orr et al.：Nature, **437**, pp.681-686（2005）
7) H. Kurihara and Y. Shirayama：Marine Ecol. Prog. Series, **274**, pp.161-169（2004）
8) T. Kikkawa et al.：Marine Pollut. Bull., **48**, pp.108-110（2004）
9) A. Ishimatsu et al.：J. Oceanogr., **60**, pp.731-742（2004）
10) M. Hayashi et al.：Marine Biol., **144**, pp.153-160（2004）
11) Y. Watanabe et al.：J. Oceanogr., **62**, pp.185-196（2006）
12) J. Kita and Y. Watanabe：Proc. 8th Int. Conf. Greenhouse Gas Control

Technol.（2006）CD-ROM
13) 岸　靖之ほか：日本船舶海洋工学会講演会論文集，**3**，pp.41-42（2006）
14) S. Tsushima et al.：Proc. 8th Int. Conf. Greenhouse Gas Control Technol.（2006）CD-ROM
15) T. Sato：J. Oceanogr., **60**, pp.807-816（2004）
16) B. Chen et al.：Tellus（B），**55**, pp.723-730（2003）
17) S. Jeong：Ph. D. Thesis, University of Tokyo（2006）
18) Y. Masuda et al.：Int. J. Greenhouse Gas Control, **2**, pp.89-94（2008）
19) K. Shitashima et al.：Int. J. Greenhouse Gas Control, **2**, pp.95-104（2008）
20) 手島智博ほか：マリンエンジニアリング学会誌，**41**，pp.152-157（2006）
21) T. Sato et al.：Comput. & Fluids, **36**, pp.540-548（2007）
22) T. Sato et al.：Marine Pollut. Bull., **50**, pp.975-979（2005）
23) 勝川俊雄：月刊海洋，**37**，pp.198-204（2005）
24) 上城功紘，佐藤　徹：日本船舶海洋工学会論文集，**4**，pp.9-19（2007）

6. 森 林 固 定

6.1 は じ め に

　温室効果ガスによる地球温暖化についてはIPCCの第4次レポートにより，20世紀後半の温暖化現象は確率90％以上で人為的起源の温室効果ガスによるものと結論された。温室効果ガスの代表である二酸化炭素（以下，CO_2）を固定するにはいくつかの方法があるが，ここでは生物的な方法による固定化技術について述べる。

　バイオマスによってCO_2を固定したり，バイオマスのエネルギー利用により地球温暖化を防止できるというアイデアは，1992年にD. O. Hallらによって Nature 誌に紹介され多くの注目を集めることになった[1]。すなわち，1 GJ〔ギガジュール：10^9 J〕分だけバイオマスが成長すれば，1 GJ分の石炭由来の炭素，この量は炭素換算で0.025 tを削減できることになる。なぜなら，1 t当り20 GJの熱量をもつバイオマスの炭素含有率は通常約50％であるから，1 GJだけバイオマスが成長すればCO_2を0.025 tだけ大気中から分離することになる。

　このようなバイオマスによるCO_2固定化の効果は，樹木が成長し続ける期間，40年から100年程度は有効である。

　一方，バイオマスをエネルギー変換して化石資源代替として使用するならば，恒久的に化石資源由来のCO_2排出を抑制できることになる。Hallらによれば，バイオマスを効率よくエネルギーに変換できれば，化石燃料由来のCO_2排出量5.4 GJを2050年までに1985年レベルの半分に削減可能としている。

この3分の1は農業系の廃棄物や有機性の産業廃棄物によってまかなわれ，3分の2はバイオマスプランテーションによってまかなわれる。この場合，バイオマスの生産量とプランテーションに必要な土地が問題となるが，前者は乾燥重量で1 ha（ヘクタール）当り年間で12 t，後者は6 Mha（6億ha）と仮定している。バイオマス生産量や広大な植林面積の可能性についてもまだまだ多くの議論があるが，Hallらの提案はバイオエネルギーの可能性について一石を投じたものである。以下は，おもにバイオマスによる生物的CO_2固定について述べるが，6.5節ではバイオマスプランテーションを行って石炭火力発電に代替した場合，どの程度CO_2削減効果があるのかLCA的手法で算出した。

6.2 生物系CO_2固定の原理

いうまでもなくバイオマスは，光合成により大気中のCO_2を同化して炭水化物のような有機化合物を合成する。緑色植物の場合には，葉緑体中の葉緑素（クロロフィル）の作用によって光のエネルギーを吸収し下記の式で示すように糖類や多糖類を生成する。すなわち，6 molのCO_2と水から1 molのグルコースと6 molの酸素を生成する。

$$6CO_2 + 6H_2O = C_6H_{12}O_6 + 6O_2$$

光合成には光を必要とする明反応と必要としない暗反応がある。明反応は光のエネルギーを化学エネルギーに転換する反応で，光エネルギーを吸収しこのエネルギーを利用してADPと無機リン酸からATP（アデノシン三リン酸）を$NADP^+$からATPとNADPH（還元型ニコチンアミドアデニンジヌクレオチドリン酸）を生産しO_2を発生する。暗反応では明反応で生じたATPとNADPHを用いてCO_2を有機物内に固定する。この場合，還元的ペントースリン酸回路のみを用いるC_3植物とC_4経路をも用いるC_4植物とがある。

光合成でバイオマスが生成するが，この場合どの程度の効率で太陽エネルギーが化学エネルギーに変換されるのであろうか。まず，植物は太陽光の中で0.4～0.7 μmまでの可視光だけを利用している。この光合成活性な放射

（photosynthetically active radiation：PAR）は地球の表面に達する太陽放射の約50％程度である。このうちで約80％が光合成活性な有機物に吸収され，残りは光合成に不活性な物質に反射されたり吸収されたりして失われる。効率的に吸収されたPARがグルコースに変換されうる理論的な最大値は，C_4植物では約28％とされている[2]。最終的には，光合成に使われるエネルギーのうちで約40％が，植物自身の代謝を維持するために呼吸によって消費される。したがって，光合成効率の最大値は下式で示される。

$$100 \times 0.50 \times 0.80 \times 0.28 \times 0.60 = 6.7\%$$

前述したように，この値はC_4植物に適用される。C_4植物とはトウモロコシ，ソルガム，サトウキビなど熱帯の強光下で生育する植物である。C_4植物は，光合成による初期産物が炭素原子4個の化合物である経路をもち，一般に光合成の効率が高い。

これに対して，光合成の初期産物が炭素原子3個の化合物である植物をC_3植物といい，麦，米，大豆，樹木など地球上の95％のバイオマスはこれに属する。C_3植物は，C_4植物に比べて光合成効率は低い。すなわち，C_3植物では，固定されたCO_2の30％が光呼吸で失われ，またC_3植物はC_4植物に比べより低い光強度で光飽和に達するので，光合成色素に吸収した光の30％が利用できない。この理由により，C_3植物では光合成の最大効率は，$6.7 \times 0.7 \times 0.7 = 3.3\%$となる。

このほかに，CAM植物と呼ばれる一群がある。この植物は，夜間に気孔を開きC_4回路のPEPC（ホスホエノールピルビン酸カルボキシラーゼ）によりCO_2を固定してリンゴ酸を生成して液胞に蓄える。日中は水分の蒸散を抑えるために気孔を閉じて，リンゴ酸の脱炭酸と呼吸によって生じたCO_2を利用してC_3回路により炭素を固定する。このようにCAM植物は水分の損失がきわめて少なく，多肉果汁質であるために乾燥環境が生育に適している。CAM植物の生化学的な仕組みはC_4植物と似ているが，C_4植物やC_3植物とは異なった独特の特徴を有する。昼間に太陽エネルギーを収集し，夜間にCO_2を固定する。CAM植物には，パイナップル，ベンケイソウ，サイザルアサ，サボテ

ン，ラン藻類などが含まれる。

表6.1は，光合成のタイプによる植物の物理的な特性である。Bassamによれば，C_3，C_4，CAM植物は光合成経路や光合成における光強度や温度に対する影響などによって，表6.1に示すようにおもに五つのグループに分けられる[3]。前述したように，C_4植物はC_3植物に比べて光飽和に達する光量が大きく，水分の蒸散速度が小さいなど有利な特性をもつ。

表6.1 光合成のタイプによる物理的性質

光合成特性	植物グループ				
	1	2	3	4	5
光合成経路	C_3	C_3	C_4	C_4	CAM
最大光合成速度時の光強度〔cal/cm^2・min〕	0.2〜0.6	0.3〜0.8	1.0〜1.4	1.0〜1.4	0.6〜1.4
光飽和における最大CO_2交換速度〔mg/dm^2・h〕	20〜30	40〜50	70〜100	70〜100	20〜50
温度への反応					
最適温度〔℃〕	15〜20	5〜30	25〜30	10〜35	30〜35
生育温度〔℃〕	15〜45	20〜30	10〜35	25〜35	10〜45
最大増殖温度〔g/m^2・日〕	20〜30	30〜40	30〜60	40〜60	20〜30
水分利用効率〔g/g〕	400〜800	300〜700	150〜300	150〜350	50〜200
作物種	ノハラガラシ，ジャガイモ，エンバク，ライ麦，ナタネ，テンサイ，小麦，ヒマワリ，オリーブ，大麦，ヒラマメ，亜麻仁	アメリカホドイモ，米，大豆，ゴマ，タバコ，ヒマワリ，トウゴマ，ベニバナ，ケナフ，サツマイモ，バナナ，ココナッツ，綿，キャッサバ，*Arundo donax*	インドヒエ，モロコシ，トウモロコシ，サトウキビ	キビ，モロコシ，トウモロコシ，*Miscanthus*, *Spartina*, *Panicum Virgatum*	サイザルアサ，パイナップル

バイオマス生産に関しては，光合成効率のほかに，成長期の長さ，日照時間，植物のエネルギー密度，植物の地上部と地下部の割合，土壌の性質，水や栄養素の利用度なども大きく影響する。一般的に灌漑により生産量は増大する

が，C_4植物のミスキャンタスやトウモロコシでは灌漑していない場合でも，乾重量の生産量は，灌漑しているC_3植物のライ麦の生産量よりも多い。C_3植物は通常C_4植物に比べて低温における真の光合成効率が高い。C_4植物であるミスキャンタスやスパルティナでは，種々のC_3植物より光合成効率は高い。したがって，C_4植物の耐寒性についての遺伝子の選別を行うことにより，低温で生産性が高いC_4植物が創出できる可能性がある。

6.3 バイオマスによるCO_2固定の可能性

陸上植物によってバイオマスとして固定される炭素量は，年間で約2000億tと推定されている。この量は世界で使用されているエネルギーの約10倍程度といわれている。2000億tのうち，年間約8億tが食糧として使われている[4]。

植物によって固定された化学エネルギーと植物がとらえた太陽エネルギーの比で表される光合成効率は通常は1%以下である。この値は前節で示したC_4植物の光合成の最大効率の6.7%やC_3植物の3.3%に比べて，非常に小さい値である。一方，地表に降り注ぐ太陽光の全放射エネルギーとバイオマスの熱量が単位重量〔kg〕当り4000 kcalであることを考慮すると，緯度40度付近での理論的なバイオマス生産量の上限は250 t（乾燥重量）/ha と試算される[2]。しかし，このような値はまだいかなる作物でも達成されていない。これは植物の生活史や速い成長速度や太陽光の高い利用効率が，年間を通して維持されることがないからである。

表6.2は，森林タイプ別の単位面積当りの現存量を示す[5]。これによれば，平均では冷温帯の針葉樹では最大で1 ha当り1844 tもの炭素が固定されていることがわかる。ただし，同じ冷温帯の針葉樹でもマツ林では平均値が68 tであり，相当幅があることに留意する必要がある。Alexander Matherによれば，総在積量は約4000億m^3である。熱帯林と寒帯林だけで全体の4分の3，蓄積量の8割を占めている[6]。天然林やその他の安定した極相林群集では，新

6.3 バイオマスによるCO$_2$固定の可能性

表6.2 森林タイプ別の単位面積当りの現存量

森林タイプ			現存量〔t-C/ha〕		
			平均	標準偏差	最小～最大
熱帯・亜熱帯	天然林	熱帯降雨林	149.5	69.8	36.1～533.8
		熱帯季節林	110.8	59.2	15.7～199.8
	人工林	*Shorea robusta*	96.2	81.7	8.9～288.8
		Tectona grandis	133.2	110.6	27.5～334.5
暖温帯	広葉樹	モリシマアカシア林	41.3	14.4	19.5～68.9
		カシ林	156.6	68.6	106.9～310.5
	針葉樹	マツ林	75.3	17.7	51.5～98.0
		ヒノキ林	108.2	46.5	31.1～179.6
冷温帯	広葉樹	カエデ林	60.3	29.1	8.2～87.3
		ナラ林	93.5	56.3	22.9～242.8
		ブナ林	109.3	45.0	21.6～197.9
	針葉樹	マツ林	68.4	37.9	13.9～130.8
		セコイア林	1 443.9	518.3	621.0～1 844.6
亜寒帯	針葉樹	オウシュウアカマツ林	60.4	38.0	14.0～154.1
		カラマツ林	72.8	27.2	42.4～102.3

引用・参考文献5）の表1.2から一部抜粋

しい成長が枯死・枯損で相殺されて純1次生産量もバイオマスもほぼ一定となる。

表6.3は，主要な森林タイプについてその1次生産量を示したものである[7]。どのタイプでも1次生産性の数値に大きな幅があることがわかる。その平均値についても出典によって違った数値が用いられている。

CO$_2$固定のための植林に関しては，どの程度の土地が植林可能なのかが一番重要になる。電力中央研究所の杉山らは植林可能面積に関する文献調査を行った。この結果が**表6.4**である[7]。植林可能面積の推定には十分な根拠のあるものから，算出の方法が不明なものまで種々報告されている。Graingerの推定は，経済的，生態的基準がやや不明確ではあるが，植林によって被覆することで熱帯における植林面積を算出している[8]。推定総面積は758 Mhaとしている。Houghtonらは植林可能面積は850 Mhaとしているが，その根拠は十分ではない[9,10]。Myersは植林の目的別に算出しており約300 Mhaが可能としているが灌漑の必要性にも言及している[11]。Bekkeringは降雨量，国土の

表6.3 森林タイプ別の単位面積当りの純1次生産量

森林タイプ			純1次生産量〔t-C/ha/年〕		
			平均	標準偏差	最小 ～ 最大
熱帯・亜熱帯	天然林	熱帯降雨林	8.7	4.1	2.6～22.1
		熱帯季節林	5.5	2.8	1.6～10.8
	人工林	*Shorea robusta*	5.5	3.9	1.8～14.3
		Tectona grandis	6.3	2.6	2.6～12.0
暖温帯	広葉樹	モリシマアカシア林	14.8	2.6	11.5～21.8
		カシ林	9.1	3.2	3.5～12.6
	針葉樹	マツ林	4.7	0.9	3.9～5.9
		ヒノキ林	7.5	1.5	5.0～10.3
冷温帯	広葉樹	カエデ林	4.9	0.9	3.4～6.1
		ナラ林	4.1	1.7	0.9～7.0
		ブナ林	6.3	3.9	1.9～26.8
	針葉樹	マツ林	3.6	0.9	2.6～4.7
		セコイア林	7.2	2.8	2.9～10.2
亜寒帯	針葉樹	オウシュウアカマツ林	9.3	1.8	3.5～9.9
		カラマツ林	4.2	3.0	0.3～9.5

引用・参考文献5)の表1.4から一部抜粋

広さ,食糧事情などを考慮して,将来的に安定した食糧供給が望める南米とアフリカの11か国の植林可能面積を推定して合計で約300 Mhaが存在するとしている[12]。Winjumは生産性についての評価基準や地球規模のデータベースに基づき,植林可能面積600～1 200 Mhaのうち,再植林約4割,自然回復4割,アグロフォレストリーが2割としている[13]。Nakicenovicは各国の土地利用計画を集約して,総面積265 Mha このうち85 Mhaがアグロフォレストリーと算出している[14]。IPCCによれば食糧過剰生産国であるヨーロッパや北米を想定して前者では最大で100 Mha,後者では52 Mhaとしている。開発途上国では,劣化した土地約2 100 Mhaのうち約3分の1が植林可能であると評価している[15]。

このほかにもいくつもの推定値があるが,いずれにせよ植林を考慮する場合には,気候,土地条件,土地利用状況,技術的背景に加えて,人口や食糧事情など社会的な状況も長期的な視野で検討しなければならない。いずれの方法にも難点があり,精度を向上するためには技術や方法論的問題に加えて各国の土

6.3 バイオマスによるCO_2固定の可能性

表 6.4 植林可能面積に関する従来の文献整理ならびにその問題点

文献名	算出方法	具体的方法	植林可能面積	算出方法の問題点
(1) Grainger[8]	トップダウン（蓄積したデータから算出）詳細不明	・熱帯における劣化した土地の総面積を推定し、それから理論的に植林もしくは再植林が可能な面積算出。生態系のタイプを四つに分類し、それぞれの劣化した土地を評価し、それに経済的生態的基準を設定して植林可能面積を算出	・758 Mha（418 Mha 乾燥地もしくは低山地帯、137 Mha 熱帯雨林、203 Mha 湿潤熱帯落葉樹林）	・植林可能としての経済的、生態的基準が不明確。木材供給の観点から算出しており材料およびエネルギー源としての木材生産を考慮
(2) Houghton[9]	不明	・不明（多めに見積もって 850 Mha）	・850 Mha（うち 350 Mha が森林に戻せる。500 Mha はすぐには使えない）	・算出方法不明
(3) Myers[11]	ボトムアップ	・160 Mha が灌漑（治水）を待つが 45 Mha が薪木として伐採されている。重複のため植林が計 190 Mha。木材パルプ用に植林が計 10 Mha あり、東南アジアに 50 Mha、熱帯アフリカとラテンアメリカに 50 Mha ずつ計 100 Mha の草原、灌木帯（もとは森林）がある	・300 Mha	・草原や灌木帯を含んでいるため灌漑の必要があるところを含む
(4) Houghton[10]	トップダウン	・1980年の FAO/UNEP のデータと失われた森林の量から	・500 Mha	・放置すればますます悪化するところを植林候補地に選んでいる
(5) Bekkering[12]	トップダウン	・熱帯 11 か国の植林面積の推定。機構のデータ、食糧事情のデータ（食料輸出）を考慮	・385～553 Mha	・未利用地からの類推なので、土壌の状態が考慮に入っていない
(6) Winjum[13]	不明	・Grainger (1991), Houghton (1991), Volz (1991) のデータを参照。再植林約 4 割、自然復位約 4 割、アグロフォレストリー約 2 割	・下限 600 Mha、上限 1 200 Mha	・算出方法が引用なので評価できない
(7) Nakicenovic[14]	トップダウンとボトムアップ	・各国の集計結果を積算	・265 Mha（さらにアグロフォレストリー85 Mha）	・ボトムアップデータの詳細が引用なので不明
(8) IPCC[15]	文献をレビュー	・先進国（自給食料過剰であるヨーロッパ、北米）における潜在的余剰農地でのエネルギーバイオマス生産（植林もしくは穀物）、開発途上国では劣化した土地約 2 100 Mha のうち 3 分の 1 が植林可能としている（Grainger のデータを引用）	・先進国 15～100 Mha（ヨーロッパ）、52 Mha（米国）、開発途上国約 700 Mha	・多くの論文をレビューしたものため根拠が具体的でない。なお、発展途上国のデータは Grainger (1980) に基づく。

[注] 算出方法のうちトップダウンは基準面積に植林可能の基準を掛け合わせて算出。
ボトムアップは物理的、技術的、気候的などの観点から植林可能面積を積み上げたもの。

地利用計画も十分に考慮する必要がある。灌漑技術などがさらに進展すれば砂漠地帯や乾燥地帯でも植林が可能になるので，植林可能面積は増加することも予想される。ここでは植林可能面積は断定的にはいえないが，少なくとも300 Mha程度は確保できるとされる。この場合，かりに炭素換算で毎年平均で5 tが固定されるとすれば，年間では15億tの炭素が固定されることになる。ただし，樹木の成長が一定になった段階ではCO_2の固定と放出がほぼ同じになるので，CO_2の正味の固定にはならなくなる。300 Mhaの面積は6.1節で言及したHallらの値の半分であり，この程度は植林が可能と判断してよい。

6.4　土壌中炭素の役割

　植林によってバイオマス量が増加することは明らかであるが，ここではバイオマスの成長と土壌中に貯蔵される炭素の関係をみることにする。光合成によって植物が成長すること，すなわち有機物が増加していく様は肉眼的にもわかるが，土壌中の炭素の振舞いについてはわかりづらい。しかし，炭素を固定するという観点からは，土壌中の炭素は分解しづらいので炭素貯留形態として有効に機能する。

　森林の場合，地表は落葉落枝（リター）とその腐朽分解物からなる堆積有機層，堆積腐植層などからなっている。落葉落枝は腐朽して徐々に砕片化し，さらに粉体化してペースト状になる。植物体の骨格をなすセルロースやリグニンなどの分解については，リグニンを分解できる微生物は白色腐朽菌など一部の菌類に限られるので，分解に伴いリグニンの割合が増える。落葉の分解速度は，一般に針葉樹より広葉樹が分解しやすい。湿潤地帯では1年以内に分解するが，高地や乾燥地では10年分以上の落葉が堆積することがある。

　さて，土壌中であるが，土壌生物が腐朽する過程で化学的に変質し，腐食（humus）と称する高分子有機化合物になって土壌に固定される。高橋によれば図6.1に示すように　土壌有機物の大部分はそのような高分子の「腐植物質」として存在し，分解されづらい安定な状態にある[16]。

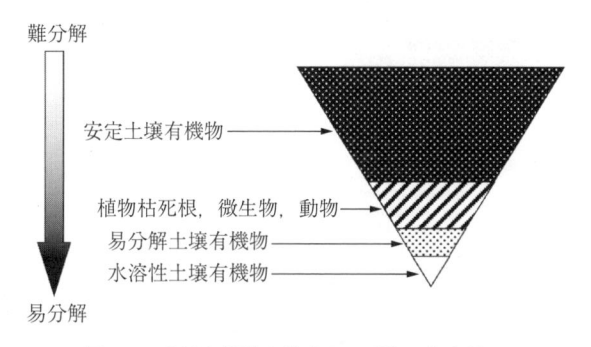

図 6.1 土壌有機物を構成する画分の存在量とその分解性の概念図

腐植物質はアルカリ性に対する溶解性，すなわち酸類としての性質に基づきさらに，フミン（humin），腐植酸，フルボ酸（fulvic acid）に区分される。腐植物質の区分や非腐植物質の分別は溶剤への溶解性という便宜的なものであるが，土壌や腐植化学では一般に用いられる手法といわれている。フミンは土壌中に含まれる動植物が分解してできた黒褐色の有機質である腐食（humus）のうち，溶剤によって抽出されない残留部分であり，粘土表面に強固に付着した最も分解しにくい形態の有機物である。腐植酸はフミン酸（humic acid）ともいい，土壌からアルカリ，弱酸のアルカリ塩などで抽出され酸で沈殿する腐食画分である。黒褐色を呈し分子量が 10^5 から 10^6 程度の高分子着色有機物であり，粘土や無機成分と結合して分解しにくい。フルボ酸は，土壌からアルカリ，弱酸のアルカリ塩で抽出され，酸によって沈殿しない腐食画分である。色調は淡く腐植酸より低分子の有機物を含み，その一部は移動性があり土壌深層まで浸透移動する成分として機能する。

地球全体の炭素分布をみると，陸域のバイオマスが約 600 Gt，大気中の炭素が 750 Gt なのに対して土壌に貯留されている有機炭素は約 1 600 Gt となり，バイオマスや大気中にある炭素の 2 倍から 3 倍にも達している。土壌は海洋につぐ炭素の貯蔵庫といえる。

図 6.2 は，森林タイプ別と植生の炭素貯蔵との関係を示したものである[17]。森林のタイプによって，植生に含まれる炭素や土壌中の炭素の量や割合が大き

154　　　6. 森 林 固 定

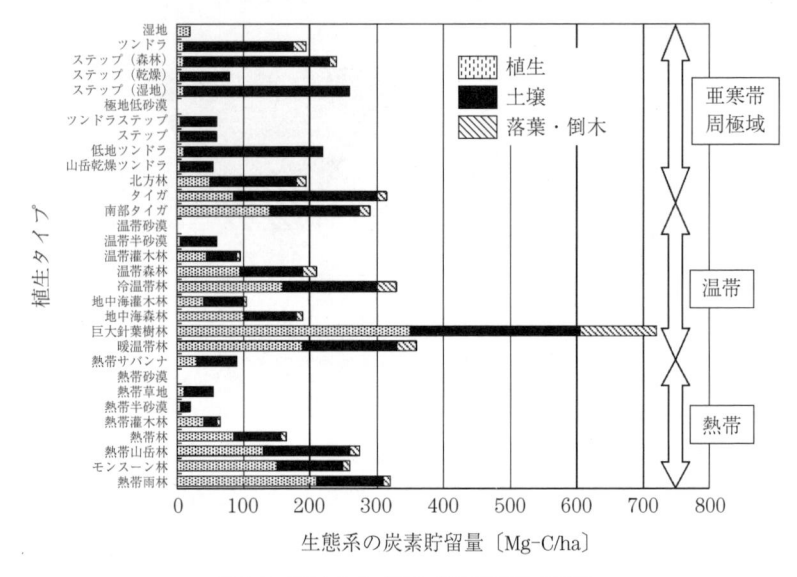

図 6.2　森林タイプ別と炭素貯蔵量の関係

く異なっていることがわかる。概していえば，熱帯雨林は地上植生に含まれる炭素量は多いが土壌中の炭素量は少ない。一方，落葉広樹林やタイガでは，地上植生の炭素に比べて土壌中の炭素の割合が大きい。土壌中炭素は地表から1m程度の深さまでの量であり，いかに地表から浅い土壌中に炭素量が多く含まれているかが理解できる。

Marlandらが植林だけをした場合と植林をして一定期間ごとに伐採してエネルギーとして利用し続ける場合，それぞれどの程度樹木や土壌に炭素が固定化されるかをシミュレーションした結果を**図 6.3**に示す[18]。想定したのは北米の南東部や中央ヨーロッパの生産性の高い森林で，60年後に1ha当りで蓄積量が炭素換算で100tとし，年間の成長量はha当り炭素換算で1.72tとした。

図6.3の（a）は植林して100年間の樹木と地表のリター（落葉落枝など）と土壌中の炭素量を示したものである。図6.3（b）は30年ごとに伐採し，石炭代替として燃焼して発電に供した場合である。図（b）では1kgの石炭は0.6kgのバイオマスと熱量的に当価としている。図（a）の場合は，100年間にわたって樹木に蓄積されていく炭素，地表の落ち葉や枯枝に含まれるリ

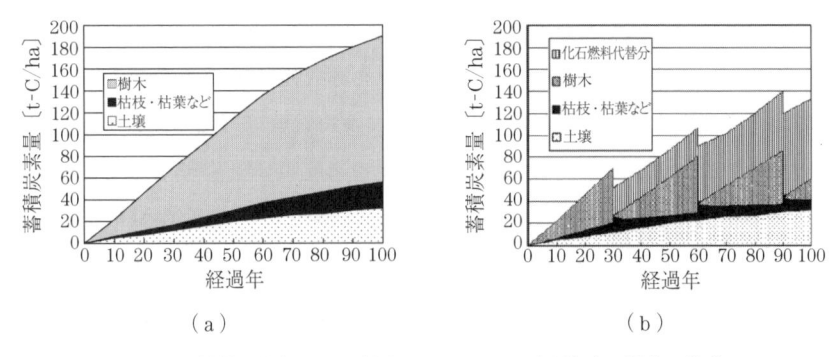

図6.3 植林と伐採による植生，リターおよび土壌中の炭素の挙動

ター，土壌中に含まれる炭素はともに時間とともに一様に増加し続ける。図（b）では30年ごとに樹木を伐採して発電に使う。当然ながらバイオマスを燃焼するので大気中にCO_2として放出されることになる。注目したいのは土壌中の炭素の蓄積量である。図（a）と図（b）の両方とも，土壌中の炭素の挙動は同じように増加し続けている。

30年という間隔で伐採と植林を繰り返した場合でも，土壌中には図6.3で示したような過程で有機物が安定な土壌中炭素として蓄積されるということは，植林でも，エネルギーとして利用するためのエネルギー植林であってもCO_2固定に大きな効果があることを示している。特に，後者ではCO_2固定に関しては二重の効果があることになる。

土壌中炭素の挙動にはまだまだ不明点があり，蓄積量も人為的な活動で減少しているとの報告もあるので今後の研究活動に期待したい。

6.5 バイオマスエネルギー利用によるCO_2削減の効果

バイオマス，特に樹木はそれ自身CO_2を固定化するが，この効果は極相群樹林になるまでであり数十年から100年程度である。したがって，樹木によるCO_2固定化効果はある程度の時間稼ぎであり恒久的ではありえない。Hallも指摘しているように，バイオマスをエネルギー源として利用できれば，その分

だけ化石燃料を削減できる。バイオマスはカーボンニュートラルと称される。カーボンニュートラルとは，バイオマスは大気中のCO_2を光合成で固定したものなので，固定した分だけ燃焼してエネルギーとして利用し，大気中にCO_2を放出しても，大気中のCO_2濃度には変化を与えないというものである。バイオマスを化石資源代替として利用すれば，結果としてCO_2削減に貢献できることになる。実際には，植林，管理，伐採，輸送，エネルギー変換，利用過程において，化石資源を使うのでカーボンニュートラルすなわちCO_2排出はゼロではない。どの程度カーボンニュートラルかは，ライフサイクル分析によって明らかにできる。以下，エネルギープランテーションによって，化石燃料の使用削減の可能性について述べたい。この方法は樹木などバイオマスの成長に伴う直接的なCO_2固定ではないが，恒久的に化石燃料の削減に貢献できる。

6.5.1 植　　　林

ここで成長の速い樹木，例えばユーカリであるとかポプラを，6年ごとに伐採と植林を繰り返すサイクルを考えてみよう。プランテーションの規模については，30 km四方の9万haの大きさを想定した。バイマスの成長量は，年間1 ha当りの乾燥重量で10 tとした。炭素として約5 tが固定されることになる。バイオマスの発熱量は4 500 kcal/kgと仮定した。成長量は，これまで熱帯・亜熱帯地域において報告されているユーカリの成長速度の最大値20 tの半分であり十分達成可能な値である。

この生産を維持するために間伐，施肥や農薬散布などにエネルギーが投入されることはいうまでもない。表6.5に，ポプラ植林のエネルギー投入量として，Turhollowらが提示した持続的植林に必要な投入エネルギーを示す[19]。この数値の算出根拠はそれほど明確ではない。整地，機械，伐採，輸送についてはそれぞれの燃料の使用量は含まれるが，肥料や農薬の製造エネルギーは含まれていない。使用する軽油，天然ガス，電気について前二者は燃焼によるCO_2排出，後者は電源構成を基礎にCO_2排出量を考慮しなくてはならない。これらに関しては，わが国の排出原単位を用いた[20]。

6.5 バイオマスエネルギー利用によるCO_2削減の効果

表6.5 持続的植林に必要な投入エネルギー

	1 ha の平均エネルギー〔GJ〕			
	軽油	天然ガス	電気	計
整地	0.14	—	—	0.14
肥料				
N〔50 kg/ha/年〕	0.16	2.73	0.15	3.04
P_2O_5〔15 kg/ha/年〕	0.05	0.05	0.09	0.19
K_2O〔15 kg/ha/年〕	0.03	0.03	0.04	0.10
農業	0.29	0.10	0.02	0.41
機械	0.17	—	—	0.17
伐採	7.31	—	—	7.31
輸送	2.40	—	—	2.40
総エネルギー〔GJ/ha〕	10.55	2.90	0.30	13.76

　この数値は，植林を行う地域特性によって変わる．Turhollow らは米国でのプランテーションを想定して試算しており，伐採にかかわるエネルギーが約70%を占めている．筆者がブラジルで見聞きしたパルプ製造のための植林の場合は，農薬にかかわるエネルギーが大きな比重を占めていて，かつ全体の投入エネルギー値も小さかった[21]．これは植林，伐採や維持管理に機械に代わって多数のマンパワーが使われているためである．開発途上国でエネルギープランテーションを実施する場合は，このような現地での雇用の創出や確保という経済的，社会的な貢献も見逃せない．

6.5.2 バイオマス発電

　プランテーションにより得られた木材により発電するケースを想定した．これを**表6.6**に示す．9万 ha の植林面積の6分の1を毎年伐採するので，得られる木材量は90万 t になり，単位 kg 当りの発熱量を 4500 kcal としたので，年間では 4.05×10^9 Mcal（$M=10^6$）になる．

　これを発電に使う場合，送電端効果を22%，発電所の稼働率を60%と仮定すると，発電電力量は1年間で約10億 kWh となる．これは発電所規模としては約20万 kW に相当する．送電端効率に関しては，石炭火力の場合は35

表6.6 植林とバイオマス発電システム

条件	
植林面積〔ha〕	9.00×10^4
発電所の送電端効率〔%〕	22
発電所の稼働率〔%〕	66
年間伐採面積〔ha〕	1.50×10^4
年間木材生産量〔t/年〕	9.00×10^5
年間木材発熱量〔kWh/年〕	4.05×10^9
発電所電力量〔kWh/年〕	1.04×10^9
発電所規模〔kW〕	1.97×10^5
チップ化による電力消費量〔kWh/年〕	7.49×10^4
正味の発電電力量〔kWh/年〕	1.04×10^9

%程度であるのに対して，バイオマス発電では22%とやや低い値を設定した。これはバイオマス発電が石炭火力発電に比較して，スケールメリットの効果が期待できないこと，バイオマスは水分を重量で半分程度含むので単位重量当りの発熱量が小さいことによる。しかし，将来は改良された発電方式により効率改善が図られ石炭火力発電の効率に近づくと期待できる。例えば，バイオマス発電でもガス化複合発電（integrated gasification combined cycle：IGCC）により，発電効率の大幅向上が期待できる。また，木材の前処理としてチップ化を想定しているが，チッピングに必要なエネルギーは発電電力量に比べると相対的に小さい値である。

6.5.3 LCAによるCO_2の削減効果の評価

さて，持続的な植林，伐採により得られたバイオマスを発電に使用した場合，CO_2の削減効果はどの程度になるのであろうか。バイオマスが持続的な方法で半永久的にエネルギー資源として入手できるとし，これを使用してエネルギー変換したと仮定する。プランテーションの面積を9万haとすると，1年間で得られる正味の電力エネルギーは1.04×10^9 kWh（8.96×10^{14} cal）となる。この電力を製造するために石油や石炭の燃焼で排出されたであろうCO_2が削減できたことになる。

しかし実際には，植林のための地拵えや運搬のために軽油を使ったり，肥料

を製造するために化石燃料由来の電力も使用する。また，間伐や伐採のために機械を使うし，除草剤や殺虫剤なども使うので，このための化石燃料の使用量も考慮しなければ正確ではない。

一方，発電する側でも考慮しなければならないことがある。すなわち，発電により電力を作り出すためには発電所を建設しなければならない。バイオマス発電も石炭火力発電も基本的には同じ仕組みで発電するので，大型の石炭火力発電所にならって，建設にかかわる資材やエネルギー投入量を計算した。現時点では，バイオマス発電は最大規模でも10万kW程度であるが，この発電所建設に関する情報が得られないので，情報が入手できる石炭火力発電所のデータを参考にして推定した。すなわち，経験則である0.7乗則を適用した。以下に，このようなバイオマスの植林，伐採，運搬や発電所建設にかかわる化石燃料使用に伴うCO_2を考慮したいわゆるライフサイクル分析を行った結果を紹介する。

結果をまとめて**表6.7**に示す。植林によるCO_2排出量は前述した仮定に基づき推定した値である。すなわち，100万kWの石炭火力発電所を基準として，前述したように，バイオマス発電所建設の資材や投入エネルギーは0.7乗に比例するものとした。100万kWの発電所に必要な資材量は内山らのデータを用いることにした[22]。ちなみに，100万kWの石炭火力発電所の建設資材としては，鋼材62 200 t，アルミニウム624 t，コンクリート178 320 t，石炭14 339 t，石油709 t，電気12 700 MWhが必要である。したがって，鉄鋼，ア

表6.7 バイオマス発電によるCO_2削減効果

面積〔ha〕	9×10^4
植林によるCO_2排出量〔t-CO_2/年〕	8.46×10^4
発電所建設によるCO_2排出量〔t-CO_2/年〕	1.44×10^3
CO_2総排出量〔t-CO_2/年〕	8.60×10^4
石炭火力発電所代替によるCO_2削減量〔t-CO_2/年〕	1.06×10^6
正味の削減量〔t-CO_2/年〕	9.73×10^5
正味の削減量（炭素換算）〔t-C/年〕	2.65×10^5
1 ha当りの正味の削減量〔t-C/ha/年〕	2.94

ルミニウム，コンクリートなどの製造に伴う CO_2 排出量の排出原単位を知らなくてはならない。この原単位はそれぞれの資材を国内で生産することと仮定し，海外の港から出てからの排出を積算することにした。これによれば，鋼材，アルミニウム，コンクリートそれぞれを1 kg製造するためには，1.18 kg，2.035 kg，0.099 kgの CO_2 を排出している[18]。この場合，発電所の耐用年数を30年としている。表からわかるように，発電所建設による CO_2 排出量は年間で1 440 tとなる。

　植林と発電所建設から排出される CO_2 を比べると，後者は前者の1.7%程度である。したがって，発電所建設の資材の CO_2 排出量はそれぞれの生産地での掘削，輸送，精錬などからの排出量を含めても植林からの CO_2 排出量に比較すれば数%以下といえる。

　さて，バイオマス発電による正味の CO_2 削減効果はどうなるのであろうか。バイオマス発電所での電力が石炭火力発電所から生産されるとした場合の CO_2 排出量から，植林と発電所建設にかかわる CO_2 排出量を差し引いた値が求めるものになる。表6.7の下段に示すように，1年間で9万haのエネルギープランテーションで，CO_2 として約97万t，炭素換算では26.5万t削減されることになる。

　これを1 ha当りにすると，年当り炭素換算基準で約3 tとなる。1年間1 ha当り炭素換算で約5 tの固定能力のあるバイオマスを使ってエネルギープランテーションを行うと仮定してあるので，このうち約3 t分の炭素が石炭代替として利用されることが理解できる。いいかえれば，持続的な植林を行って収穫されるバイオマスで発電し続ける限り，年間1 ha当り炭素換算で3 tに相当する石炭使用による CO_2 を削減していることになる。したがって，かりに植林面積を1 Mha（100 km×100 km）とすれば，炭素換算で300万tの CO_2 を削減できることになる。なお，本システムによるバイオマス発電所のエネルギーペイバックタイムは 10^{-2} 年程度となり，植林や発電所に必要なエネルギーは，発電されるエネルギーに比べて実質的に無視できうることがわかる。

　以上のバイオマスプランテーションを利用した発電システムによる CO_2 削

減効果は，持続的な植林に必要なエネルギー投入量により大きく変わることが予想される。しかし，一般的にいえば，バイオマス発電はリグノセルロースからのエタノール製造やBTL（biomass to liquid）に比べて，化学的な工程が少ないためにCO_2削減効果が大きい。

6.6 おわりに

CO_2固定に関してはいくつもの手法があり，それぞれの長所も短所もある。生物的なCO_2固定化は植物を利用するために，その光合成機能に依存せざるをえないために時間がかかる。また，その光合成の太陽光利用効率に限界があることから，広大な土地が必要になる。しかし，植林などによるCO_2固定は即効的ではない反面，環境に対して多くのプラス面がある。土壌や水資源の涵養，微気象の緩和，生物多様性への貢献，景観の創生や維持などがある。さらにエネルギーやマテリアルとして利用した場合は，産業創生による経済面の効果のほかに地域の活性化や雇用促進にも寄与できる。植林によるCO_2固定化に関してはこのような社会的な効果も見逃せない。

引用・参考文献

1) D. O. Hall et al.：Nature, **353**, 11 (1991)
2) D. O. Hall et al.：Renewable Energy, Ed. By T. B. Johansson, H. Kelly, A. K. N. Reddy, R. H. Williams and L. Burnham, p.598, Island Prerss (1993)
3) N. El. Bassam：Energy Plant Species, p.6, James & James Ltd. (1998)
4) ibid., p.7
5) 品田 泰ほか：電力中央研究所報告，U 91054, p.6 (1992)
6) アレキサンダー・メイサー（熊崎 実訳），世界の森林資源，p.34, 築地書店 (1992)
7) 杉山大志ほか：電力中央研究所報告，Y 95005, p.1 (1995)
8) A. Graigner：Intl. Tree Crop.J., **5**, p.31 (1988)
9) R. A. Houghton et al.：Global Climate Change, Scientific American. **260** (4), p.18 (1989)

10) R. A. Houghton：AMBIO, **19** (1990)
11) N. Myers：Biomass., **18**, p.73 (1989)
12) T. D. Bekkering：AMBIO, **21** (1992)
13) J. K. Winjum et al.：Water, Air and Soil Pollution, **64**, p.213 (1992)
14) Nakicenovic et al.：Energy The Intl. J., **18**, p.97 (1993)
15) IPCC：review draft 19 (1994)
16) 高橋正通：森林立地, **42**(2), p.61 (2000)
17) Adams ホームページ：http://www.esd.ornl.gov/projects/gen/carbon.html
18) G. Marland et al.：Biomass and Bioenergy, **13**(6), p.389 (1997)
19) F. Turhollow and R. D. Perlack：Biomass and Bioenergy, **1**, p.129 (1991)
20) 田原聖隆ほか：化学工学論文集, **23**, p.884 (1997)
21) 横山伸也：資源と環境, **5**, p.431 (1996)
22) 内山洋司, 山本博巳：電力中央研究所報告, Y 91005 (1992)

7. 温暖化対策と社会システム

7.1 長期エネルギー需給

7.1.1 はじめに

　人類の産業経済活動から排出される温室効果ガスによる地球温暖化問題の深刻化が懸念されている。人為的に排出される温室効果ガスの中で最も影響力を有すると考えられているのは二酸化炭素（以下，CO_2）であり，産業経済活動から排出される CO_2 のほとんどは，エネルギーシステムにおける石油や石炭などの化石燃料の燃焼によるものである。CO_2 の大気中の滞留年数は数十年から200年程度と考えられており，大気中 CO_2 濃度上昇を抑制するためには，エネルギーシステムからの CO_2 排出量の大幅削減を長期間にわたり実施することが必要であると考えられている。

　地球温暖化問題は1980年代の後半から政治的にも注目を集め，それ以来これまでにもさまざまな CO_2 排出量削減技術が検討されており，個々の削減技術の実現可能性やそのポテンシャル，経済性評価などがそれぞれの専門分野において進められてはいる。しかし，これまでの評価結果によると，なにか単独の対策技術だけでは CO_2 排出量の大幅抑制は困難であり，複数の方策による総合的なアプローチを取らざるをえないであろうと考えられている。すなわち，特効薬的な CO_2 排出削減技術は見つかっていない。このような状況下で，CO_2 排出量の大幅な削減策として，昨今注目を集めているのが CCS である。CCS は，1977年に Marchetti 博士によって提案[1]された斬新なアイデアであるが，化石燃料やバイオマスなどの炭素を含む燃料を燃焼させた際に発生する

排ガスからCO_2を分離回収し，それを地中や海洋に貯留することによって，大気中へのCO_2排出量を削減する技術である．

（1） マクロ指標の長期傾向

本節では，人為的なCO_2の大気中への排出量の歴史的な長期トレンドを理解するために，化石燃料の燃焼による大気中へのCO_2排出量，1次エネルギー消費量，そして経済活動（GDP：gross domestic product，国内総生産）という集計化されたマクロ指標の相互の関係をつぎのいわゆる「茅の恒等式」を通して見てみる．

$$CO_2 = \frac{CO_2}{Energy} \times \frac{Energy}{GDP} \times GDP \qquad (7.1)$$

ここで，CO_2：化石燃料の燃焼による大気中への世界全体のCO_2排出量，$Energy$：世界全体の1次エネルギー消費量，GDP：世界全体の国内総生産額である．

図7.1には，世界全体のCO_2排出量，1次エネルギー消費量，そしてGDPというマクロ指標の変化（1971年時点を1として規格化）を示す．また，$CO_2/Energy$，$Energy/GDP$の変化も示す．図7.1に見るように，GDPの増加幅に対して，CO_2排出量の増加幅は小さくなっているが，これは$CO_2/Energy$，$Energy/GDP$の二つの項が，年々小さくなる傾向があるからである．

$CO_2/Energy$の減少は，石炭から天然ガスへの転換や，水力や原子力などの非化石エネルギーの利用拡大の効果，いわゆる「燃料転換」の効果を反映している．$CO_2/Energy$の過去33年間（1971〜2004年）の平均的な変化率は年率-0.3%であるが，最近は下げ止まりつつある．

一方，$Energy/GDP$の減少は，

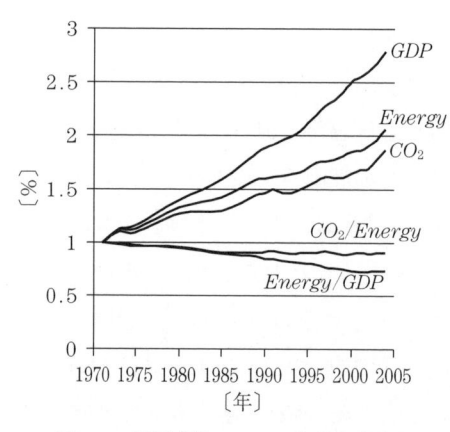

図7.1 世界全体のマクロ指標の推移[2]

エネルギー利用効率の改善，いわゆる「省エネルギー」の進展が背景にあるが，過去33年間の平均的な変化率は，年率－0.9%である．ただし，図7.1に見るように最近は，減少ではなく若干の増加傾向にあることには注意が必要である．地球温暖化への懸念が高まり，全世界的に省エネルギーへの関心が高まっているはずであるが，実際にはエネルギー利用効率は悪化の傾向にある．

ここに示した $CO_2/Energy$，$Energy/GDP$ の変化の傾向は，じつは過去数世紀の長期データを分析しても，それぞれ－約0.3%，－約1.0%で変化していることが知られている．GDP の成長率を年率1.3%以上に保つと，CO_2排出量を現状レベルよりも削減することは，過去数世紀の歴史的な長期トレンドを変えるほどの難しい試みであると予想される．また逆に，この長期トレンドが今後も続くと仮定すると，世界全体の GDP の成長率を0%に止めると，CO_2 排出量の削減は年率－1.3%で進み，その結果50年後には $(1-0.013)^{50}$ $≒0.52$ となり，CO_2 排出量をほぼ半減できることになる．

（2）　第3番目の CO_2 排出削減対策技術

エネルギーシステムからの CO_2 排出削減対策には，「省エネルギー」の推進，炭素依存度の小さいエネルギー資源への「燃料転換」に加えて，化石燃料の燃焼によって発生した CO_2（CO_2 発生）の一部を回収し，地中や海中に貯留することにより大気中へ排出される CO_2（CO_2 排出）を削減する CCS と呼ばれる対策が存在する．CCS を考慮に入れた茅の恒等式の拡張版はつぎのようになる．

$$CO_2 排出 = \frac{CO_2 排出}{CO_2 発生} \times \frac{CO_2 発生}{Energy} \times \frac{Energy}{GDP} \times GDP \tag{7.2}$$

従来は，そのまま大気に排出された CO_2 を，その他の大気汚染物質と同様に回収し，大気から隔離するというアイデアである．ところで，大気から隔離するために，排ガスなどから CO_2 だけを回収する理由は，その量が膨大なことから，CO_2 以外の気体はできるだけ取り除いたほうが，エネルギー効率的にも経済的にも，隔離がしやすいからである．2007年の日本の CO_2 排出量は年

間約13億tであったが，瓦礫を含む日本の産業廃棄物の発生量は約4億tであった。CO_2は無色の気体であるため気がつきにくいが，われわれの社会が排出する最大の廃棄物なのである。

前述したように，「省エネルギー」や「燃料転換」という対策技術は，マクロ指標にみる安定した長期トレンドを考えると，急激に進展させることは困難ではないかと予想される。このことから，この第3番目の対策であるCCSが，CO_2排出量の大幅な削減を実現するための切り札的な技術として注目を集めるようになっている。

CCSの導入には追加的な設備費が必要であり，その運用には追加的なエネルギー（燃料や電力）も必要となる。そのためCCS導入による正味の排出削減効果を評価するためには，エネルギーシステム全体を考慮した包括的評価が必要となる。CCSは大規模に実施された例は少なく，地球温暖化対策としての物理的・経済的な有効性に関してはまだまだ不確実な点も多いことには注意が必要である。本節では，CCSに期待される長期的な役割や可能性を見るために，エネルギーモデルに基づいたCO_2排出量制約下における長期エネルギーシナリオを見ることにする。

7.1.2 エネルギーモデル

各種エネルギー資源の需給バランスなど，エネルギーシステムにおける諸量に関する定量的関係を，数式として表現したものがエネルギーモデルであり，エネルギーモデルを用いることで，人口変化，経済成長，技術革新，環境対策などの将来シナリオが，エネルギーシステムの今後の展開にどのような影響を及ぼすかを評価できる。最近のエネルギーモデルは，CO_2排出抑制ケースに対応できるように，CCSを考慮に入れたものが増えている。

エネルギーモデルのモデル化の方法は，トップダウン型アプローチとボトムアップ型アプローチの大きく2種類に分けられる。トップダウン型アプローチでは，GDPやエネルギー消費量に関する統計値などの集計化されたマクロ経済変数に基づくもので，例えば，エネルギー需要の価格弾性値などの概念に基

づく需要関数や生産関数を用いて定式化する方法などである．モデルのパラメータの多くは，過去の経済統計データなどに基づいて帰納法的に設定されるため，トップダウン型アプローチの計算結果は見掛け上は現実の統計値に比較的適合しやすく，また集計量に基づくためモデルの前提条件の変化に対しても比較的安定した結果が得られる．しかしながら，CCS などの非在来型の新しい対策技術に関しては，関連する過去の統計データなどの集計値が存在しないため，モデルのパラメータの設定には多くの仮定を導入せざるをえないという問題点がある．また，CO_2 排出削減対策の評価という観点からは，トップダウン型アプローチは，対策コストを一般に過大評価するバイアスがある．これは，トップダウン型アプローチでは，無対策時の均衡状態を経済的には最適な状態であるとし，その状態からの任意の変化には必ず追加コストが発生すると多くのモデルで想定されるからである．実社会では最適な均衡状態が実現されているとは限らず，CO_2 排出削減策を実施することで，現状の悪い状態を脱して，より良い経済状態へと近づける可能性がないとはいえない．

一方，ボトムアップ型アプローチは，発電や燃焼などの個々の工学的なエネルギー利用プロセスを一つ一つ積み上げて対象システム全体を表現するものである．モデルのパラメータの多くは，エネルギー変換効率などの工学的に定義されるパラメータであり，社会におけるエネルギーフローを，与えられた断片的なデータから演繹法的に推定することになる．一般にパラメータ選択の自由度が非常に高いため，システム総コストを最小化するエネルギーシステムが実現されることを前提として，パラメータの自由度を減らす場合が多い．計算結果がエネルギー利用機器の導入容量や運用パターンなどとして得られるため，結果の解釈が容易であり，工学的な制約条件がエネルギーシステムの構成に与える影響などを明示的に評価できる．しかし，社会的制約，不特定多数の消費者の選択行為，社会的受容（パブリックアクセプタンス）など，自然科学的な原理に基づかない事象を考慮するには，各種の制約条件を恣意的に追加するなどの，その場しのぎの方法で対応せざるをえない．また，ボトムアップ型アプローチでは，CO_2 排出削減対策の評価という点では，対策コストを一般に過小

評価するバイアスがあるといえる．これは前述したように，自然科学には基づかない社会的制約などを考慮することが難しいため，例えば新技術の普及に対する社会的・心理的な障壁を軽視した計算を行うことになるからである．

エネルギーモデルにおいては，エネルギーシステムの供給サイドはボトムアップ型で，需要サイドはトップダウン型でモデル化する場合が多い．コンピュータの能力の向上に伴い，詳細なモデルを取り扱えるようになったため，どちらかといえばボトムアップ型アプローチでモデル化できる範囲が拡大する傾向にある．

7.1.3 DNE 21 モデルによる長期シナリオ

エネルギーモデルを用いると，エネルギーシステムに関する種々の制約条件を整合的に考察できるため，変換効率，資源量制約，各種コストなどの各種パラメータを包括的に考慮した合理的なシステムに関する長期シナリオを描ける．そして，そのシナリオを分析することで，温暖化対策技術に関するさまざまな知見が得られる．ここでは，筆者らの研究室が，財団法人地球環境産業技術研究機構と共同で開発したエネルギーモデル DNE 21 (Dynamic New Earth 21)[3),4)] を用いた長期エネルギーシナリオについて述べる．

（1） DNE 21 モデルの概要

このモデルは，世界各地域の特性を考慮に入れるため，世界を10地域に分割して計算を進めている．図 7.2 には地域分割の様子を示す．

これらの10地域間には，天然ガス，石油，石炭という在来型燃料に加え，メタノール，水素という新燃料と，発電所などで回収された CO_2 の輸送が考慮されている．また，本モデルの計算対象期間は，2000 年から 2100 年までの 100 年間であり，この期間中の現在価値換算（本稿での割引率は 5%/年）されたエネルギーシステム総コストが最小となるエネルギーシステム構成を算出する．システム総コストには，1次エネルギー供給コスト，エネルギー輸送コスト，CO_2 回収貯留コスト，各種エネルギープラントの設備費・運転保守費，省エネルギーコストなどが含まれる．

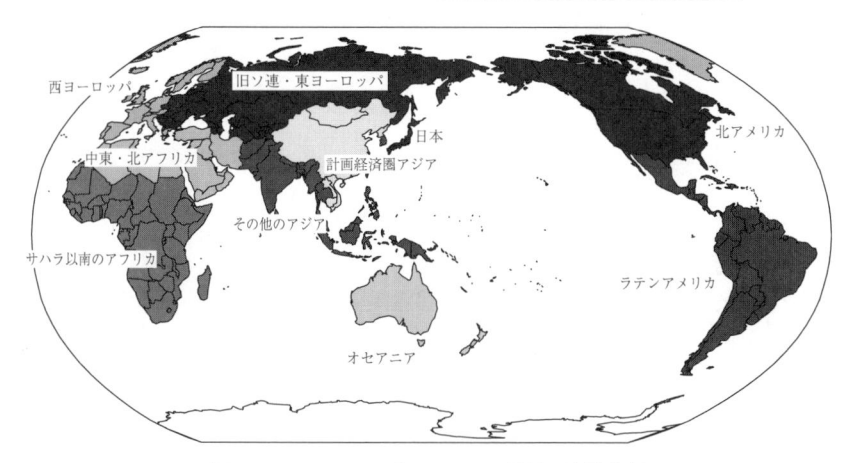

図7.2 DNE 21 モデルにおける世界の地域分割

将来のエネルギー最終需要については あらかじめシナリオとして与えているが，ここでは CO_2 問題を議論する際に標準シナリオとしてしばしば引用される IPCC による SRES の B 2 シナリオに準拠している。この SRES の B 2 シナリオに関しては，後でもう一度説明する。なお，ここでは記述の簡便化のため，エネルギー単位として（石油換算 $1t=10^7 kcal$）を用いる。**図7.3** には最終エネルギー種別の世界エネルギー需要シナリオ（2000～2100 年）を示す。また，**図7.4** には DNE 21 モデルで想定された地域別エネルギーシステム構成の想定図を示す。

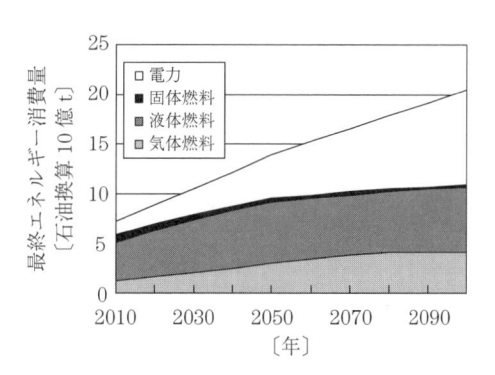

図7.3 最終需要部門別の世界エネルギー需要シナリオ

（2） CO_2 制約下を考慮に入れた最適エネルギーシステム構成

ここでは，CO_2 制約下での対策技術の評価を目的に，DNE 21 モデルを用いて，以下の 2 通りのケースを想定した最適化計算を行った結果を示す。

・無制約ケース

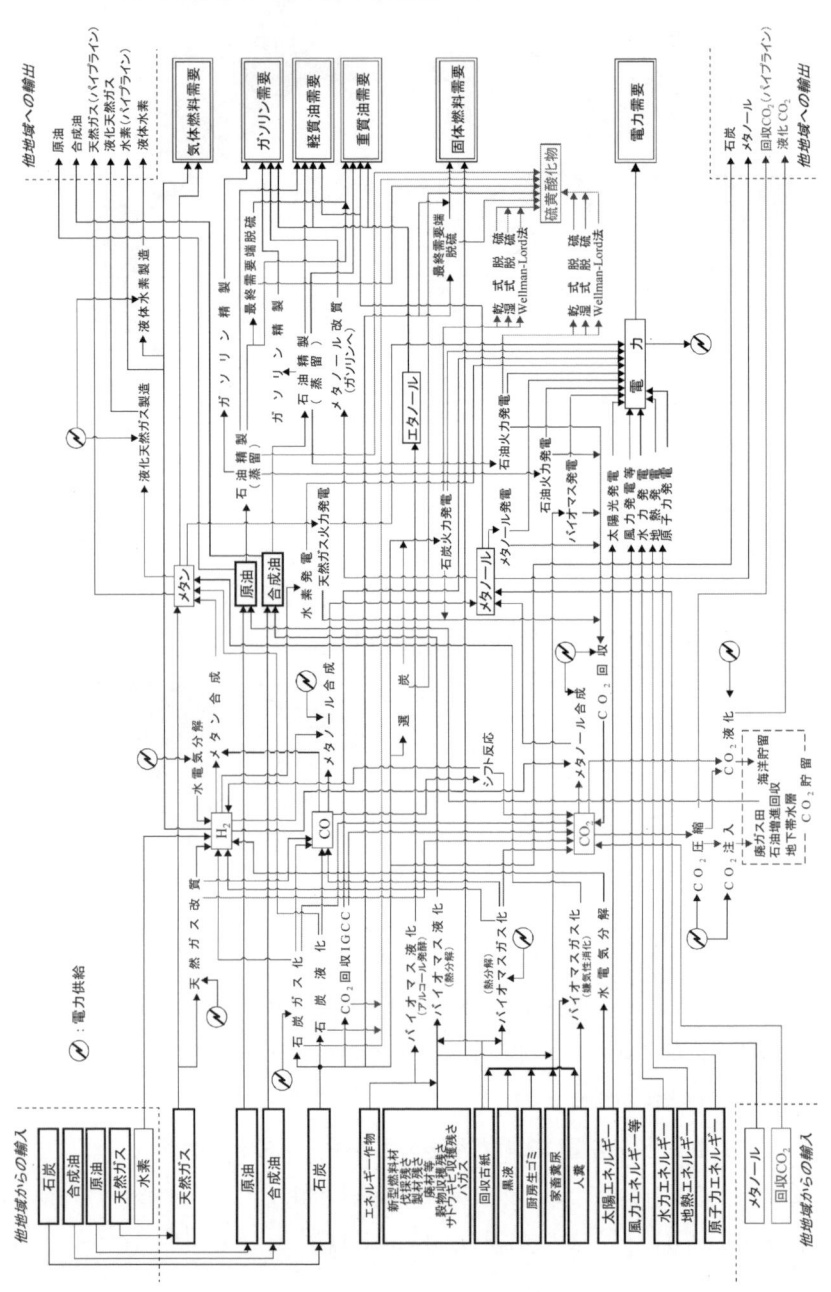

170   7. 温暖化対策と社会システム

図 7.4 地域別エネルギーシステム構成の想定図

・CO_2制約ケース（550 ppm 大気中濃度安定化）

両ケースの計算結果を比較することで，温暖化対策を考慮したエネルギー戦略の洞察を得られるものと考えられる。

まず図7.5には，両ケースにおける2100年までの1次エネルギー生産の推移を示す。両ケースを比較すると，最も大きな違いが見られるのは石炭の生産量であることがわかる。図（a）の「無制約ケース」では石炭の供給量を大幅に増加させ，21世紀は再び「石炭の世紀」としたほうがシステム総コストが安価になることがわかる。一方，図（b）の「CO_2制約ケース」では，石炭による発電と合成燃料の生産は抑制し，1次エネルギーにおける石炭供給を厳しく減少させている。石油や天然ガスの生産量の推移についてはあまり大きな変化はなく，「CO_2制約ケース」であっても，21世紀中は化石燃料への依存度が高い状態が続く可能性が高いことが見てとれる。

（a）無制約ケース　　　　　（b）CO_2制約ケース

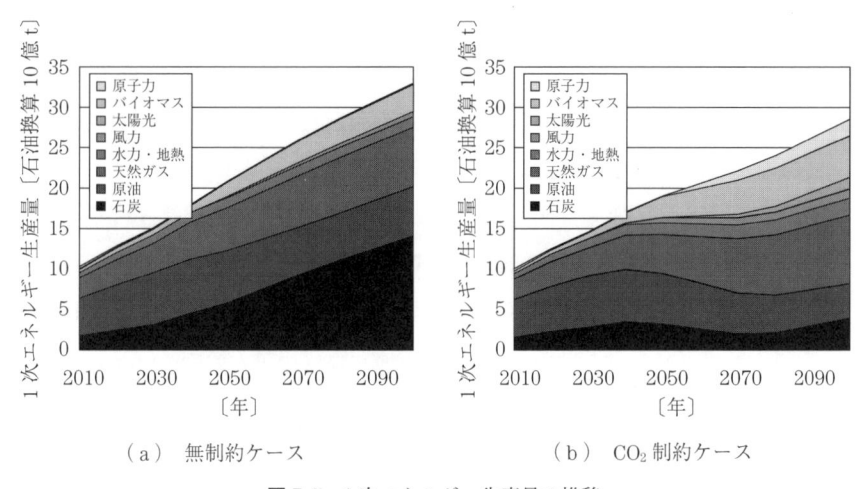

図7.5　1次エネルギー生産量の推移

なお，これらの化石燃料の資源量に関しては，未確認の推定埋蔵量や予測埋蔵量も含めている。

「CO_2制約ケース」では，非化石エネルギーの中では特に，バイオマスの生産量を増加させたほうがよいとの結果を得た。ただし，バイオマスエネルギーの大規模利用に関しては，これまでの実績が限られており，まだ認識されてい

ない技術的・社会経済的な障壁があるかもしれない点には注意が必要である。また，バイオマスエネルギーは国別には偏在している。例えば日本の場合，国土の全森林を利用しても必要な1次エネルギー供給量の5%程度しかまかなえず，実質的な有効性はかなり限定されると考えたほうがよい。

一方，太陽光発電や風力発電に関しては，技術進歩によるそれらの発電単価の低減を見込んでも，それらの発電規模を電力系統容量のある一定割合以下に抑える必要があるため，貢献度が限定される結果となった。しかし，電力貯蔵技術や電力系統連系技術の進歩などにより，出力の不安定性に関する問題が解消されれば，この制約は将来的には緩和される可能性が十分ある。太陽光発電の場合，エネルギーの変換効率は高いため，バイオマスエネルギーと比較すると，土地面積に関する制約はけた違いに小さいものと考えられる。

原子力発電所に関しては，設備容量に地域別，時点別に設備容量に上限（世界全体で1500 GW）をあらかじめ設けているため，「CO_2 制約ケース」でも大幅な拡大を見せていない。ただし，この程度の発電を行うだけでも，原子力発電所の方式として現在主力である軽水炉の利用を前提とすると，地上のウラン資源のほとんどを使い切ってしまう見通しとなる。

前述したように，CO_2 排出量削減方策は大きく3種類に分けられるが，図7.6には，各種対策技術の貢献度を推定した結果を示す。

図7.6のすべての層を積み上げた値が，「無制約ケース」の排出量に相当し，正味排出量の層が「CO_2 制約ケース」の排出量となっている。各層の厚さが，各種対策技術の貢献度を表現している。なお，図7.6のCCSは，地中貯留と海洋貯留の両者の合計である。これら三つの対策技術による削減効果は，図7.6に示すように，はからずもたがいに同程度の大きさとなってい

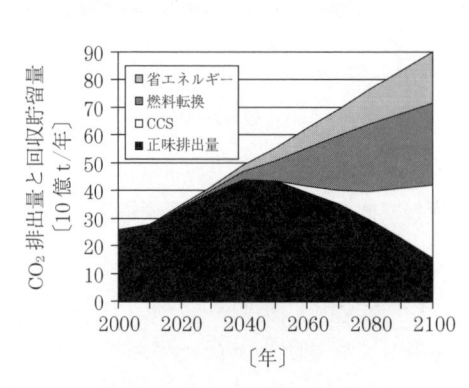

図7.6　各種対策技術の貢献度

る。このことは，CO_2 を大幅に削減するためには，省エネルギーから CCS に至るすべての方策を考慮に入れた，複合的なアプローチをとることが，コスト最小化の観点からは最も望ましいことを示唆している。

7.1.4 IPCC 報告書にみる CO_2 排出量シナリオ

IPCC では，今後の地球温暖化による気候変動を予測するために，長期的な温室効果ガスの排出シナリオをいくつか公表している。その中で 2000 年に発表された排出シナリオに関する特別報告書 (Special Report on Emissions Scenarios：SRES)[5] で示されたマーカーシナリオと呼ばれる基準シナリオは有名であり，長期シナリオを作成する際にしばしば引用される。また，2005年に発表された CCS に関する特別報告書[6]では，SRES での結果に基づいて，CCS の導入量などに関する評価結果が報告されている。

（1） SRES 基準シナリオ

CCS の役割の評価には，CO_2 排出削減対策を実施しなかった場合の排出量シナリオが比較対象の基準として必要である。このような CO_2 排出量の基準シナリオとして SRES 基準シナリオが参照されることが多い。その SRES では，2100 年までの将来の基準シナリオとして 4 種類の社会経済シナリオ（A1，A2，B1，B2）が提示されている。

A1 は「高度成長社会シナリオ」であり，これはさらに 3 通りに分かれて，A1FI は「化石エネルギー源重視」，A1B は「エネルギー源のバランス重視」，A1T は「非化石エネルギー源重視」となる。A2 は「多元化社会シナリオ」，B1 は「持続発展型社会シナリオ」，B2 は「地域共存型社会シナリオ」となる。

これらのシナリオを特徴付けるエネルギーモデルのおもなパラメータとしては，以下のものがある。

① 世界全体ならびに地域別の人口数の変化と経済成長率
② 以下の各種資源や技術のコストや利用可能量
・世界全体ならびに地域別の化石燃料資源の利用可能量

174   7. 温暖化対策と社会システム

- 火力発電所や水素製造プラントなどの各種エネルギー変換技術の特性
- 自然エネルギーや原子力という非化石エネルギーの利用可能量

③ 各種エネルギー関連技術の技術進歩率（コスト低減や効率向上）の想定
④ 産業・民生・運輸などの部門別のCO_2排出構造

SRES では，それぞれのシナリオのパラメータ設定に基づいて，世界各国の研究機関によって独立に作成された複数のエネルギーモデルを用いて，2100年までのエネルギー需給シナリオやCO_2排出シナリオを計算した結果がまとめられている。例えば，1990年から2100年までの世界全体の累積的なCO_2排出量は，2.9兆～9.2兆tと見積もられている。なお，1992年に公表されたIPCC の古い排出シナリオ[7]でも，ほぼ同様の2.9兆～7.9兆tの累積排出量が示されている。

図 7.7 には，SRES に記載された排出シナリオの様子を示す。技術進歩の想定や各研究機関で用いられたモデル構造の違いから，類似の社会経済シナリオのパラメータに対しても，広範にばらついた排出シナリオが生成されていることがわかる。エネルギーモデルに基づく長期シナリオの作成には，いかに大きな不確実性があるかがわかる。

（2） エネルギーモデルによる CCS 技術の貢献度評価

CCS 技術の導入量はCO_2排出量制約の厳しさに依存する。すなわち，（1）で述べた基準シナリオでのCO_2排出量が大きく，そして排出量の上限制約が低いほど，CCS 技術の導入量は大きくなると考えられる。前述したようにCO_2排出削減方策は，「省エネルギー」の推進，炭素依存度の小さいエネルギー資源への「燃料転換」，そして「CCS」の実施と大きく3通りに分類できるが，これらのいずれか一つの技術のみでCO_2排出量の大幅な削減は困難であろうことが予想されている。したがって，CCS の導入量は，他の排出削減技術との間において，特に経済性などの観点における相対的な優劣関係で決まるものと考えられる。CCS の導入量を左右する要因としては以下のようなものがある。

- CO_2排出量抑制のための政策：CO_2（温室効果ガス）排出目標の厳しさやそ

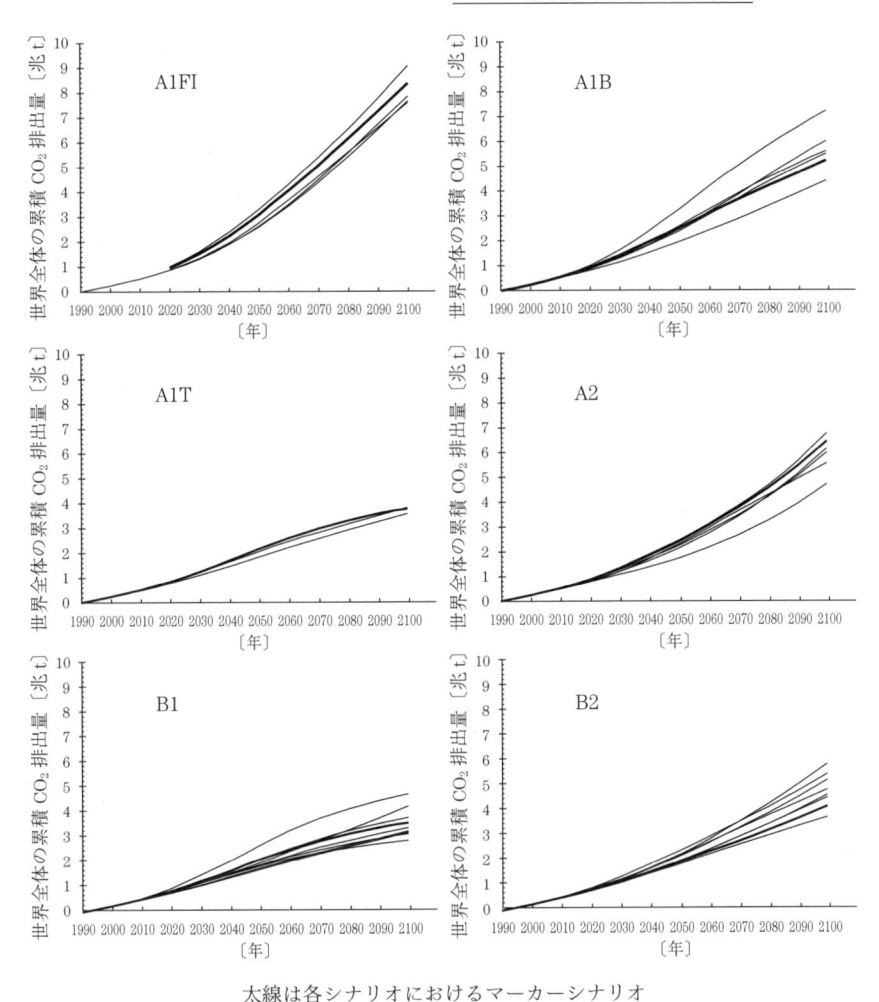

太線は各シナリオにおけるマーカーシナリオ

図7.7 SRESシナリオにおける累積CO_2排出量の推移

の排出削減政策実施のタイミングがどのようなものとなるか。
- 基準ケースのCO_2排出量：どのような社会経済的な状況（人口規模や経済水準など）が実現されているか。
- 各種エネルギー資源の利用可能量：炭素依存度が低い天然ガスや，自然エネルギーならびに原子力などの非化石エネルギーがどの程度利用可能か。

7. 温暖化対策と社会システム

- 京都議定書における柔軟性措置（排出取引，共同実施，クリーン開発メカニズム）のような国際的な制度の導入状況：どのような制度がどのような国々を対象に導入されているか。
- 技術進歩率：CCS 技術は新技術であり，習熟により将来的にどれだけコストの低減ができるか。また，省エネルギーや燃料転換などに分類される競合技術の進歩がどのように進展するか。

地球温暖化の統合評価（温暖化進展による経済的ダメージと温暖化緩和策を実施するためのコストの両者を考慮に入れた評価）を目的したエネルギーモデルを用いると，7.1.3 項でも示したように，エネルギーシステムの需要サイドと供給サイドを同時に考慮しつつ，多様な CO_2 排出量削減技術の貢献度を包括的に評価ができる。

図 7.8 には，前述の SRES の B2 シナリオに対応する社会経済シナリオを想定して，大気中 CO_2 濃度を 550 ppm に安定化させる場合における，米国の MiniCAM モデルと欧州オーストリアの MESSAGE モデルという代表的な統合評価モデルの計算結果[6]を例として示す。前述の DNE 21 モデルによる図 7.6 に示した評価結果に対応する図となる。

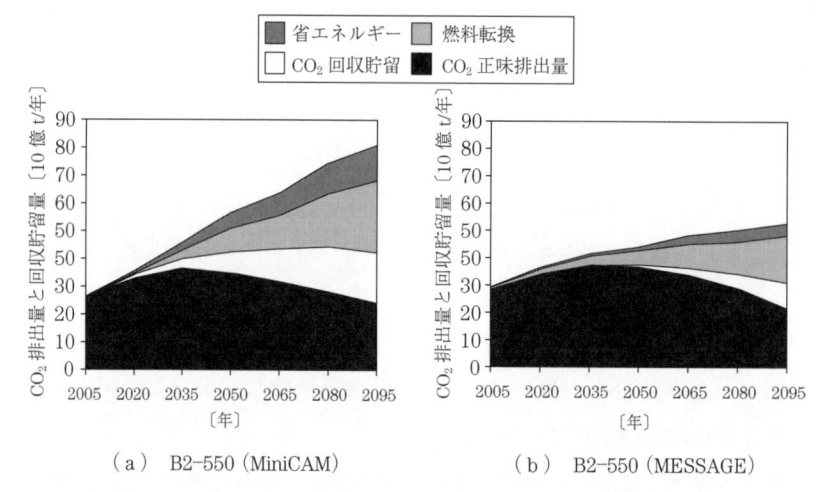

図 7.8 MiniCAM と MESSAGE による各種対策技術の貢献度[6]

(a) B2-550 (MiniCAM)　　(b) B2-550 (MESSAGE)

部分均衡型経済モデルを用いた MiniCAM モデルはトップダウン型アプローチを主とするモデルであり，数理計画モデルに基づく MESSAGE モデルはボトムアップ型アプローチを主とするモデルである．なお，DNE 21 モデルは MESSAGE モデルに類似するボトムアップ型のモデルである．

これらのモデルの間で各種資源の利用可能量などの想定が異なっているため，社会経済シナリオに関するおもなパラメータを同じ B 2 シナリオに整合させても，計算結果は必ずしも一致した傾向を示してはいない．図 7.6 と同様に，「省エネルギー」，「燃料転換」，「CCS」の実施の貢献度の大きさにはあまり大きな差異は見られない．これらのモデルの計算結果も，CO_2 排出量の大幅な削減のためには，これらの 3 種類の技術を組み合わせた対策が，追加的に必要となる対策コストを最小化するという観点からは望ましいことを示している．

これらの計算結果によると，21 世紀の終わりには毎年数十億 t の CO_2 が分離回収されることが望ましいとされている．しかし，CCS の利用は現時点では広範には行われておらず，本当にこのように大量の CO_2 の回収貯留が可能かは，今後の世界各国における実績を見て判断しなくてはならない．

（3） 累積的な CO_2 貯留量

IPCC の第 3 次評価報告書[8]での気候変動緩和シナリオ（大気中 CO_2 濃度を 450～750 ppm に抑制するシナリオ）の計算には，世界の 9 か所の研究機関とエネルギーモデルが参加したが，そのうち CCS を明示的に考慮していたエネルギーモデルは，DNE 21，MARIA，MESSAGE の三つであった．そこでは，SRES の A 1 FI，A 1 B，A 1 T，A 2，B 1，B 2 の六つの社会経済シナリオと大気中 CO_2 濃度の安定化レベル（450 ppm，550 ppm，650 ppm，750 ppm）に関する合計 36 ケースの計算結果が報告されている（社会経済シナリオと安定化レベルのすべての組合せの計算結果が報告されているわけではない）．これらの計算結果は CCS に関する特別報告書[6]で改めて整理されている．

図 7.9 には，2000 年から 2100 年までの累積 CO_2 貯留量とそれが累積 CO_2 削減量に占める割合を示す．450 ppm 安定化シナリオの場合では，モデルによ

178   7. 温暖化対策と社会システム

■A1B ●A1FI ▲A1T ○A2 △B1 □B2

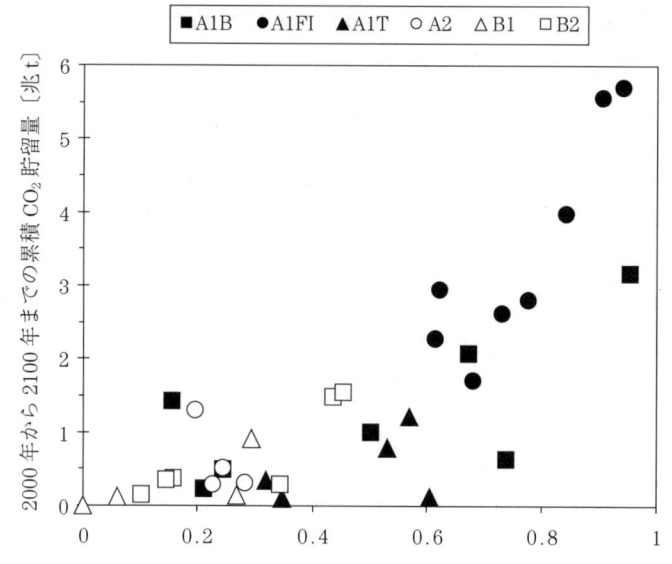

図7.9 2000年から2100年までの累積CO_2貯留量と累積CO_2削減量に占めるその割合[6]

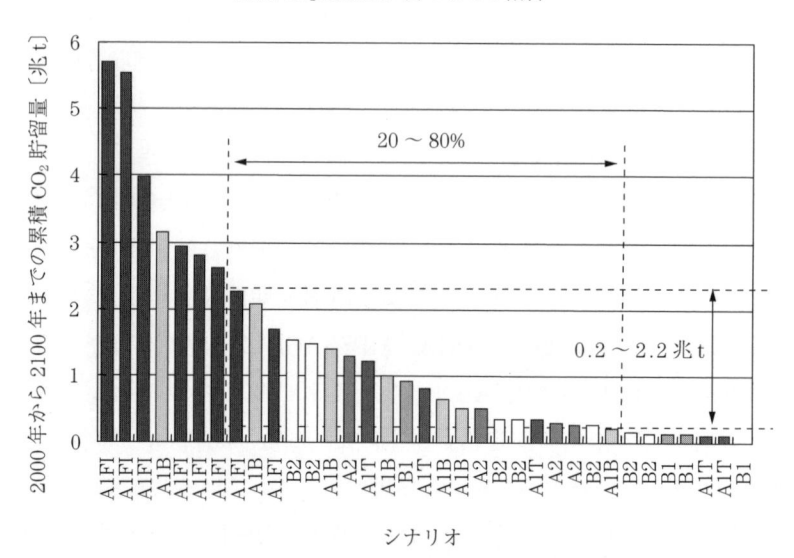

図7.10 2000年から2100年までの累積CO_2貯留量のシナリオ別の分布[6]

り数値にはばらつきが見られるものの，平均としては CO_2 削減量の半分以上を CCS 技術で対応する結果となっている。

図 7.10 には，36 ケース別の 2000 年から 2100 年までの累積 CO_2 貯留量を示し，シナリオと濃度安定化レベル別の平均的な累積 CO_2 貯留量を**図 7.11** に示す。やはりモデルにより計算結果の数値にはばらつきが見られるものの，極端に多い上位 20％と極端に少ない下位 20％を除くと，累積 CO_2 貯留量は 0.2 兆 t から 2.2 兆 t となると報告されている。この 2 兆 t という量は，やや意図的な感じもするが，おおむね地中貯留だけでも対応できる貯留量となっており，結果として CO_2 排出削減対策としての CO_2 海洋隔離への政治的な関心は薄れた状態となっている。

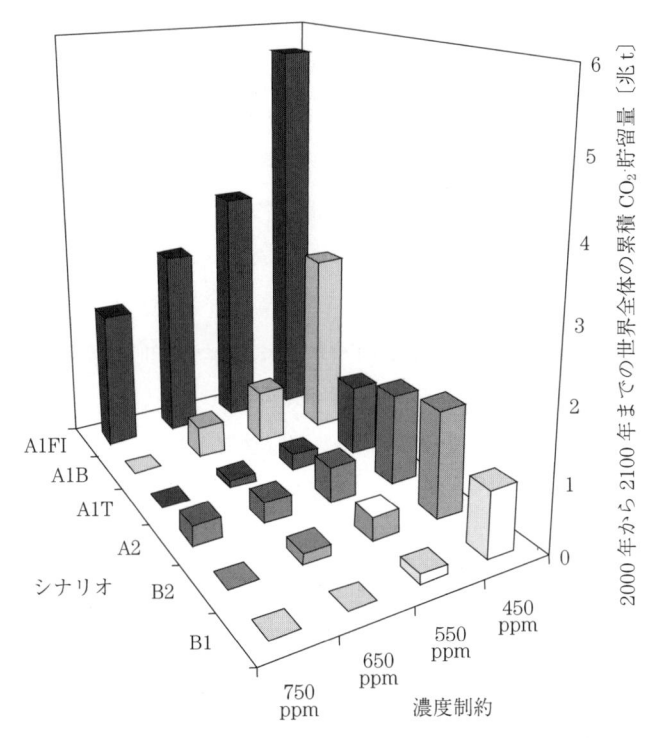

図 7.11 シナリオと濃度安定レベル別の 2000 年から 2100 年までの累積 CO_2 貯留量の平均値[6]

CCSを利用できる場合は、そうでない場合と比較すると、社会経済シナリオや濃度安定化レベルによるばらつきもあるが、対象期間中の総排出削減費用をおおよそ3割程度削減できると考えられている。

(4) CCSの導入時期

CCSの導入は、CO_2の大気中排出量を抑制すること以外には意義はなく、むしろ化石燃料の無駄な浪費をもたらすおそれもある。そのため、排出量の超過に対して明示的なペナルティが課せられない状況下では、自発的に着手する対策としてはあまりにも高額で、経済的なリスクも大きいと思われる。CCSが商業的に導入されるためには、政府によって長期的にも骨太なCO_2排出削減政策が示され、超過排出に対する罰則なども明らかにされなければならない。

2005年2月に京都議定書は発効したものの、現状では最大のCO_2排出国である米国の不参加や、CO_2排出量の大きい中国やインドなどの途上国には排出上限が課されていない。CCSによる1t当りのCO_2排出削減コストは、北米では12～15 US\$、欧州では25 US\$程度と推定されているが[6]、このようなコストを支払ってでもCCSが必要となるほどに、CO_2排出量の厳しい削減が全世界的に進められるか否かは不確実である。ただし、もし、CO_2排出量削減が世界的に本格化したならば、前述したように、エネルギーモデルの評価結果を見る限りは、CCSが有望な対策技術として今後5～30年以内に大規模に導入実施される可能性は十分にあると判断される。

一方、石油増進回収や炭層メタン増進回収などと合わせてCO_2を回収貯留することは、条件がよければすでに採算がとれる状況にある。これらは、CCSの「早期利用機会」として有望視されている。しかし、石油増進回収などの経済性は、サイトごとの個別条件に大きく左右されるため、これらの実施時期に関する一般的な議論をすることは難しい。当面は、特に条件のよい早期利用機会を通して、CCSの大規模実施に向けたノウハウの蓄積を行うことが考えられる。ただし、日本国内に関していえば、欧米とは異なり、CO_2貯留も行える石油増進回収などの適地がなく、経済的なメリットも享受できる「早期利用機会」は欠落している。そのため、欧米と足並みをそろえたCCSの導入

シナリオや商業化までのロードマップを作成することは困難な状況にある。

ところで，CO_2濃度安定化を目的としたコスト最小化シナリオでは，CCSの広範な導入普及は，2050年以降となる計算結果を示すエネルギーモデルが多い。例えば，CCSに関する特別報告書[6]によると，IPCCの第3次評価報告書の緩和策ケースの計算結果の平均値では，累積CO_2貯留量は，21世紀前半では約0.2兆t，後半では約1.5兆tとなっている。これにはいくつかの理由が考えられる。一般に，将来対策コストの現在価値換算のための割引や，植生や海洋でのCO_2吸収を考慮すると，大気中CO_2濃度の安定化のためには将来時点でのCO_2排出量削減のほうが費用対効果は高く計算されることである。CCSは，「省エネルギー」の推進や，炭素依存度の小さいエネルギー資源への「燃料転換」と比較して，削減単価が高い。そのため，相対的に排出削減コストの高い対策であるCCSの実施は，濃度安定化が実行可能な範囲で，できるだけ遅くしたほうがより得策とみなされる。

また，CCSの導入時期を大きく左右する要因としては，排出権取引もあげられる。もし，排出権取引が可能となれば，そうでない場合と比較して，CCSの導入規模は抑制されたものになると考えられる。これは，排出権取引が認められれば，排出権の購入によって自国・自社の排出目標の達成も可能となるため，わざわざ高価なCCSを利用して，無理に自国・自社の排出量を削減する必要がなくなるからである。

(5) 貯留CO_2の漏えいの経済的影響

地中や海洋に貯留されたCO_2は，必ずしも永久的に大気から隔離されるわけではなく，貯留サイトからの漏えいの可能性も考慮に入れなくてはならない。CO_2漏えいに起因して，CCSには以下のようなリスクがあると考えられている[6]。

① 環境的リスク：貯留CO_2の漏えいにより，大気中CO_2濃度の安定化が困難となるリスク

② 経済的リスク：将来の炭素価格の高騰により，貯留CO_2の漏えいを補償するために購入する排出権購入費用がとても大きくなるリスク

③ 政治的リスク：CCSに関する規制などが恣意的に変更されるリスク

漏えいを考慮したCCSの経済的な効果は，貯留サイトへの注入時の炭素価格から，漏えい時の炭素価格の現在価値換算値を差し引いたものの総和となると考えられる。そのため，それは「漏えい率」，「割引率」，「時点別の炭素価格」というパラメータに依存する。ある研究結果によれば，漏えい率が年率0.1%程度であれば，漏えいによる経済的有効性の劣化は無視でき，漏えい率が年率0.5%程度となると，CCSをする意義がほとんど見出せないとのことである[6]。このように，漏えい率の目安が年率0.1%であることから，CO_2貯留の期間としては，1 000年程度は必要となると考えられる。

7.1.5 お わ り に

本節では，2100年までを対象とした長期エネルギーシナリオとCCSの役割について記した。CCSは，まだ商業的に大規模に実施されておらず未知の部分が多い。また，その経済性に関しては，貯留サイトの特性に大きく依存するため，地域によるばらつきも大きい。CO_2貯留においてCO_2の封じ込めが確実になされているか否かの監視や規制の枠組みの構築，漏えいに対する法的責任の明確化，社会受容の獲得など，技術的・経済的課題以外にも今後解決すべき課題は山積している。

7.2 経済的枠組み

本節は大きく二つの部分から構成される。前半では，地球温暖化対策としての経済的枠組み全般について解説する。後半では，CCSに関するプロジェクトの経済的実現可能性を評価するための手法を紹介する。

7.2.1 地球温暖化対策のための経済的枠組み
（1） 価格シグナルによるシステム改善
いま，例えば2050年までに世界の温室効果ガスを50%削減するという目標

7.2 経済的枠組み

を考えてみよう。このために，エネルギーシステムからの CO_2 排出量を50%削減しなければならないとしよう。日本政府の主張に鑑み2005年をスタートラインとし，ここから2050年までの45年間に50%削減しなければならないことになる。このとき，われわれはエネルギーシステムにおける技術開発をどのように行えばよいのだろうか。エネルギーに関する専門家の意見を総合すると，上記のような CO_2 削減ないしはエネルギーシステムの効率向上は容易ならざるものであるといわれている。

他方，例えばドイツのブッパータール研究所長のワイツゼッカーはこうした技術開発の可能性に楽観的である。彼の著書である『地球環境政策』[9]によれば，今後20〜50年間で枯渇性資源の消費量が大幅に削減可能であるとされている（図7.12）。こうした（極端なほどの）効率改善が果たして本当に可能であるのか，以下ではワイツゼッカーのアプローチを概観しよう。

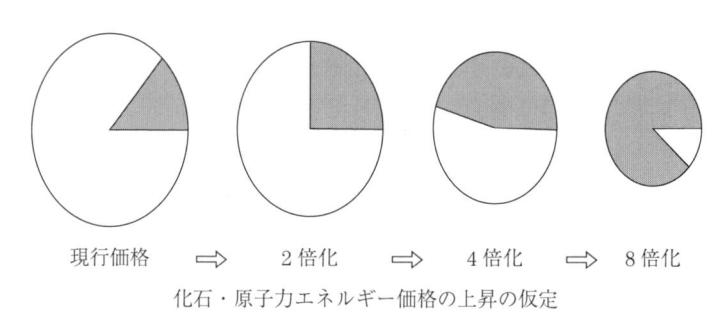

現行価格 ⇨ 2倍化 ⇨ 4倍化 ⇨ 8倍化

化石・原子力エネルギー価格の上昇の仮定

エネルギー需要と，ソーラーエネルギーを含む再生可能なエネルギー源が到達可能な割合は一定とは限らない。それらは化石エネルギーと原子力エネルギーの価格に大きく依存する。このグラフは化石燃料，原子力燃料の価格が仮定されたとおりに上昇したとして，今後20〜50年間のエネルギー需要（外側の円の大きさ）と，再生可能エネルギー（灰色部分）の割合をおおまかに予測したものである。

図7.12 枯渇性資源消費量大幅削減の可能性[9]

ワイツゼッカーによれば，20世紀は戦争の世紀であったが，21世紀は環境の世紀になると希望的に推定している。そこで，21世紀が環境の世紀となるための彼の基本戦略はこうである。20世紀においては，エネルギーは基本的に安価な原料であり，あまり大きな税を課されることはなかった。これに対

し，労働者の所得（賃金）に課される税金は相対的に重く，このために企業は雇用を削減するインセンティブをもつが，エネルギーを節約する大きなインセンティブはもたなかった。そこで，21世紀においては，エネルギーに最初軽く，徐々に重く税金を課すようにし，それと引換えに労働者の所得税を徐々に軽くすることを提案している。こうすれば，エネルギーを節約し，効率のよいエネルギーシステムを構築するインセンティブが働くとともに，所得税の低下により新たな雇用を創出するインセンティブも生まれる，というのである。

ここで述べたエネルギーに対する税は，温室効果による気候変動のほうがエネルギー資源の枯渇より重大であるとすれば，「炭素税」というように読み替えてもよい。すなわち，炭素税を課税当初は軽く，徐々に重く課していくとともに，所得税を徐々に軽減することにより，CO_2削減と雇用の創出の両方をねらっているのである。炭素税の，地球環境と雇用問題の両面に与える上記のような効用を「二重の配当」と呼ぶ。欧州各国は，この二重の配当の獲得を念頭において相ついで炭素税を導入し，またはその導入を決定ないし検討してきた（が，現在は排出量取引の導入を重要視しているようである）。この点をつぎにみてみよう。

（2） 炭素税の利用

炭素税のもととなる環境税という考え方を初めて提案したのは，ピグーであるといわれている[10]。このピグーの考え方をごく簡単に説明すると以下のようになる。いま，ある企業が生産活動を行い，ある環境排出物を出していたとしよう。この環境排出物は，例えば酸性雨の原因となり，建築物や農作物に損害を与えるものとする。排出物1t当りの被害額が1万円であったとしよう。このとき，この物質の排出に対し1t当り1万円の環境税を課すのが社会全体にとって最適である，というのがピグーの考え方であり，これをピグー税と呼ぶ[11]。

ピグー税が課される場合，企業は環境排出物の1t当り削減コストが1万円以下ならば削減を実行し，1万円より高くつくならば削減を行わずに税を支払うであろう。削減が行われない場合，環境税の税金を全額補償に用いれば，被

害補償は可能である．企業の排出削減費用と環境排出物による被害額の和を社会全体の総費用と考えると，この税により総費用が最小化されるというのがピグーの考え方である．

ただし，温室効果ガスの増加とそれによる気候変動という複雑な地球環境問題を考えた場合，上記のようなピグー税の適用は困難である．それは，CO_2 1 t 当りの被害額の算定に大きな不確実性が伴うからである．実際には，気候変動に関する被害額の推定もあるが，残念ながらその精度は高いとはいえない．気候システムは大規模で複雑な系であり，長期的な気候変動を正確に予測し，そこから社会全体の経済活動への影響をくまなく拾い上げ，精度よく推定するのは困難である．

その意味で，気候変動の緩和に炭素税を用いる場合の基本的概念は，むしろボーモル・オーツ税のほうであろう[11]．ボーモル・オーツ税は，ピグー税のように 1 t 当りの被害額をもって税率とするのではなく，最終的に，所定の目標値まで排出量を抑えるような税率を設定しようというものである．その意味で，ボーモル・オーツ税は被害額を含む社会全体の総費用を最小化するような効果は望めないが，各企業に税率に等しい同じ削減費用の対策を講じさせ，被害額を含まない，削減費用の総和を最小化するには都合がよい．したがって，欧州各国で導入されてきた炭素税も，基本的にはボーモル・オーツ税であるが，より複雑な事情の影響を受けている．

このことを理解するため，前に述べたワイツゼッカーの概念に立ち戻ってみよう．ワイツゼッカーの基本的な戦略は，エネルギー税ないしは，炭素税を最初軽く，徐々に重く課すようにし，エネルギーを節約し，効率のよいエネルギーシステムを構築するインセンティブをつくるというものであった．これは，財の価格を決定する要素の中で，労働や資本の投入量は技術の性質により改善に限界があるので，税の部分を炭素排出ないしはエネルギー消費に応じて変更することにより，財の価格を制御し，長期的にエネルギー効率の高いないしは CO_2 排出の少ないシステムに誘導していく戦略であると解釈できる．欧州各国は，地球環境と雇用問題への「二重の配当」の獲得を念頭において相ついで炭

素税を導入してきた。

　世界で初めて炭素税を導入したのは，フィンランドで，1990年1月のことである。その後，オランダ，スウェーデン，ノルウェー，デンマークで導入された。1999年以降は，ドイツ，イタリア，英国において炭素税または気候変動税が導入されている。

　表7.1には欧州各国における炭素税の課税状況を示す。

　欧州諸国で導入されている炭素税の導入の契機になったのは，税制の根本的な構造改革である[10]。特に炭素税の導入に積極的な北欧諸国は，高福祉国家として有名であり，これは同時に重い税負担を意味している。この重い税負担とは，すなわち所得税，法人税が高いこと，および付加価値税が高いことである。まず，所得税，法人税が高いことは，個人にとっては労働意欲の減退，法人にとっては企業の国外への流出を意味し，直接税を軽減して間接税へ税収をシフトしていく必要ができていた。しかし，一方で付加価値税も非常に高い水準に達しており，こうした事情から，新しい財源としての炭素税がクローズアップされたわけである。

　この炭素税の導入にあたって最も憂慮されたのは，炭素税の導入によって国際競争力が損なわれ，その国の経済が大きなダメージを受けることであった[10]。このため炭素税の税率を低く抑えるか，税率を高くする場合には，さまざまな例外規定を設けて，産業の国際競争力を損なわないような工夫が行われた。例えば，鉄鋼業の場合は，その用いる石炭は原料と考え，炭素税の適用範囲外とした工夫である。

　炭素税導入の最大の問題点は，漏えい（リーケージ）の問題であろう。例えば，日本がCO_2排出量を削減するために，高い炭素税を課すが，他の国がこれと歩調を合わせないとしよう。この場合，CO_2排出量の大きい産業は国外に流出し，炭素税が課されていない地域で（ひょっとすると）技術レベルの低い地域に工場の新設が行われるかもしれない。この場合，日本国内の産業が衰退するだけでなく，世界全体としてのCO_2排出量が増加してしまう場合さえ起こりうる。こうした状況においては，日本が京都議定書を遵守できたとして

表 7.1 欧州において炭素税を導入している各国の状況[10]

	日 本	フィンランド	オランダ	スウェーデン	ノルウェー	デンマーク	英 国
導入	未導入	1990年1月	1990年2月	1991年	1991年	1992年	2001年
現状	炭素税はないが、石油石炭税、電源開発促進税、揮発油税が徴収されている	輸入電力にも課税	1990年からの環境税に加え、1996年から小規模ユーザー向けの規制税と2本立て	税率は高いがエネルギー多消費産業の税控除も大きい	石油・天然ガス採掘部門の自家消費にも課税されこの税収が大きい	税率の段階的増加。ボランタリーアグリーメントのポリシーミックス	気候変動税、排出量取引・ボランタリーアグリーメントとのポリシーミックス
財源	上記税はいずれも特別会計で一般財源ではない	一般財源。規制税は対象部門の所得税減税に還流	一般財源。規制税は対象部門の所得税減税に還流	一般財源	一般財源	一般財源。雇用者の社会保障負担軽減	一般財源。雇用者の国民保険負担額の軽減
税率	石油石炭税：2円/l 電源開発促進税：0.445円/kWh 揮発油税：53円/l	380.3フィンランドマルッカ/t-CO₂＝3 200円/t-C	環境税：5.16ギルダー/t-CO₂＝1 200円/t-C 規制税：9.0ギルダー/t-CO₂	370スウェーデンクローネ/t-CO₂＝21 700円/t-C	135～360ノルウェークローネ/t-CO₂＝8 100～21 700円/t-C	100デンマーククローネ/t-CO₂＝6 700円/t-C	低率
例外規定	特になし	原料としての利用は免税。その他は免税なし	大規模ユーザは規制税の対象外。また電力自由化を契機に発電用ガス・石炭を免税	産業税率は1/4。原料利用などは免税	原料利用は免税。セメント産業の石炭使用も原料利用扱い	ボランタリーアグリーメント参加の企業は大幅な低率の適用	政府と気候変動協定を締結した企業は80%減税
その他	温暖化対策を目的とした炭素税が環境省によって提案され、検討中である	免税措置がないため低税率でも国際競争力に悪影響があるといわれるが、意見は分かれている	環境税は税収目的でCO₂削減効果なし。規制税は事前評価では課税対象で5%のCO₂削減効果	全体としての効果は不明だが特定の領域で大きなCO₂削減となった事例あり。1990年以降2002年まで段階的に炭素税率を上げるとともに所得税を減税	CO₂排出の3～4%削減	事前評価としてCO₂排出を5%削減	一部は再生可能エネルギー利用促進に活用

も，世界の CO_2 削減には寄与するどころかマイナスになってしまう。これを漏えい（リーケージ）の問題と呼んでいる。

いいかえると，世界各国が歩調を合わせて炭素税を導入していくならば，冒頭に引用したようなワイツゼッカーの戦略も成り立ち，地球環境の改善に必要な技術進歩のインセンティブとなりうるわけである。

この点で，表7.1に掲げた国以外にも，1999年以降，ドイツ，イタリア，英国において炭素税または気候変動税が導入されており，少なくとも欧州内部においては，多くの国が歩調を合わせて炭素税を導入しつつあると考えられる。その意味で，後述する温室効果ガス排出量取引に関する動きとも合わせて炭素税に関するEUの動向を今後も見極めることが重要である。

（3）排出量取引の利用

CO_2 排出量を削減する経済的インセンティブを生み出すものとして，排出量取引のような制度を利用する方法もある。排出量取引というのは，環境排出物の排出量の上限をなんらかの方法で決定し，その上限を超える排出を望む企業については，上限を下回っている企業から「余分に排出する権利」を購入しなければならない，という制度である。

米国には，「排出量取引」というものが SO_2，NO_x などの環境汚染物質を対象としてすでにひろくいきわたっている。米国内においての排出量取引は，米国環境保護局（EPA）が取引を行う際のルールを決めている。取引の仕組みは，基本的には以下のようになっている。すなわち，取引を行う企業に対し，一定のルールの下で排出量の上限値が与えられる。設定された上限値よりも実際の排出量が少ない企業は，上限値をオーバしてしまった企業に，排出の権利を「金銭を対価にして」譲り渡すことができる。これが実際に行われている排出量取引である。**表7.2**には世界各国で実施されている排出量取引の国名，種類および実施期間をまとめている[12]。

例えば，米国で進んでいる排出量取引は，SO_2，NO_x などが主であり，SO_2 については，1995年から1999年を排出量規制の第一約束期間として取引を行っている。他方，NO_x に関しては1999年から2002年が第一約束期間として

7.2 経済的枠組み

表 7.2 世界各国における排出量取引制度の実績と実施期間

国	プログラム	規制物質	プログラム型	実施期間
カナダ	モントリオール議定書	オゾン層破壊物質	キャップ&トレード	1993年〜現在
チリ	サンチアゴ大気汚染物質量取引	粒子状物質	キャップ&トレード	1995年〜現在
EU	モントリオール議定書	オゾン層破壊物質	キャップ&トレード	1991年〜1994年
ドイツ	相殺勘定プログラム	従来型汚染物質	クレジット型	1974年〜現在
シンガポール	モントリオール議定書	オゾン層破壊物質	キャップ&トレード	1991年〜現在
米国	排出量取引プログラム	従来型汚染物質	クレジット型	1974年〜現在
	有鉛ガソリンプログラム	鉛	平均値	1982年〜1987年
	モントリオール議定書	オゾン層破壊物質	キャップ&トレード	1987年〜現在
	ロスアンジェルス大気浄化	NO_x と SO_2	キャップ&トレード	1994年〜現在
	酸性雨プロジェクト	SO_2	キャップ&トレード	1995年〜現在
	オゾン層に関する輸送機関の貢献	NO_x	キャップ&トレード	1999年〜現在

取引が開始された。SO_2，NO_x の遵守期間初期の価格はそれぞれ 1 t 当り 160〜170 US\$，4 000 US\$ 近辺であった。排出量取引制度の下では，各企業は環境排出物 1 t 当りの削減コストが，1 t 当りの排出量取引価格に等しい点まで削減を行うと考えられる。それは，経済合理性の観点からは，削減コストよりも排出量取引価格が低ければ，企業は削減を行わずに排出権を購入すると考えられるからである。

この点で，環境排出物 1 t 当りの削減コストが税率と等しくなる点まで削減が行われると考えられる炭素税と排出量取引は類似した性質をもっている。ただし，炭素税の場合は，あくまで税率が最初に決定され，それに応じた排出量が事後的に決定されるのに対し，排出量取引制度の場合は，排出量の総枠がまず与えられ，それに応じた排出量取引単価が事後的に決定されるという違いがある。このために，京都議定書のように排出量数値目標がある場合は，排出量

取引制度のほうが，炭素税より目標達成のための制度作りが容易であるといえる。

ただし，排出量取引には，制度設計上炭素税にない難しさもある。それは，排出量取引では，原則として各企業に排出枠を与える必要があることである。この各企業への排出枠の配分は，日本全体の排出総費用には影響しないが，各企業の負担の公平性には大きく影響する。そのために，公平で，産業界全体が受入れ可能な排出枠を考案することはたいへん困難な作業となるのである。

この排出量の配分方法は，グランドファーザールールとオークションに大別される。グランドファーザールールとは，各企業の過去の排出量を初期割当ての基準とする方式であり，一種の既得権益に基づく配分方式であるといえる。一方，オークションは初期割当てを行わず，企業は排出権をオークションにより購入しなければならないというシステムである。グランドファーザールールは既得権益に基づく配分ルールであるため，新たに市場に参入する企業あるいは成長企業にとっては排出権の購入が成長の障壁となり，衰退しつつある企業にとっては逆に有利となる。この意味でグランドファーザールールは社会の構造変革を遅らせてしまうおそれがある。他方，過去の排出量の部分までは無料で排出枠が提供されるため，既存企業にとっては費用負担が少なくてすむ。逆に，オークションでは，必要量に応じてすべての企業が排出権を購入するという意味で，公平な制度であるが，すべての企業が相当の費用負担を強いられる。そのためにいままで規制のなかった温室効果ガスの排出抑制では，グランドファーザールールが適用されることが多い。

温室効果ガス（GHG）の排出量取引の現状はどうであろうか。確かに，京都議定書の第一約束期間は2008〜2012年であるから，その意味では取引が本格化するのは2008年以降かもしれない。しかし，現状では取引価格にはかなりの変動があり，EU/ETSでは2005年から2006年にかけてCO_2 1 t 当り10〜30 US\$であった。

また，国家あるいは地域によっては，京都議定書の第一約束期間に先行して，国内もしくは地域内排出量取引の制度を施行しているところもある。**表7.3**

表7.3 欧州で実施または実施予定のGHG排出量取引制度の比較

	英国	デンマーク	EU
自主的か強制か	自主的	強制	強制
遵守期間	2002〜2006, 2007〜2010	2001〜2003	2005〜2007, 2008-2012
対象となるGHG	議定書に含まれる全6種のGHG	CO_2	初期時点ではCO_2のみ
部門	発電を除く産業部門	発電のみ	エネルギー集約型産業の大規模固定排出源で、化学を除くもの
バンキング	認める	認める	認める（各国の裁量）
財政的インセンティブ	5年間で2億1500万£ 気候変動税の80%減免	なし	なし

には欧州ですでに実施されているか，または実施予定のGHG排出量取引制度の比較を示した。

この中で代表的な例は，2002年4月からUK/ETSと呼ばれる独自の排出量取引制度を施行した英国と，2005年から域内で排出量取引を計画しているEUである。以下，両制度について簡単に述べておこう。

まず，EU域内排出枠取引制度（EU/ETS）は注目に値する。欧州委員会は，2001年10月23日にCO_2排出量取引をEU全域に義務付ける内容の草案を発表した。この草案によると，期間を2期に分け，実際に取引ができるようになる2005年から2007年を第1期とし，第2期を京都議定書の第一遵守期間に則り2008〜2012年としている。EUの取引プログラムは，当初CO_2のみを対象にしたものであるが，欧州委員会は，今後温室効果ガス排出量のモニタリングの問題が解決されれば，他の温室効果ガスについても網羅する内容になる可能性がある。排出権取引に参加する業種は，20 MW以上のエネルギーを消費する電力および熱供給，鉄鋼，建設，石油精製，紙・パルプ，窯業（セメント・ガラス・セラミックス製造業など）のエネルギー多消費産業に限定している。

その他のEU/ETSの特徴は以下のとおりである。

① EU/ETSは，EU 15か国と新規加盟国10か国で2005年1月から開始された。

② EU/ETS には，上記の国以外でも制度の合意があればリンク可能である。

③ EU/ETS の各国の排出枠は京都議定書に従って決定され，各国内の排出枠割当てについては，国ごとに独自の国家割当て計画（National Allocation Plan：NAP）を作成することになっている。

④ EU/ETS 不遵守時のペナルティとしては，2005～2007 年では，CO_2 1 t 当り 5 400 円，2008～2012 年では CO_2 1 t 当り 13 500 円，または翌年分の排出枠から未達成分を控除する。

⑤ EU/ETS に関しては，CDM，JI からのクレジットの量的制限はない。

また，2002 年 4 月に開始された英国の排出量取引，UK/ETS においては，直接参加者，気候変動協定参加者，非目標設定者という 3 種類の取引参加形態を認めている。このうち，直接参加者というのは，排出量取引のために排出量削減目標を設定し，これを達成する企業であり，2002 年 4 月現在で 34 社が参加している。この直接参加企業は，参加企業全体で受け持つ 5 年間分の目標排出量（キャップ）を設定する。そしてこの目標排出量を達成するため，あるいは余剰分を売るために取引（トレード）を行う。このような排出権取引の方法をキャップ&トレードという。

つぎに，気候変動協定参加者とは，政府との間で 2 年間分の排出削減目標を設定し，これを遵守することで，気候変動税が 80％減免される。また，目標を上回る削減を行った場合は，余剰分を排出量取引市場で販売することができる。現在のところ，約 40 種類の業種から 6 000 社が気候変動協定を締結し，参加している。

最後に，非目標設定者とは，特に排出削減目標を設定しているわけではないが，排出枠／クレジットを一種の有価証券とみなし，売買により利益を得ようとしている企業や，排出量を購入することで，GHG 削減に貢献しようとする NGO などの参加者をいう。

英国 UK/ETS の大きな特徴は，この直接参加企業が温室効果ガス排出量を削減するキャップを設定し，この削減量に対し，DEFRA と呼ばれる政府機関

からインセンティブ資金が供給されることである。第一約束期間においては，最大2億1500万ポンド（約400億円）のインセンティブ資金が用意され，オークション方式で排出権単価が決定される。具体的なオークションの流れは以下のとおりである。

① 競売人が政府側の設定として，温室効果ガス単価（1 t-CO$_2$当りの価格）を提示する。

② 直接参加企業は，提示された単価で資金を受け取る場合の排出削減量を提示する。

③ ｛① で政府側が提示した単価（ポンド/t-CO$_2$）｝×｛② で参加企業側が提示した排出削減量｝が2億1500万ポンドを超えた場合は，競売人がより低い単価を設定したうえで，オークションをやり直す。

④ （政府側の提示単価×企業側の排出削減量）が2億1500万ポンドを下回り，なおかつその範囲で最大限の排出削減量が得られた時点でオークションを終了する。

第1回のオークションは2002年の3月11日，12日の両日開催され，34社の合計として5年目の2007年に合計400万tの排出削減が行われることが決定した。また，与えられるインセンティブ資金を，5年目の排出削減量で割り算した単価は53.4ポンド/t-CO$_2$（約1万円/t-CO$_2$）となった。この値は現在世界各国で行われている排出権取引の価格（500円から600円/t-CO$_2$）と比較すると非常に高い値である。ただし，これらの単価を直接比較することはできない。なぜならば，上のオークションによって配分されるインセンティブ資金は，5年間の削減総量に対して支払われるものであり，単年度の削減量だけに対して支払われるものではないからである。実際には，今後5年間にわたり，削減量を1/5ずつ増加させて5年後に400万tに達するのであるから，5年間の総削減量は $(1/5+2/5+3/5+4/5+5/5) \times 400$万t $= 3 \times 400$万t となる。この削減総量でインセンティブ資金を割り算するとその単価は，17.8ポンド/t-CO$_2$（約3800円/t-CO$_2$）となる。英国のETSの動向に関しては，今後も注意深く見守る必要があろう。いずれにしても，このようにCO$_2$を含む

温室効果ガスの削減にこのようなインセンティブがつくことは，システム全体の CO_2 排出を削減する推進力となることは間違いない。

（4） RPS 法とグリーン電力証書

取引可能なグリーン電力証書（Tradable Green Certificates：TGC）は，現在いくつかの EU 加盟国において，ここ数年，再生可能エネルギーの利用を促進するための主要なツールとして受け入れられている。また，日本，米国では同様の内容のものが，Renewable Portfolio Standard 法として施行されている。

欧州では，7 か国（オーストリア，ベルギー，デンマーク，イタリア，オランダ，スウェーデン，英国）において政策が実行あるいは立案されようとしており，そこでは TGC 取引システムの需要サイドを強制的な購入義務または税金面でのインセンティブのいずれかによって作り出そうとしている。

これらの各国での制度開発においては，追加的な経済価値をもつ「原産地証明」証書から物理的な電力フローを分離するという基本コンセプトに関して共通したものとなっているが，その詳細については各国で異なった方法を採用している。それぞれの制度間で異なった設計がなされているものは，適格な技術，市場の規制と介入方法，輸出/輸入のルール，インセンティブや罰則金の性格と規模，許可証の年式，繰越制度や借入制度などがある。この需要サイドが細分化されていることが，取引の容易さと流動性の確立に対して大きな影響を与えることが考えられる。

政策に基づく開発とは別に，再生可能エネルギー証書制度（Renewable Energy Certificates System：RECS）というヨーロッパの電力会社約 100 社とその他の機関が設立した独立グループが，契約，手続きの枠組み，国境を越えて証書を発行して取引することを可能にする情報システムなどを考案し，実験を実施しようとしている。現在 10 か国でチームが作られ，共通の定義やルールの実用性を立証するための試験的段階にある。ここでは，証書の発行・承認・登録・国境を越えた取引と移転および自発的需要による償還がどのようにされるべきかを検証することになっている。

7.2 経済的枠組み

　例えば，ベルギーのワロン州では，2002年4月より州内で強制力をもつグリーン電力証書プログラムを施行した。ベルギー国内の他地域の証書については目的に応じて受け入れるが，国外からの証書の受入れについては少なくとも2003年までは考慮しないこととしている。再生可能エネルギーを利用した電力供給量を全体の3%となるよう義務付けているが，それは年々上昇し2010年には12%に達する見込みである。遵守できなかった電力供給事業者にはMWh当り75ユーロの財政的罰則が第1期の終わりである2003年9月30日まで課せられる。これは最終的にはMWh当り100ユーロにまで上昇する。適格性については，フランドル州の形式とは異なり，従来の電力源よりも単位当りで10%以上 CO_2 の少ない電力のみが「グリーン」と認定されるのである。

（5）　持続可能なシステムのための経済制度と技術改善

　ここまでは，温室効果ガスを削減するための技術を社会に導入するための経済制度の得失とその現状について説明した。まず，環境税，排出量取引といった多様な制度にはそれぞれ一長一短があり，どの制度が万能とは言い切れないことを明らかにした。したがって，各国の置かれている状況によって，可能な制度を組み合わせて目的を達成することが望ましい。

　われわれは，必要な技術さえ開発すれば地球環境問題は解決するとの安易な技術万能主義の立場にはたたない。他方，環境税や排出量取引などの制度のみによってこの問題が解決されるという経済至上主義，ないし市場万能主義的な立場もとらない。地球環境問題の改善，なかんずく京都議定書の遵守のためには，長期的な技術開発と，開発された技術を効率よく場に導入する制度を二人三脚でうまく組み合わせなければならない。こうした制度と技術開発の最適な組合せを，各国の状況に応じて探っていくことが重要である。

7.2.2　CCSプロジェクトの経済性評価

（1）　プロジェクト評価と現在価値換算

　ここでは，CCSプロジェクトの経済性評価を行う。そのために，まず，事業者側から見たプロジェクトの収益性評価について説明する。

まず，企業や個人にかかわらず，収益や所得の時間換算の問題を考えてみよう。個人は，いま現在もっている所得を，どれだけ現在の消費と未来の消費に配分するかを意思決定しなければならない。この現在と将来の「時間」の問題は，経済性評価における重要な問題である。貯蓄を増やせば，その分現在の消費を減らさなければならないが，将来の消費を増やすことができる。このように，合理的個人は，貯蓄の増減を通じて自らの所得を，現在の消費と将来の消費に配分しているのである。

それでは，企業についてはどうだろうか。企業活動を行うには，まず初期投資を行って工場や事業所などを開設し，その後そこで生み出す財やサービスを販売することによって収益を得る。企業は現在時点で行う投資を，将来に得る収益で回収しているのであるから，そこにも現在と将来の費用ないしは収益の価値の比較が存在しているはずである。

このように，個人や企業の間に存在する現在と将来の価値の比較，「時間」の価値換算について学ぶことにする。

（2） 収入と支出の現在価値換算

投資意思決定において収入や支出の発生する時期が異なる場合，早く発生するものは相対的に重く，遅く発生するものは相対的に軽く評価する。この意味を経済学における効率性基準の観点からみてみる。収入や支出は個人ないしは個々の企業の選好を基礎にしており，その個人・企業が近い将来，例えば1年後の利益（＝収入－支出）の享受を，遠い将来，例えば10年後の利益の享受よりも選好するなら，そこに主観的な時間選好すなわち時間割引が存在するのは当然である。そうした，時間的に近い将来時点の利益が遠い時点の利益を超過する率を主観的時間選好率と呼ぶ。一般に，個人・企業は主観的時間選好率に基づき，債務や預金を通じて将来の利益の享受と現在の利益の享受のバランスをとっていると考えられる。もし，ある個人・企業が，将来と現在の利益に関して最適なバランスを達成しているとすると，その最適化された状態における主観的時間選好率と利子率とは等しくなるはずである。

他方，利子率は国レベルで共通のものである。したがって，すべての個人・

7.2 経済的枠組み

企業が，利子率と主観的時間選好率が等しくなるところまで，借入れや預金をすると，最終的には，すべての個人・企業の主観的時間選好率は利子率に一致する。

いま，ある個人の総所得を M とし，利子率を r とすると現在の消費 PC と1期後の将来の消費 FC の間に式 (7.3) が成り立つ（図 7.13）。

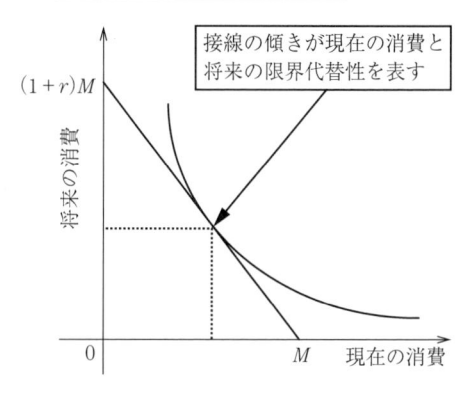

図 7.13 現在と将来の無差別曲線

$$PC + \frac{FC}{1+r} = M \tag{7.3}$$

したがって，社会全体を対象とする投資の意思決定においても，収入や支出の発生する時期が異なる場合には，式（7.4）（支出の場合）のようにそれを利子率 r でもって現在価値に換算するいわゆる「割引き」が正当化されるのである。

$$割引現在価値 = COST_0 + \frac{COST_1}{(1+r)^1} + \frac{COST_2}{(1+r)^2} + \cdots + \frac{COST_n}{(1+r)^n} = \sum_{i=0}^{n} \frac{COST_i}{(1+r)^i} \tag{7.4}$$

（3） NPV と IRR ―プロジェクト評価と DCF 法―

設備投資を伴うプロジェクトにおいて単年度の収支を図示すると以下のようになる。図 7.14 のような単年度の利益＝収入－支出が毎年金額の変化を伴いながら繰り返される。ここで，各年の収入をキャッシュインフロー（CIF），支出をキャッシュアウトフロー（COF）とし，各年の利益をキャッシュフロー（CF）と

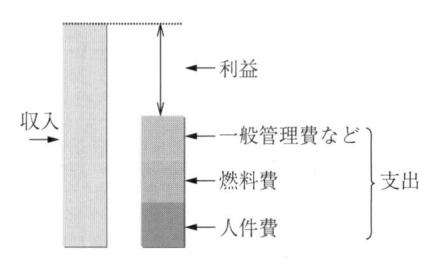

図 7.14 設備投資を伴うプロジェクトにおいて単年度の収支

表すと，CF＝CIF－COF となる。

このキャッシュフロー CF の累積によって初年度の設備投資（初期投資）に要する費用を回収することができれば，設備投資を行うことが経済的に正当化される。この際，初期投資と年々の利益とは時点が異なるので，上述した割引率により，年々の利益額を投資が行われる初年度に換算する。そして，初年度に換算された利益額の合計と投資額を比較して利益額のほうが投資額より大きい場合は設備投資を行うことが経済的に正当化される。このような評価法をDCF（discounted cash flow）法と呼ぶ（**図7.15**）。

図7.15 DCF法における初期投資と年々の利益の関係

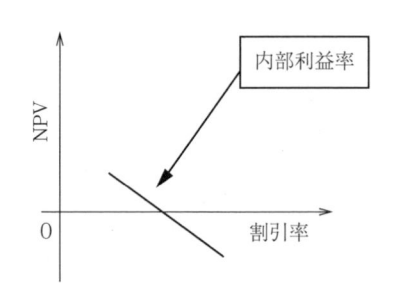

図7.16 プロジェクトのNPVと割引率の関係および内部利益率の概念

また，プロジェクトのCF をすべて現在価値に換算した値を NPV（net present value）と呼ぶ。DCF 法とはプロジェクトの NPV が正か負かで投資の可否を決める評価法である[13]。

さて，この DCF 法によってプロジェクトの収益性の高さ（利益率）を定量的に表すことができる。まず，割引率を変化させてプロジェクトの NPV を算定すると**図7.16**のようになる。

この場合，割引率が低いとプロジェクトの NPV は正となり，割引率を高くすると NPV は徐々に低下してやがて負となる。そこで，NPV がちょうど 0 となる割引率が存在することになる。この NPV が 0 となる割引率のことをプロジェクトの内部利益率（internal rate of return：IRR）と呼ぶ[13]。

内部利益率 IRR の意味は以下のとおりである。いま，あるプロジェクトの

内部利益率を評価したところ10%であったとしよう．このプロジェクトの初期投資に必要な資金をすべて銀行などからの融資でまかなうとする．このとき，債務の返済利子率が10%より小さければ，プロジェクトのNPVは正となる．逆に利子率が10%より大きければ，プロジェクトのNPVは負となる．すなわち，内部利益率とはプロジェクトへの投資が収益性をもつための債務返済利子率の上限であるということができる．したがって，内部利益率が高いほど，プロジェクトへの投資が収益性をもつ可能性が高くなるのである．

ただし，NPVとIRRの関係においては，以下の点に注意を要する．いま，二つのプロジェクトがあり，プロジェクト1はプロジェクト期間の後半に多くの収益が得られ，プロジェクト2はプロジェクト期間の前半に多くの収益が得られるものとする．割引率を上昇させながらNPVを算定すると，双方のプロジェクトとも割引率が高いほどNPVが当然小さくなる．ただし，割引率の変化に対するNPVの変化の割合は，プロジェクト1のほうが大きい．そのため図7.17の例では，IRRはプロジェクト2のほうが高いが，適正割引率におけるNPVはプロジェクト1のほうが高くなっている．この場合，経済学の立場から採用すべきプロジェクトは1のほうである．NPVは便益−費用の現在価値に相当しているからである．したがって，NPVが正である限り，このプロジェクトを実行することが正当化されうるし，二つのプロジェクトのいずれか一方しか実行できないとすれば，NPVの高いほうを実行することが正当化さ

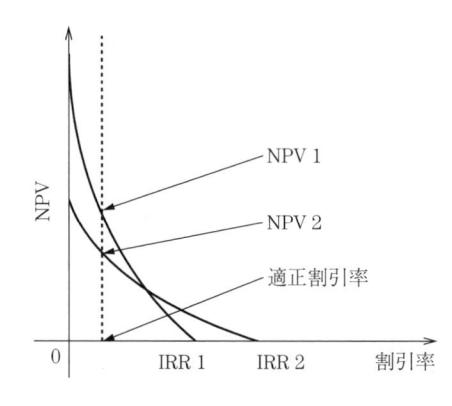

IRR 2＞IRR 1でかつNPV 2＜NPV 1となる例

図7.17 NPVとIRRの優劣が異なる例

れうるからである。このように IRR と NPV が異なる結果をもたらす場合もあることに注意しなければならない。

（4）　プロジェクト評価における DCF 法とその問題点

これまで述べてきた評価手法に従って，新技術を導入し，システムを改善していくことを考えてみよう。具体的には，ある企業が，エネルギー環境関連技術に関するプラントを建設し，プロジェクトを開始することを考えてみる。ここで，これまでに取り扱った新技術の評価指標（経済性）を改めて吟味すると，それはあくまで経済性の期待値にすぎないことに注意しなければならない。

実際には，プロジェクトの収益性を評価して，設備投資の意思決定を行う場合には，収益性の期待値だけではなく，その変動（リスク）を考慮しなければならない。エネルギー環境システムに関するプロジェクトということになると，そこには異なる業種の利害関係が絡むとともに，トータルの設備投資額は巨額とならざるをえない。例えば，水素の燃料電池自動車を例にあげるならば，そこには自動車業界，石油業界，ガス業界など多様な業種の戦略が関係する。ガソリンスタンドにおける水素の取扱い，水素ガスのパイプライン，水素燃料電池による乗用車の開発など，いずれも巨額の設備投資を要するものであり，しかも，関係業界の長期戦略に整合性がなければ，投資が無駄になるリスキーなプロジェクトであり，その意味でどの業界もこうしたプロジェクトには慎重にならざるをえない。ここでは，上記のような実際のプロジェクトにおける投資意思決定とリスクおよび温室効果ガス削減の関係について考察する。

（5）　モンテカルロ DCF 法による事業価値の推定

DCF 法においては，評価対象のプロジェクト開始時点から終了時点までに生じる年々の利益の期待値を現在価値に換算する。しかし，上述したように，将来の利益はあくまで期待値にすぎず実現値ではない。したがって，実際には見込んだほど利益が上がらない場合もあれば予想以上の利益が上がる場合もある。エネルギー環境関連プロジェクトの場合，そうした期待値と実現値のずれは，エネルギー価格や需要の想定値と実現値のずれや予期しないプラントの事

故・故障による稼働率の低下あるいは海外のプロジェクトの場合は，投資相手国の政治経済的不安定性（例えば，為替の変動による利益の変動など）により影響を被る場合が考えられる。こうした想定値と実現値とのずれは，プロジェクトのNPVや内部利益率に変動を与えることになる。こうしたNPVや内部利益率の変動（より正確には標準偏差）を経済工学の分野ではリスクと呼んでいる。

いかなるプロジェクトでも，それが完全な予知の不可能な将来にわたる投資案件である限り必然的にリスクが伴う。だとすると，DCF法では，プロジェクト評価におけるこのリスクをどのように取り扱えばよいのだろうか。この問に解答するには，まずプロジェクトにどの程度のリスクが伴うかを定量的に評価する必要がある。これには，以下に述べるモンテカルロDCF法を用いる。

モンテカルロDCF法とは，将来のキャッシュフローの不確実性が高い場合に，モンテカルロシミュレーションを繰り返して事業価値を統計的に推定する手法である。事業の現在価値は，将来の複数期間に発生するキャッシュフローを，一定のレートで割り引いて合計したものとなる。再掲すると，式 (7.4) がDCF法の基本的な式である。

$$V = \frac{CF_1}{(1+r)^1} + \frac{CF_2}{(1+r)^2} + \frac{CF_3}{(1+r)^3} + \cdots + \frac{CF_n}{(1+r)^n} \qquad (7.4)(再掲載)$$

ここに，V：プロジェクトのキャッシュフローの総現在価値である。

モンテカルロシミュレーションでは，プロジェクトのライフサイクルにわたって生じるキャッシュフロー CF_i の確率的な生成を繰り返し行って統計をとる。その際，キャッシュフローは例えば1年単位で発生させる。

また，こうしたモンテカルロDCF法では，エネルギーや（排出量取引が行われる際の）環境排出物の価格や需要に対してある確率過程に従う乱数を発生させる。利用される確率過程にはさまざまなものがあるが，最もよく用いられるのは，ドリフト付き幾何ブラウン運動である。これは，価格や需要の変化率を一定の上昇率を表すドリフト項とブラウン運動に従う変動項の2項によって表現するモデルであり，式 (7.5) で表される。

$$dS = \mu S dt + \sigma S dz \tag{7.5}$$

または

$$\frac{dS}{S} = \mu dt + \sigma dz = \mu dt + \sigma \varepsilon \sqrt{dt} \tag{7.6}$$

ここで，μ：変動率の期待値，σ：変動率の標準偏差，$dz = \varepsilon \sqrt{dt}$：標準ブラウン運動，$t$：時間，$\varepsilon$：標準正規分布（平均0，標準偏差1）からの無作為標本である。

幾何ブラウン運動の本質とはなんなのかを考えてみるため，表計算のソフトを使って標準正規乱数を発生させ，式（7.6）に従う資産価格の変化を見てみよう（**図7.18**）。

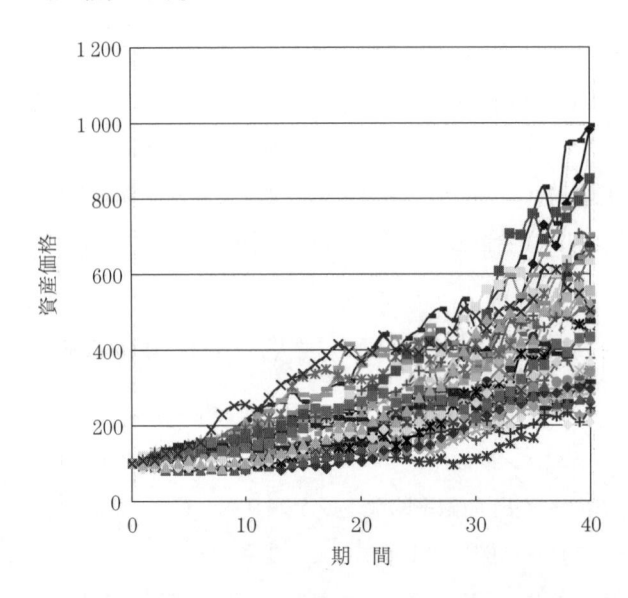

図7.18 幾何ブラウン運動に従う変数の例（変動率の期待値4％，基準偏差8％）

（6） リアルオプション理論のプロジェクト評価への応用

ここでは，文献14）に従い，リアルオプション理論について概説する。それに続いて，本理論をプロジェクト評価へ応用する枠組みについて述べる。

リアルオプション理論においては，通常プロジェクトの資産価値 V について以下のような幾何ブラウン運動を仮定する。式（7.7）において dz はウイーナー過程の増分を表す。式（7.7）が意味するところは以下のとおりである。

7.2 経済的枠組み

すなわち，対象とされているプロジェクトの現在の資産価値は決まっているが，将来の資産価値は不確実性（分散）をもっている．そして，プロジェクトの資産価値 V の分散は時間に比例して大きくなっていく．

$$\frac{dV}{V} = \mu dt + \sigma dz \tag{7.7}$$

つぎに，プロジェクトに投資をする機会の価値 $F(V)$ をコールオプションと同様に仮定する．すなわち，投資機会のオプション価値 $F(V)$ を将来のある時点において，決められた価格で投資をする義務ではなく権利として定義する．換言すると，$F(V)$ は，投資意思決定者が，プロジェクトへの投資を実行するかまたは遅らせることのできる権利の価値を表している．

ここでは，オプション評価において通常とられる方法を用いる．その方法とは，プロジェクト資産そのものと，そのオプションへの投資によって無リスクのポートフォリオを構築することにより，無裁定定理を用いて，オプション価値を求める方法である．具体的には式 (7.8) のように n 単位のプロジェクト資産を購入して，オプション 1 単位を売却するというポートフォリオを組む．

$$B = nV - F \tag{7.8}$$

ここに，B：無リスク資産の総額，F：当該プロジェクトに投資をするオプションの価値，V：当該プロジェクト資産の価値である．

n 単位のプロジェクト資産を保有することにより，キャピタルインカム ndV が得られるだけでなく，保有 1 期間当りの配当 δnV も得られる．したがって，ポートフォリオの変化分について式 (7.9) が成り立つ．

$$dB = ndV + \delta nVdt - dF \tag{7.9}$$

ここに，δ：当該プロジェクト資産により生み出される配当である．

オプション価値 F の変化分 dF に関しては，確率微分における伊藤のレンマを用いて式 (7.10) が成り立つ．

$$dF = F_V dV + \frac{1}{2} F_{VV} \sigma^2 V^2 dt \tag{7.10}$$

方程式 (7.10) を式 (7.9) に代入することで式 (7.11) を得る．

$$dB = ndV + \delta nVdt - dF = (n - F_V)dV + \left(\delta nV - \frac{1}{2}F_{VV}\sigma^2 V^2\right)dt$$
(7.11)

ポートフォリオ資産 B は無リスクであるため，dV の係数は 0 でなくてはならない。したがって，$n = F_V$ の関係が成り立つ。無リスク資産の利子率は r であると仮定しているので，式 (7.8) と式 (7.11) より，$F(V)$ に関するつぎのような微分方程式が得られる。

$$\frac{1}{2}\sigma^2 V^2 F_{VV} + (r-\delta)VF_V - rF = 0$$
(7.12)

式 (7.12) の解は式 (7.13) のように表される[14]。

$$F(V) = A_1 V^{\beta_1}$$
(7.13)

ここで，β_1 はつぎの 2 次方程式の解である。

$$\frac{1}{2}\sigma^2 \beta(\beta-1) + (r-\delta)\beta - r = 0$$
(7.14)

$F(V)$ は式 (7.15) の境界条件を満たさなければならない。すなわち，投資の意思決定を行うしきい値 V^* における正味現在価値 $V^* - I$ は，そのときのオプション価値 $F(V^*)$ に等しい。

$$F(V^*) = V^* - I, \quad F'(V^*) = 1$$
(7.15)

式 (7.13)～(7.15) より，投資のしきい値に関して式 (7.16) の関係を得る。

$$V^* = \frac{\beta_1}{\beta_1 - 1}I = qI$$
(7.16)

式 (7.16) において，q は投資意思決定を行うしきい値における V^* と I の比を表しており，臨界収益率と呼ぶ。この臨界収益率の概念を図 7.19 に示す。臨界収益率の値はプロジェクトリスク σ に依存して変化する。すなわち，図 7.20 に示すように，σ が減少すれば，臨界収益率 q も減少する。したがって，リアルオプション理論を CCS プロジェクトの投資に応用して考える場合においてもプロジェクトリスクを低減することが重要である。

CCS が実行可能となるためには，7.2.1 項で記述したようななんらかの経済的措置が必要である。それは，例えば石炭火力発電に CCS 設備を付加する

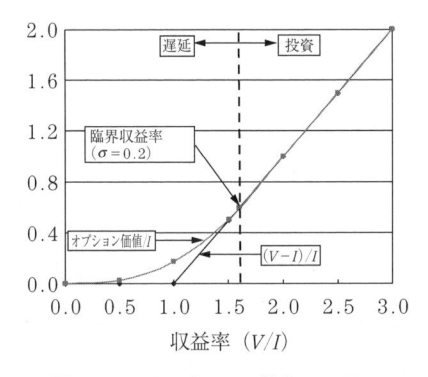

図 7.19 プロジェクト投資における臨界収益率

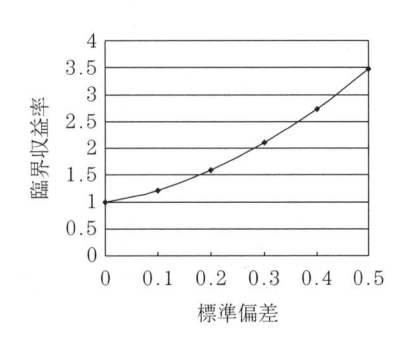

図 7.20 σ と臨界収益率の関係

ことを考えると明らかである．まず，CCS設備の付加により，初期投資額 I が大きくなってしまう．さらに，CO_2 の回収・圧縮にエネルギーを必要とするため，正味の発電効率が低下する．したがって，CCSで CO_2 を削減することによりなんらかの経済的メリットが生じる仕組みが必要である．京都メカニズムのCDMのように CO_2 削減量がクレジットとして価値を生むような制度であれば，CCSが経済的に実行可能となる可能性がある（CCSをCDMとして認めるか否かについては，現在国際交渉が継続している最中である）．また，国内においても，上記と同様に CO_2 削減量がクレジットとして価値を生むような制度であれば，CCSが経済的に実行可能となる可能性がある．

かりにCCS設備付きの石炭火力発電所に上記のような制度を適用したと想定すると，主たる生産物である電気と副産物としての CO_2 削減によるクレジットを収益源とするプロジェクトの実行可能性を検討することとなる．現在のCCSコストについては，例えば文献15）によると約7 300円/t-CO_2 となっている．これと，現状のEU/ETSにおける排出権価格やCDMによる排出削減クレジットCERの価格を比較すると，まだCCSのコストのほうが高い．したがって，まずCCSの研究開発によるコスト低減が必要であるが，排出削減クレジットの価格が上昇することも，CCSの追い風となるであろう．こうした状況下で，リアルオプション理論を適用することにより，本プロジェクトの

経済的実行可能性を判断することができるようになる。その場合，NEDO が実行しているような CER などの京都クレジットの買取制度も参考になる。NEDO の制度では，CER などを固定価格で買い取る契約をしている。このようなクレジット価格の固定化は，プロジェクト実行側から見ると，収益リスクを低減することとなる。図 7.20 に示したように，プロジェクトリスク σ が低下すれば，臨界収益率が低下し，実行しやすくなるため，上記のような制度も CCS を推進するためには，大いに参考になるものである。

7.2.3 お わ り に

本節前半では，地球温暖化対策としての経済的枠組み全般について解説した。炭素税，排出量取引など，温暖化対策の経済的枠組みには多様な制度がありうる。しかし，基本的には CO_2 など温室効果ガスの削減によって経済的価値が生じるという点が共通である。

本節後半では，CCS に関するプロジェクトの経済的実現可能性を評価するための手法を紹介した。プロジェクトリスクの管理は重要であるため，リスクの取扱いと投資の意思決定に特徴をもつリアルオプション理論を CCS プロジェクト評価に応用する枠組みを示した。

7.3 法制度・社会的受容性

7.3.1 は じ め に

政策は，多くの場合，導入のメリットとデメリットの双方を有している。きわめて単純にいうならば，ある法制度のもつメリットがデメリットを上回ると認識された場合，その法制度は導入される。デメリットがそれほど大きくない場合には，法制度導入の可否はそれほど大きな問題とならない。しかし，リスクは高い（デメリット大）が，それを導入するとメリットも大きいという状況において，導入すべきか否かの判断が迫られた際，専門家だけでなく一般市民による認識が重要な役割を果たす。これは社会的受容性（public acceptance）の問題と呼ばれる。

　地球温暖化問題に関連する対策のうち，社会的受容性の観点が問題となるのは原子力や燃料電池など，一定以上のリスクを伴うと認識されているエネルギー源と，CCSである。いずれも，他の温暖化対策と比べて高い効果が得られると試算されているが，万が一の際のリスクの大きさも未知の部分がある。ここで重要なのは，社会的受容性が単にリスクに対する理解に影響を受けるにとどまらず，導入した際に得られると想定されている便益の大きさからも影響を受けということである（リスク認知と意思決定については，例えば，鈴木ら[16]がある）。

　CCSの場合，想定されるリスクとは，貯留したCO_2が外部に漏れ出した際に生態系や人間健康などに及ぼす影響である。圧入されるCO_2は高濃度なため，濃度が高いまま大量に漏出した場合のリスクが想定される。同様に，海水に気体あるいは液体のCO_2を溶かしこむタイプの固定技術の場合，高濃度のCO_2により海洋生物，特に食物連鎖の最も下に位置する微生物への影響が懸念されている。また，費用がかかるCO_2を回収し地中に固定するためにも多くのエネルギーを要する，といった点もデメリットの側に入る。

　他方で，CCS技術を用いて大量のCO_2を大気から隔離することにより，地球温暖化影響を緩和できるのがメリットである。地球温暖化影響が深刻だと認知されている場合ほどこのメリットは大きくなる。同じく，CCS以外の地球温暖化緩和策に限界を感じている場合ほど，相対的なメリットは大きくなる。

　さて，目を地球温暖化問題にかかわる国際交渉に転じると，同問題が国際問題として注目されるようになった1980年代より，地球温暖化問題が，CO_2をはじめとする温室効果ガスの大気中濃度上昇による，という点はおおむね共通理解となっていた。大気中濃度が問題である以上，温室効果ガスの大気への排出削減と，大気からの吸収増大は，温暖化対策という観点からは同様の効果を生じる。しかしながら，いままでの地球温暖化対処を目的とした国際的取組みを概観すると，排出抑制と固定・吸収は大きく異なる扱いを受けてきたことに気づく（図7.21）。

7. 温暖化対策と社会システム

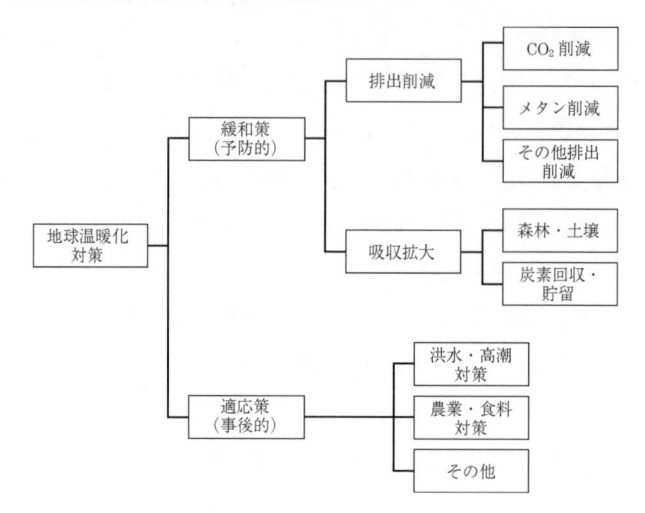

```
地球温暖化 ─┬─ 緩和策      ─┬─ 排出削減 ─┬─ CO₂削減
対策         │  (予防的)     │            ├─ メタン削減
             │               │            └─ その他排出削減
             │               └─ 吸収拡大 ─┬─ 森林・土壌
             │                            └─ 炭素回収・貯留
             └─ 適応策      ─┬─ 洪水・高潮対策
                (事後的)      ├─ 農業・食料対策
                              └─ その他
```

図 7.21 地球温暖化対策における CCS の位置づけ

　この後の説明にあるように，今日までに構築されてきた現行の地球温暖化問題への対処に関する国際制度は，排出量削減と吸収量増大という二つの手段を区別して扱ってきた。排出抑制は，過去も現在もそして将来も同様に中心的な対策として位置づけられ続けると予想される。他方，森林による吸収や本稿のテーマの技術による人為的な CCS のほうは，交渉が始まった 1990 年前半では真剣に議論されることはなかったが，京都議定書採択後以降急速に関心が高まっており，今後もさらに高まり続けていくだろうと考えられる。

　CCS は，炭素を大気から取り出し，一定期間貯蔵しておくという機能を果たすという点からは，いままでの国際制度において森林と類似の取扱いを受けてきている。しかしながら，両者の違いの大きさも当然のことながら存在するため，近年議論が深まるにつれて論点も分岐してきている。

　本節では，CCS 技術について，現行制度における取扱いおよび社会的受容性の観点から論じる。まず，地球温暖化対策に関する国際交渉の全体像を概説する。つぎに，CCS 技術の歴史をたどり，これが地球温暖化対策交渉，ならびに，その他の国際条約の中でどのように取り扱われてきたかを説明する。国際社会での動きは，各国内の状況を反映している。そこで，国の政府や産業

界，環境保護団体の同技術に対する立場について述べる．最後に，わが国における動向を説明し，わが国において今後検討が必要な法制度的観点，および，社会受容性の観点から考察する．

7.3.2 地球温暖化問題への国際的取組みの経緯
（1） 気候変動枠組条約

地球温暖化問題が国際社会で議論されるようになってから20年近く経つが，その間に二つの国際条約，気候変動枠組条約と京都議定書が合意されている（表7.4の左部分参照）．

「枠組条約＋議定書」アプローチは，1970年代以降，地球環境問題への国際

表7.4 地球温暖化問題に対する国際社会の対応

	国際交渉，条約など	科学的知見/ 炭素回収・貯留に関する動向
1988		気候変動に関する政府間パネル（IPCC）発足
1990	条約交渉会議開始が合意される	IPCC第1次報告書
1992	気候変動枠組条約採択	
1994	気候変動枠組条約発効	
1995	気候変動枠組条約第1回締約国会合（COP 1），議定書交渉開始	IPCC第2次報告書
1997	COP 3 京都議定書採択	
1998	COP 4 ブエノスアイレス行動計画採択	
2001	米国京都議定書離脱，COP 6 再開会合，COP 7 マラケシュ合意	IPCC第3次報告書
2003		CSLF発足
2004	ロシア議定書批准	
2005	グレンイーグルスG8サミット 京都議定書発効，COP 11/CMP 1	IPCC-CCS特別報告書
2006	COP 12/CMP 2	SBSTAでCCSワークショップ開催
2007	ハイリゲンダムG8サミット 第13回条約締約国会議（COP 13） 第3回議定書締約国会合（CMP 3）	IPCC第4次報告書
2008	次期枠組交渉開始 洞爺湖G8サミット COP 14/CMP 4	
2009	COP 15/CMP 5 次期枠組合意達成（予定）	

的対処において導入されたアプローチである。地球環境問題が他の国際問題と異なる点として，問題の科学的不確実性があげられる。例えば，欧州における酸性雨問題では，北欧の湖沼の酸化の原因がドイツや英国から排出されるばい煙にあることを科学者が示すまでに多くの年月がかかった。科学者がこのような因果関係を立証するまで，汚染国は自らの非を認めたがらないため，削減目標も交渉のしようがない。そのため，原因と結果との間の因果関係について研究を推進するために，モニタリングや情報共有の土台を作ることを目的に枠組条約を作る。そして，枠組条約の下で因果関係が特定されてきた段階で議定書を作り，具体的に原因物質を減らしていく。これが「枠組条約＋議定書」アプローチである。

地球温暖化問題においても，人為起源のCO_2排出量の増加が地球温暖化に結び付くか否か，また，温暖化した場合の影響は正か負か，といった点で，1980年代には立証するに十分な科学的知見が集積されていなかったために，まずは枠組条約を交渉しようということになった。他方で，「立証できるまで対策をとらないのでは遅すぎる，予防原則で動くべきだ」と考えていた欧州諸国は，名称は「枠組条約」としながらも，なんらかの排出量抑制目標を入れ込むことを主張した。その結果が1992年に採択され1994年に発効した気候変動枠組条約（United Nations Framework Convention on Climate Change：UNFCCC）である。

気候変動枠組条約は，枠組条約という名のとおり，地球温暖化に関する問題認識を共有し国際社会として協力して取り組む土台作りを目指したもので，排出インベントリの作成および提出や，締約国会議の位置づけなどが規定されている。他方，欧州諸国の主張を反映し，条約4条2項には，先進国をはじめとする国々（附属書I国）に対して，努力目標ではあるが，2000年までに1990年レベルでの温室効果ガス排出量安定化を求めている。

本条約を交渉した1991～92年時点では，炭素を固定する機能を果たすものとして森林や海洋の生態系など生態学的なものだけが想定されていた。条約4条1（d）では，「温室効果ガス（モントリオール議定書によって規制されて

いるものを除く）の吸収源および貯蔵庫（特にバイオマス，森林，海その他陸上，沿岸および海洋の生態系）の持続可能な管理を促進することならびにこのような吸収源および貯蔵庫の保全（適当な場合には強化）を促進しならびにこれらについて協力すること」とあるように，ここに掲げられた吸収・貯蔵機能だけを認めた内容となっている。当時は，吸収機能の取扱いの重要性を主張することは，あたかもエネルギー燃焼起源のCO_2排出について議論することを回避しているとみなされてしまいがちであったことから，森林の扱いについてもこれ以上に踏み込んだ規定にはなっていない。

（2） 京都議定書

気候変動枠組条約は1994年に発効し，翌年の1995年には第1回目の締約国会議（COP）が開催された。ここでは，気候変動枠組条約だけでは十分な気候変動抑制策が実施されないため，附属書I国の排出削減目標を定めるための交渉を開始することが合意された。その結果が2年後の1997年の第3回条約締約国会議（COP 3）で採択された京都議定書である。ここでは附属書I国の2008年から2012年までの5年間（第一約束期間）における温室効果ガスの排出削減目標を設定している。削減割合は国によって異なり，例えば日本であれば1990年の水準と比べて6%低い水準に排出量を抑えなければならない。

対象ガスをCO_2だけにするか，メタンと亜酸化窒素を加えて3ガスとするか，またはさらに代替フロン類などを加えて6ガスとするか，という点は当初から論点の一つであったが，交渉がCOP 3に迫る直前までは，あくまで排出抑制のみが議論されていた。ところが，特に近年植林を進めているニュージーランドなどの国から，森林による吸収も目標達成の一部に組み込んでほしいという主張がCOP 3直前に出された。エネルギー燃焼起源のCO_2などと比べると森林のCO_2固定量の推定の精度は非常に低く，また，森林がいったんCO_2を吸収しても数十年後に樹木が枯死すればまた大気中に放出される，という点も，森林の利用を制限する主張につながった。しかし最終的には1990年以降の新規植林など，限定的に認められることになった。

このように森林および土地利用，土地利用変化に伴うCO_2排出および吸収

については，交渉の最終段階で排出削減策とともに考慮できる対策として認められるようになった。これは，排出削減策では十分に減らす余地がなく，代わりに自国内での植林活動などを認めてもらったほうが，低コストで同等の効果が得られるという考えが大勢を占めたことを意味する。他方で，CCSについては，京都議定書交渉の中でほとんど議論されることもなかった。

(3) 京都議定書採択以降

京都議定書が採択された後，交渉は京都議定書で定められた排出枠取引など新たな制度を実施するために必要な詳細ルールの検討に移った。その結果は2001年モロッコのマラケシュで開催された第7回条約締約国会議（COP 7）で合意され，マラケシュ合意と呼ばれた。他方で，同年春には，米国で新たに発足したブッシュ大統領が京都議定書への不参加を表明してしまったため，マラケシュ合意後も京都議定書が早期に発効する見通しはほとんどなかった[17]。

ようやくロシアが2004年秋に批准し京都議定書が2005年2月に発効すると，数年間停滞していた国際交渉に動きが見られるようになった。同年末にカナダのモントリオールで開催された第11回条約締約国会議（COP 11）では，京都議定書の第1回締約国会合（CMP 1）も同時開催された。ここでは欧州連合（EU）や日本が，京都議定書第一約束期間終了後（2013年以降）の国際的取組みのあり方について早期に交渉を開始すべきだと主張したのに対して，米国や途上国は否定的な見解を示した。その結果，条約締約国会議下では交渉ではなく2年間の対話の実施が合意されたにすぎなかった。

その2年後の2007年末，インドネシアのバリで開催された第13回条約締約国会議（COP 13）および第3回議定書締約国会合（CMP 3）では，2年前の交渉と同様，2013年以降の包括的な国際的取組みに関する交渉の進め方が最大の関心事となった。2年前にはそのような交渉を始めること自体強い拒否の姿勢を崩さなかった途上国グループや米国の態度は今回明らかに異なっていた。これらの国も，地球温暖化に対して真剣に取り組まなければならないという点に関して共通認識をもち，今後2年間を目途に，長期的な国際的協力体制について交渉し合意を目指すことに賛成した。このように，米国や途上国が次

期枠組みに関する交渉に前向きになった背景としては、その年のはじめに公表されたIPCC第4次評価報告書の影響が指摘される。

バリでは、2年後に合意すべき新たな国際制度を樹立するために、今後なにを議論していかなくてはならないのか、という点に論点が移った。その結果がバリ行動計画と呼ばれる文書に盛り込まれている。同文書では、①排出削減に関するグローバルな長期目標の検討、②先進国の約束、③途上国の約束、④森林減少防止（REDD：reducing emissions from deforestation in developing countries、森林保全）、⑤セクタ別アプローチ、⑥適応策の強化、⑦技術開発の協力、⑧資金協力など、の8本柱が建てられた。

2008年以降、このバリ行動計画に沿って交渉が動き出している。2008年7月に日本の洞爺湖で開催されたG8首脳国サミットでは地球温暖化が主要テーマとなり、バリ行動計画の①に相当する長期目標について激しい議論があった。最終的には米国の強い反対で目標自体に合意することは回避されたが、2050年までに世界総排出量を現行から半減するという目標が一つのメルクマールになりつつある。

7.3.3　CCSに関する動き

以上見てきたように、地球温暖化問題に関する国際交渉過程で国際社会は、当初、エネルギー燃焼起源のCO_2排出以外を対象とした方策はあたかも議論の対象外であるかのように扱ってきた。しかし、エネルギー燃焼起源CO_2排出量の削減が、必要とされる削減量にほとんど満たないまま年月を重ねるうちに、地球温暖化と認識されるような現象がつぎつぎに起こるようになり、CO_2以外のガスの対象ガスへの追加、あるいは、排出だけでなく森林などの吸収量の勘案、さらには、途上国での適応策などと、議論の対象範囲を拡大する傾向が続いている。本項では、改めてCCS技術の過去の経緯について説明し、地球温暖化交渉との関連により進展してきた歴史を紐解く。

（1）初　　　期

炭素固定に関する議論は、2000年を過ぎたあたりから急速に関心を集める

ようになったが，技術開発そのものが同時期に初めて着手されたわけではない。

当初から高い関心をもっていた国の多くは，カナダや米国のように国内に油田をもっていた国であった。なぜならば，枯渇した油田においては，底に残された原油を取り出すために油層にCO_2を注入する方法（EOR）が，「原油を取り出す」という地球温暖化対策とは別の理由で1970年代から実施されてきたからである。この時点では，地球温暖化対策という認識は低かった。

しかし，その後，この手法を地球温暖化対策の切り札として着目したのは，むしろ欧州の企業・研究者だともいえる。北海のスライプナーガス田での帯水層CO_2圧入など，欧州勢はこの技術の将来に地球温暖化対策の切り札としての期待をかけるようになった[18]。

2003年には炭素隔離リーダーシップフォーラム（Carbon Sequestration Leadership Forum：CSLF）という国際組織が設立され，国際共同研究プロジェクトが実施されるようになった。このフォーラムは現在22か国がメンバーとなっており（オーストラリア，ブラジル，カナダ，中国，コロンビア，デンマーク，欧州委員会，フランス，ドイツ，ギリシャ，インド，イタリア，日本，韓国，メキシコ，オランダ，ノルウェー，ロシア，サウジアラビア，南アフリカ，英国，米国）本技術開発の促進に中心的役割を果たしている[19]。

また，2006月1月から発足した「クリーン開発と気候に関するアジア太平洋パートナーシップ」（APP）は，米国，オーストラリア，中国，インド，日本，韓国の6か国で地球温暖化対策となる技術に関して国際共同研究を推進することが目的となっているが，その中の一つにCCSが位置づけられている。ここでは2015年までに燃焼前回収法による商業的サイトの開発，純酸素燃焼法および燃焼後回収技術の商業化，石炭ガス化の商業化，CCSと石炭ガス化複合発電（IGCC）技術の商業化，といった目標を掲げている[20]。

（2）気候変動枠組条約の下での議論

このような主要技術国間の国際協力の動向の進展と並行して，気候変動に関する政府間パネル（IPCC）により，CCSに関する特別報告書（IPCC-CCS）

7.3 法制度・社会的受容性

が作成された。2005年末，カナダのモントリオールで開催されたCOP 11で公表された同IPCC特別報告書では，CCS技術を，技術的観点および経済的観点から整理している[21]。技術を推奨するか否かといった評価にあたる記述はないものの，同技術の特質がつかめる内容となっている。まず，現時点での試算では，世界全体のCO_2貯留可能量を少なくとも2兆$t-CO_2$（世界総排出量の70年分ほどにあたる）である可能性が高いと試算しているなど，ポテンシャルがある程度大きいことが提示されている。他方で，CCSそのものに伴うエネルギー消費量が大きいことなどから，費用対効果の観点からは課題が大きいといえる。気になる周辺環境・生態系への影響については，まだわからないことが多い。特に海洋隔離では海洋生物の生態に与える影響が問題となりうる。

このような内容の報告をIPCCから受け，COPの補助機関である「科学上および技術上の助言に関する補助機関（SBSTA）」では，「IPCC-CCSで得られた評価に留意し，締約国および民間部門がこの技術の研究，開発，展開，普及を支援することを推奨し，ワークショップの目的および報告書を規定し，「地球環境ファシリティ（GEF）」（世界銀行の下に設立された地球環境問題対応のための基金）に対してCCSの支援，特にキャパシティビルディングを通しての支援が，その目的と合致しているかどうかを検討するよう要請する」という結論を得た。この決定に基づき翌年2006年5月に開催された第24回SBSTAでは，CCSに関するワークショップが開催され，現時点での技術評価がさまざまな視点から話し合われた。

全般的に国際世論の同技術に対する関心は高まっているが，少なくとも京都議定書第一約束期間（2008年から2012年まで，排出削減目標が設定されている5年間）に関しては同技術による吸収を目標達成に用いることは認められていない。ただし，試行的にモニタリングデータを管理することは，インベントリ上の取扱いに関するテーマの中で検討されており，ここでモニタリング手法が確立されれば，次期枠組みにおける同技術の取扱いにつながっていくと考えられている。

CCSに関するもう一つのテーマは，クリーン開発メカニズム（CDM）事業の対象としてみなすかという点である．CDMとは，京都議定書に規定されている制度で，排出目標を掲げている先進国が，排出目標を掲げていない途上国での排出抑制事業を支援することで，削減された排出量の一部を排出枠（CER）として受け取るという制度である．この制度において，過剰なCERを生じないよう，CDMとして認められるために，さまざまな要件が設定されている．

CDM事業として認められるための要件の一つとして「追加性」（additionality）がある．追加性とは，CDMがなければ実施されなかったであろう事業として認められる必要があるということである．この点でCCSは市場ベースでは普及が見込めない技術なので要件を満たすとされる．また途上国におけるポテンシャルを考えると，日本のように技術はあっても隔離する場所がない国にとっては魅力的な事業となる．

他方で，もう一つ「受入れ国の持続可能な発展に貢献する事業でなくてはならない」という要件がある．もともと途上国にとってメリットがある事業でなくてはならない，という意味で挿入された要件であるが，CCS技術がこの要件を満たすとは判断しがたい．「持続可能な発展」という定義自体があいまいなため，明確な判断基準はなく，CCS技術がその事業の周辺社会にとってなんらかのメリットがあることが示されれば，承認される可能性もあるかもしれない．

7.3.4　CCS技術試行に伴う他の国際法の動向

地球温暖化対処のために取組みが進んでいるCCSだが，その実施にあたり，他の環境保全を目的とした国際条約との抵触が見られるようになった．ロンドン条約1996年議定書がその例である．

ロンドン条約とは，正式名称を「廃棄物その他の物の投棄による海洋汚染の防止に関する条約」といい，船舶から海洋に廃棄物が投棄されることにより海洋が汚染されることを防止しようとする条約である．1972年に採択され，

1975年に発効した。この条約では，第4条に禁止行為が定められており，附属書Iには投棄が禁止されている物質，附属書IIには事前の特別許可を必要とするもの，附属書IIIには特別許可または一般許可の発給基準を定める際の考慮事項が掲げられている。つまり，投棄が禁止されている物質がリストアップされており，その他については，許可は必要とするが基本的に禁止されていない，という考え方である。

他方で，その下に1996年に採択された議定書では，以前の投入禁止リストに代わって「リバースリスト」と呼ばれる投入可能なもののリストが定められ，それらの投棄に際して一連の厳格な管理と影響評価のための手続規定である「廃棄物評価フレームワーク」が導入された。

CO_2の貯留・隔離は大きく地中貯留と海洋隔離の2種類に分けられ，前者の中には海底下地層貯留が含まれる。この海底下地層貯留を進めていくためには，ロンドン条約1996年議定書においてCO_2を海洋投入処分可能な物質として許可してもらう必要があった。

この議定書改正に最も積極的だったのは，海底油田およびガス田を周辺海域に有するオーストラリアおよびEU諸国で，本改正案を提出したのもオーストラリアだった。これらの国では，海底油田やガス田から原油やガスを採掘した後にCO_2を注入すれば，比較的安価にCO_2を封じることができると考えられた。米国やカナダは，自国が陸部での地中貯留を中心に据えているため，特に強い支持も反対もなかった。他方で途上国の中には，同技術の安全性および環境に与える影響を懸念し，改正案の採択を棄権した。2006年11月に開催された1996年議定書の第1回締約国会議でこの改正案が審議され，特に大きな混乱もなく可決された[22]。このように，ロンドン条約では，海底下地層貯留への道筋が作られている。

7.3.5 国と国内主体

国際的な動向は，慎重ながらも前進の方向で進展していることがわかった。しかし，国の中には，産業界，研究者，環境保護団体（NGO）など，さまざ

まな行動主体があり，必ずしも全員がCCSについて同じ認識をもっているとは限らない。CCSに関して，国際的な動向の原動力となっているのは，政府ではなく，民間，とりわけエネルギー関連企業である。

そもそも，石炭・石油といったエネルギー関連企業は，地球温暖化問題において微妙な位置にある。彼らにとっては，エネルギー需要拡大が営利に直結するため，CO_2削減を謳う地球温暖化政策には基本的に消極的なスタンスをとっていた。また，エネルギーの中でも石炭や石油といったCO_2の排出につながる化石燃料のほか，風力や太陽光，バイオマスといったいわゆる再生可能エネルギー，原子力などとの競合がある。地球温暖化問題は，エネルギー間の競争の中でも化石燃料を不利に扱うことになるため，つねに消極的な対応をとっていたといえる。国際交渉の中では，サウジアラビアやクェートといった産油国が，最も消極的な態度で交渉に臨んできた。先進国に拠点をもつ石油・石炭関連産業の一部は，国際交渉会議における産油国の発言要旨作成を支援するなど，半ばあからさまに地球温暖化対策の進捗を遅延させてきたといっても過言ではない[23]。

しかし，2000年を過ぎたあたりから，特に欧州の石油会社の地球温暖化問題に対する態度に変化が見られるようになる。1997年に採択された京都議定書の中で排出枠取引やCDMなど，排出削減行為に金銭的価値がついたことが，これらの企業の認識の変化を促す結果となった。石油企業は，自らもCO_2を排出している。そこで，枯渇油田にCO_2を貯留して排出量を減らせれば，余った排出枠を売却できる。つまり，排出枠取引制度が，石油関連企業に新たなビジネスチャンスをもたらしたのであった。

同時期に欧州域内では，京都議定書が発効するか否かにかかわらず独自の政策として域内排出枠取引制度を設立していく。いままで対策に反発していた企業が積極派に転換する契機となったCCS技術を，政府としても支援していきたいと考える。2005年に英国（当時ブレア首相）がG8サミットをグレンイーグルズで開催した際，地球温暖化問題が重要テーマの一つとして選ばれた。同会合で合意された行動計画では，CCSについて「われわれは，以下の方法

によって，CCS 技術の開発および実用化を促進する」として，紙面を多く割いて実行計画を列挙している[24]。また，EU 域内排出枠取引制度（EU/ETS）の 2013 年以降のフェーズに関する提案において，CCS も有償割当ての対象として，排出枠取引制度に取り込む予定である。

米国などの石炭火力発電所の事業者も同様であった。地球温暖化の世界では悪者扱いされてしまう石炭火力だが，特に石炭の埋蔵量の多い米国やオーストラリアでは，石炭産業界が多くの雇用を支え，労働組合も強く，政治的影響力もある。安価な石炭を使い続けない手はない。石炭火力発電所において CO_2 を大気中に放出する前に回収して地中貯留してしまえば，CO_2 の排出削減に寄与したとみなされる。排出枠取引で排出枠の価格が上昇すれば，排出枠の売却益が期待される。ブッシュ政権は石炭産業に親和的であり，石炭火力発電に CCS を組み合わせたいわゆるクリーンコール技術を開発する予算を増やし，エネルギー省による FutureGen プロジェクトで研究開発を進めている。

現在，米国は京都議定書の締約国ではないため，排出量削減目標を達成する義務も，排出枠取引や CDM などの京都メカニズムを利用する権利もない。しかし，近年，米国では，2005 年のハリケーンカトリーナによる被害，2006 年の連邦議会の中間選挙における民主党の勝利，ブッシュ大統領政権への不支持拡大，米国の思惑がはずれて京都議定書発効，などの要因により，地球温暖化への関心が高まってきている。

その結果として，近年，米国連邦議会では，国内排出枠取引制度を導入するための法案が 10 本以上提出されている。中でも最も有力視されているのがリーバーマン・ウォーナー法案であるが，同法案でも CCS は重要な位置づけとなっている。国内排出量取引制度の導入を検討する同法案では，排出枠の多くが有償で割り当てられることになっている中で，CCS 活動に対しては 2012 年から 2030 年まで無償で排出枠を割り当てられることになっている[25]。

このように，企業，および企業の支援を受けた多くの政府が同技術に積極的になっているのに比べて，研究者や環境保護団体の立ち位置は，より複雑かつ多様である。

研究者グループからの評価として IPCC の特別報告書があげられるが，IPCC の他の報告書と同様，CCS に関する報告書においても，「政策に関連（policy-relevant）するべきだが，ある特定の政策を推奨（policy-prescriptive）すべきではない」という IPCC の原則に則ったものとなっている。客観的に同技術の環境保全上の効果や費用，安全面からのリスクなどについて書かれてはいるものの，同技術を用いるべきか否かについて明確に定めているわけではない。

環境保護団体も，団体ごとにスタンスは違っている。先述のロンドン条約・議定書締約国会議に参加していた環境 NGO であるグリーンピースは，海底下地層貯留であれば推進すべきであるとし，海洋投入処分可能な廃棄物として CO_2 を位置づけるよう推進したという[26]。他方で，このような技術に頼るべきではなく，あくまでエネルギー燃焼量を減らして対処すべきだという環境保護団体も多い。

その他の一般市民に関してはどの国においても，現状ではまだ定まった「世論」というものを形成できていない。それは，CCS 技術の知識自体が十分に広まっていないためである。そのため，一般的な世論を「社会」として定義した際の「社会的受容性」は未成熟の段階といわざるをえない。

7.3.6 わが国における動向

（1） 政府内での取扱い

欧米諸国と異なり，国内に大規模な油田を保有する石油関連企業が存在しないこともあり，わが国における CCS 技術開発は，企業ベースでは進まず，政府が中心となっていた。そこで，政府から研究資金を受け，財団法人地球環境産業技術研究機構（RITE）が研究開発を担ってきた。2000 年から新潟県長岡市において地中貯留の実証プロジェクトも手がけており，研究成果が逐次同研究所の業績として公表されている[27]。

京都議定書で定められた 2008 年から 2012 年までの第一約束期間における 6％削減目標を同技術で達成することはできない点は，すでに述べた。したがっ

て，わが国においても，2012年までの対策としては，同技術は位置づけられていない．

他方で，2005年4月に閣議決定された「京都議定書目標達成計画」でも，同技術は触れられている．2回目の改訂を経た最新の同計画では「中長期的視点からの技術開発の推進」という題目の下に「地球温暖化対策に係る技術の中には，技術的課題を克服しているが，実用化に向けてその製造等に係るコストの低減が大きな課題となっているものがあり，それらの一層の普及を促進し更なる温室効果ガス削減を図るため，大幅なコスト低減を実現しかつ効率的にエネルギー転換を行う…（中略）…化石燃料の使用により排出される二酸化炭素を回収し大気中への二酸化炭素の排出を低減させるCCS技術等を早い段階から支援していく」としている[28]．

わが国では，国外の盛り上がりの影響を受け，2006年後半あたりからCCS技術に関する検討が政府内で活性化した．

環境省では，同技術全般に関する検討会ではないものの，特に先述のロンドン条約1996年議定書改正の対象となった海底下地層貯留については，他のタイプの貯留技術よりは比較的安全との認識のもとに，2006年に「中央環境審議会二酸化炭素海底下地層貯留に関する専門委員会」を立ち上げ，2007年2月に報告書をまとめた．ここでは，「温室効果ガス排出量の大幅削減の実現…（中略）…のためには，二酸化炭素地中貯留技術の活用のみならず，省エネルギーの推進，再生可能エネルギーの普及についても引き続き最大限取り組む必要があることは当然である．また，2100年以降の長期的展望に立てば，化石燃料資源も枯渇の方向に向かうと考えられることから，低炭素社会の実現に向けた社会経済システムの抜本的な変革…（中略）…が必須である．このため，二酸化炭素地中貯留技術は，それまでの「つなぎ技術」として有効であると考えられる」，「中長期的な観点からの我が国としての当該技術の位置づけ，環境影響評価，安全性評価，コスト評価，持続可能な開発との整合性等について，今後とも検討を行う必要がある」としている[29]．地球温暖化対策としての重要性は理解しつつも，同技術の安全性などに対して，慎重な姿勢をとっている．

他方で，経済産業省でも，2006年に「二酸化炭素回収・貯留（CCS）委員会」が発足した。同研究会では，技術的な課題や法整備の観点からの課題などが議論され，2007年10月に中間取りまとめが提出されている。こちらのほうでは，「こうした国際的な潮流から我が国が取り残されることなく，これまで積み上げてきた技術開発の実績を踏まえ，産学官が連携してCCSへの取り組みを強化することが望まれる」，「CCSの実用化に当たっては，解決すべき課題が多い。技術進歩によるコストダウンはいうに及ばず，法制度の整備，環境や安全性への対応，社会的受容性の獲得といった課題を，解決していく必要がある」としている[30]。同報告書のサブタイトル「地球温暖化対策としてのCCSの推進について」に凝縮されているとおり，同技術の推進を前提として，推進を阻む課題をこれから検討していこうという姿勢が見られる。

同じく経済産業省が2008年に公表した「技術戦略ロードマップ2008」では，CCS技術を「将来的に導入可能な対策オプションとすべく，技術開発を推進する必要がある」としているが，ロードマップの早期の段階で「信頼醸成に関わる環境影響・安全性評価手法の開発，CO_2挙動予測手法の確立等」をあげている[31]。

（2） わが国の政府以外の主体の動向

わが国内においてCCS技術に関心をもつ企業としては，石炭を用いる電力や鉄鋼業界の企業があげられる。例えば，関西電力は夕張市の炭田における炭層貯留プロジェクトを実施した。しかし，原油関連産業が存在する欧米と比べると，少なくとも現段階では，日本における同技術開発の推進力は，企業よりも政府にあるといえる。今後，排出枠取引制度が発展し，CCS技術を他国（特に日本の場合は途上国）で利用することが排出枠獲得につながることが期待されていることもあり，日本の企業も近年急速に関心をもち始めている。これからは企業も同技術の開発・実用化に参画していくと予想される。

一方，日本国内の環境保護団体はリスクの大きさを重視して否定的見解を示している。例えば，「特定非営利活動法人地球環境と大気汚染を考える全国市民会議（CASA）」は中央環境審議会専門委員会の先述の報告書（案）に対し

て,「CCS技術は,環境影響評価についても,漏えい可能性についても,コストについても,重大な疑問があり,不確定な要素が多すぎる,地球温暖化対策のオプションとなりうるかどうか慎重に検討しなければならない」など,慎重な意見を提出している[32]。

わが国のマスコミも,同技術についてとりたてて大きくとりあげるようなことはしていない。ようやく「地球温暖化」現象が国民に理解されるようになった今日において,炭素固定の話までもち出すのは時期尚早と認識しているのかもしれない。その他,一般市民の間では,欧米諸国に関してすでに述べたのと同様の状況であるといえる。原子力に関しては,日本国民の大半が少なくともその言葉を聞いたことがあり,基本的な知識は身につけており,その意味では「社会的受容性」についても議論する社会的基盤が整っているといえる。それと比べると,CCSは,この概念自体,一般的には知られておらず,市民の「社会的受容性」を議論する以前の状態といえよう。

(3) わが国における法整備

わが国における社会的受容性を検討するのはまだ先の話だという話は一方では存在するが,先に紹介したように,国際社会はこの技術の本格的な導入の可否について検討する段階に入っており,わが国においても政府レベルでは検討を始めている。そのような状況において,導入が検討される場合に関連することになる法制度については,事前に十分把握しておく必要がある。

CCS技術は地球温暖化対策の一部として位置づけられるため,関連する法としては,地球温暖化対策推進法あるいは環境基本法まで遡ると考えるべきだろう。また,CO_2を石炭火力発電所などの大規模固定発生源から分離・回収,輸送,圧縮,貯蔵,そして貯蔵後,というすべての工程における環境影響が問題となっていることから,環境影響評価法が関係してくる。分離・回収,輸送あたりでは,高圧ガス保安法が適用される。陸上パイプラインが用いられる場合には,土地利用に関する法律が関係してくる。この中には,土地の利用形態により,土地基本法,自然公園法,港湾法,農地法などが含まれる。船舶で輸送する場合には,船に関する法律や海上の交通ルールに関する法律が関係して

きて，その中には，船舶法，海運衝突予防法，海洋汚染及び海上災害の防止に関する法律，バーゼル条約などが含まれる．さらに，海底パイプラインで海底下に圧入する場合には，国際海洋法に関連する法規制，すなわち領海及び接続水域に関する法律や排他的経済水域及び大陸棚に関する法律への抵触の可能性を検討する必要がある．さらに海洋環境との関連ではロンドン条約や生物多様性条約がかかわってくる[33]．

ロンドン条約1996年議定書の改正への対応に関しては，わが国においても「海洋汚染等及び海上災害の防止に関する法律の一部を改正する法律」において対処された．その骨子は，「特定二酸化炭素ガスの海底下廃棄に係る許可制度」の創設である．CO_2を海底下へ廃棄しようとする者は，環境大臣の許可を受けなければならず，そのために，事前に実施計画や監視計画などを記載した申請書および海洋環境影響評価書を提出することになる．また，この手続きを経て許可を受けた場合には，同計画に基づく監視が義務付けられる[34]．

また，陸域部に関しては，特に土地利用に関して上記で列挙した法律がかかわってくると考えられるが，先述の，RITEや関西電力により実施されている長岡および夕張での実証プロジェクトは，鉱業法，鉱山保安法などに依拠して行われているとされる[35]．

また，上記のような法規制のほか，陸部の帯水層に注入するタイプのプロジェクトがわが国で実施される場合，土地所有形態が問題になると考えられる．地表面の土地の中で，プロジェクトサイトに直接利用される部分の地上権だけを，プロジェクト実施者が保有していれば十分なのか．あるいは，万が一高濃度のCO_2の漏えいが生じた場合を考え，注入場所から一定距離内の範囲の土地をすべて保有していなければならないのか．わが国ではとりわけ土地面積が狭く，人家から隔離されたサイトを見つけるのが困難であることから，土地利用の問題も含めて制度を整備する必要がある．

7.3.7 ま と め

本章では，CCS技術に関して，制度および社会的受容性の観点から説明し

た。まとめると，つぎの点があげられる。まず，近年，同技術に対する国際的関心の高まりの背景には，①地球温暖化問題がきわめて深刻なレベルまで進行しているという認識が高まっていること，②温暖化対策として省エネルギーや代替エネルギー利用などでは間に合わないと考えられていること，③特に欧米のエネルギー関連企業が，排出枠取引制度とからめて同技術を新たなビジネスチャンスと見ていること，④①から③の点をかんがみて各国政府が積極的になっていること，といった観点が，ドライビングフォース（駆動力）となっていることがわかった。

他方で，一般市民を念頭においた社会的受容性の観点からは，わが国のみならず大半の国で，現在では理解が不十分で，受容性に関する世論が形成されていない点が指摘された。つまり，CCS 技術は，科学的にはまだリスクに関する検討が必要という状態であるにもかかわらず，一般市民の世論が未成熟な段階で，強力な駆動力をもって推進されているということである。

他方で，森林保全や自然エネルギーの利用拡大，メタンやフロン類など温室効果ガス対策，低炭素社会に向けた社会構造変革など，他の地球温暖化対策で本当に間に合わないのか，という点については，CCS 技術を議論する中においては置き去りになる傾向がある。CCS 技術が経済的にも多大なコストを必要とする点からかんがみて，投資先として，本当に CCS 技術が最も適切なのかどうか見極めるためには，その他の温暖化対策も含めた費用効果分析が必要だと考えられる。そして，その際には，金銭的価値に限定した「費用」や地球温暖化対策という意味に限定した「効果」にとどまらず，幅広い意味での「費用」，「効果」を模索すべきだろう。われわれの子供たちにどのような地球を残そうとしているのか，という観点からの検討が不可欠である。

引用・参考文献

1) C. Marchetti：On Geoengineering and the CO_2 Problem, Climate Change, **1**, pp.59-68（1977）
2) 日本エネルギー経済研究所計量分析ユニット編：エネルギー・経済統計要覧

2007年版, 財団法人省エネルギーセンター (2007)
3) Y. Fujii and K. Yamaji : Assessment of technological options in the global energy system for limiting the atmospheric CO_2 concentration, Environmental Economics and Policy Studies, 1, pp.113-139 (1998)
4) 茅　陽一監修：地球を救うシナリオ―CO_2削減戦略, pp.179-217, 日刊工業新聞社 (2000)
5) Nakićenović et al. : Special Report on Emissions Scenarios (SRES) for IPCC. Working Group III, Intergovernmental Panel on Climate Change (IPCC), Cambridge University Press, ISBN : 0-521-80493-0 (2000)
6) Intergovernmental Panel on Climate Change (IPCC), Special Report on Carbon Dioxide Capture and Storage, Chapter 8, Howard Herzog et al., Cambridge University Press (2006)
7) W. J. Pepper, J. Leggett, R. Swart, R. T. Watson, J. Edmonds and I. Mintzer : Emissions scenarios for the IPCC. An update : Assumptions, methodology, and results. Support document for Chapter A 3, Climate Change 1992 : Supplementary Report to the IPCC Scientific Assessment. J.T. Houghton, B. A. Callandar and S. K. Varney (Eds.), Cambridge University Press (1992)
8) T. Morita et al. : Greenhouse Gas Emission Mitigation Scenarios and Implications, Climate Change 2001 : Mitigation, Contribution of Working Group III to the Third Assessment Report of the Intergovernmental Panel on Climate Change (IPCC), Cambridge University Press, ISBN : 0-521-01502-2 (2001)
9) エルンスト・U・フォン・ワイツゼッカー著, 宮本憲一, 楠田貢典, 佐々木建監訳：地球環境政策, 有斐閣 (1994)
10) 日本エネルギー学会編, 十市　勉, 小川芳樹, 佐川直人：エネルギーと国の役割―地球温暖化時代の税制を考える―(シリーズ21世紀のエネルギー2), p. 92, コロナ社 (2001)
11) 植田和弘：環境経済学, p.121, 岩波書店 (1996)
12) 植田和弘, 岡　敏弘, 新澤秀則：環境政策の経済学　理論と現実, 日本評論社 (1997)
13) 小原克馬：プロジェクトファイナンス, 社団法人金融財政事情研究会 (1997)
14) A. K. Dixit and R. S. Pyndyck : Investment Under Uncertainty, Princeton University Press (1994)

15) 高木正人：CCS の現状と課題，エネルギー資源学会「低炭素社会に関する調査研究」第3回調査委員会資料（2008）
16) 鈴木達治郎，城山英明，松本三和夫：エネルギー技術の社会意思決定，日本評論社（2007）
17) 高村ゆかり，亀山康子：京都議定書の国際制度，信山社（2002）
18) 湯川英明監修：CO_2 固定化・削減・有効利用の最新技術―地球温暖化対策関連技術―，シーエムシー出版（2004）
19) Carbon Sequestration Leadership Forum (CSLF) のホームページ：http://www.cslforum.org/
20) Asia-Pacific Partnership on Clean Technology and Climate (APP) のホームページ：http://www.asiapacificpartnership.org/
21) Intergovernmental Panel on Climate Change (IPCC) Working Group III: Special Report-Carbon Dioxide Capture and Storage (2005)
22) International Maritime Organization (IMO), London Convention 1972 Convention on the Prevention of Marine Pollution by Dumping of Wastes and Other Matter 1972 and 1996 Protocol のホームページ：http://www.imo.org/home.asp?topic_id=1488
23) ECO, Vol.C, Issue No.5, page 4（ECO とは，地球温暖化関連の国際会議で環境保護団体の連合である Climate Action Network (CAN) が会期中毎日発行しているニューズレター）
24) Gleneagles G 8 Summit : Gleneagles Plan of Action : Climate Change, Clean Energy and Sustainable Development (2005)
25) 西村治彦，河村玲央：アメリカの連邦・州における国内排出枠取引制度の胎動，ジュリスト，No.1357, pp.70-79（2008）
26) 瀬川恵子：ロンドン条約における二酸化炭素海底下地層貯留の位置づけに関する主要アクターの交渉スタンスについての一考察，環境経済・政策学会2007年大会要旨集，p.256（2007）
27) 財団法人地球環境産業技術研究機構（RITE）のホームページ：
http://www.rite.or.jp/index.html/
28) 日本国政府：京都議定書目標達成計画（2005年策定，2007年一部改定，2008年全面改定）
29) 中央環境審議会二酸化炭素海底下地層貯留に関する専門委員会：地球温暖化対策としての二酸化炭素海底下地層貯留の利用とその海洋環境への影響防止の在り方について（2007）

30) 経済産業省二酸化炭素回収・貯留（CCS）委員会：二酸化炭素回収・貯留（CCS）研究会中間取りまとめ『地球温暖化対策としてのCCSの推進について』(2006)
31) 経済産業省：技術戦略ロードマップ2008 ― CO_2 固定化・有効利用分野 (2008)
32) 特定非営利活動法人地球環境と大気汚染を考える全国市民会議（CASA）：二酸化炭素海底下地層貯留に関する専門委員会報告書（案）への意見 (2007)
33) 久留米守広：CO_2 回収・地中貯留（CCS）技術の現状と課題（世界），NEDO海外レポート，No.1020 (2008)
34) 安部慶三：地球温暖化対策としての二酸化炭素海底地層貯留，立法と環境，No.267, pp.93-96 (2007)
35) 中村邦広：海洋汚染防止と二酸化炭素の廃棄（貯留），調査と情報―ISSUE BRIEF―，No.586, pp.1-9 (2007)

索　　　引

【あ】
圧入性　　　　　　　　97
亜瀝青炭　　　　　　 108
暗反応　　　　　　　 145

【い】
異常気象　　　　　　　 7
1次エネルギー消費量　164

【え】
エネルギー植林　　　 155
エネルギーモデル　　 166
エーロゾルの直接効果　 4

【お】
オークション　　　　 190
温室効果気体　　　　　 4

【か】
懐疑派　　　　　　　　12
回収率　　　　　　　　72
海底下地層貯留　　　 217
海面上昇　　　　　 6,19
海洋隔離　　　　　30,126
化学吸収法　　　　　　38
化学トラッピング　　　57
拡張 Langmuir 式　　　111
ガス化複合発電　　　 158
ガス包蔵量　　　　　 111
褐　炭　　　　　　　 108
カーボンニュートラル 156
茅の恒等式　　　　　 164

【き】
環境の世紀　　　　　 183
間接効果　　　　　　　 4

気候変動に関する政府間
　　パネル　　　　　 214
気候変動枠組条約　　 209
気候モデル　　　　　　10
キャップ＆トレード
　　　　　　　 189,192
キャップロック　　　　69
吸着ガス　　　　　　 111
吸着等温線　　　　　 111
吸着トラッピング　　　57
京都議定書　　　　　 208
京都議定書目標達成計画
　　　　　　　　　　 221
極相群樹林　　　　　 155
極端現象　　　　　　　 7
き裂発生圧力　　　　　80

【く】
グランドファーザールール
　　　　　　　　　　 190
クリート　　　　　　 113
クリーン開発と気候に
　関するアジア太平洋
　パートナーシップ　 214
クリーン開発メカニズム
　　　　　　　　　　 216
グリーン電力証書　　 194

【け】
現在価値換算　　　　 195
現存量　　　　　　　 148

【こ】
坑井の廃棄・密閉　　　61
孔げき率　　　　　　　70
光合成　　　　　　　 145
光合成効率　　　　　 146
光合成特性　　　　　 147
鉱　床　　　　　　　　69
構造・層位トラッピング 93
構造トラッピング　　　57
鉱物固定　　　　　　　30
鉱物トラッピング　 58,95
枯渇油・ガス田　　　　84
国内総生産　　　　　 164
コールバンド　　　　 109
コールベッドメタン　 106

【さ】
最小ミシビリティー圧力 79
サステイナビリティ　　 2
酸素燃焼　　　　　　　25
残留トラッピング　 57,93

【し】
地震探査　　　　　　　71
持続可能な発展　　　 216
持続的植林　　　　　 156
持続的成長社会　　　　22
シミュレータ　　　　 116

社会的受容性	206	
遮へい機構	69, 98
収縮	115
集中発生源	39
主観的時間選好率	196
主炭理	113
純1次生産量	149
純酸素燃焼方式	42
省エネルギー	164, 166
植生	153
植林	149
植林可能面積	149
浸透率	71, 118
深部塩水層	91
森林タイプ	148
深冷分離方式	46

【せ】

石炭化過程	108
石炭化作用	108
石炭ガス化複合発電	214
石炭ガス化複合発電方式	42
石炭の分類	109
石油増進回収	74, 180

【そ】

層位トラッピング	57
早期利用機会	180
掃攻効率	75
増進回収	107
相対浸透率	114

【た】

大気海洋結合モデル	11
台風	18
脱水反応	109
脱炭酸反応	109
脱メタン反応	108, 109
ダルシー式	113
タンカー	26

炭酸塩鉱物	58
炭素隔離リーダーシップフォーラム	214
炭素税	184
炭理	113

【ち】

地域的な気候変化	16
地化学的トラッピング	57, 92
置換効率	76
地球環境ファシリティ	215
地球シミュレータ	10
蓄積量	148
地中貯留	27
地中貯留の原理	55
地中貯留のメカニズム	57
超臨界状態	55, 81
貯留岩	69
貯留法	30

【て】

定置型 CO_2 発生源	24
締約国会議	210

【と】

土壌中炭素	152
トラップ	69

【な】

内部利益率	198

【に】

二重の配当	184
二相流	114

【ね】

燃焼後回収	25
燃焼前回収	25
燃料転換	164, 166

【は】

バイオマス発電	157
バイオマスプランテーション	145
廃棄坑井	65
排出原単位	156
排出量取引	188
排出枠	190
排出枠取引制度	218
パイプライン輸送	26
バットクリート	113
バリ行動計画	213

【ひ】

ピグー税	184
ヒートアイランド	5
ビトリニット反射率	113
微粉炭燃焼式	41

【ふ】

フェースクリート	113
副炭理	113
腐食	152
腐植酸	153
腐植物質	152
物理吸収法	45
物理的トラッピング	57, 92
フミン	153
フミン酸	153
フルボ酸	153
ブレークスルー	117
プロジェクト評価	195
プロジェクトリスク	206

【ほ】

放射強制力	4
膨張	114
飽和率	72
ボーモル・オーツ税	185

索　　　引　　　231

【ま】

| 膜分離方式 | 46 |
| マトリックス | 113 |

【み】

| ミシビリティー | 78 |
| ミシブル攻法 | 74 |

【む】

| 無煙炭 | 108 |

【め】

| 明反応 | 145 |

【も】

| モニタリング | 63, 90 |
| モンテカルロ DCF 法 | 200 |

【ゆ】

有機成因説	68
有効貯留率	95
夕張プロジェクト	121
遊離ガス	111

【よ】

溶解トラッピング	57, 94
溶解法	30
予測無影響濃度	131

【ら】

| ライフサイクル | 156 |

【り】

リアルオプション理論	202
利子率	197
リーバーマン・ウォーナー法案	219
臨界圧力	81
臨界温度	81
臨界収益率	204

【る】

| 累積 CO_2 貯留量 | 177, 179 |

【れ】

| 0.7 乗則 | 159 |
| 瀝青炭 | 108 |

【ろ】

漏えい補修	91
漏えい（リーケージ）	186
ロンドン条約	216

APP	214
BAU	127
C_3 植物	145
C_4 植物	145
CAM 植物	146
CBM	106
CCS	23, 35, 163
CCS コスト	37
CDM	205, 216
CO_2 avoided	31
CO_2-EOR	77
CO_2 削減量	32
CO_2 地中貯留可能地域	59
CO_2 地中貯留システム	60
CO_2 の削減効果	158
CO_2 の相状態図	56
CO_2 の輸送	26
CO_2 排出量	156

CO_2 発生源	24
CO_2 分離エネルギー	38
CO_2 分離回収	25
CO_2 リーク	65
DCF 法	197, 198
discounted cash flow 法	198
DNE 21	168
ECBM	107
ECBMR	107
EOR	44, 74, 214
EU/ETS	191, 219
EU 域内排出枠取引	219
GDP	164
GEF	215
humic acid	153
humin	153
IGCC	214

internal rate of return	198
IPCC	1, 214
IRR	197, 198
Langmuir 式	111
MESSAGE モデル	176
MiniCAM モデル	176
MMP	79
Moving Ship 法	131
net present value	198
NPV	197, 198
RPS 法	194
San Juan Basin	120
shrinkage	115
SRES	169, 173
swelling	115
UK/ETS	192
Van Krevelen	108
WAG 法	80

────── 編著者略歴 ──────

住　明正（すみ　あきまさ）
1971年　東京大学理学部物理学科卒業
1973年　東京大学大学院理学研究科修士課程修了（物理学専攻）
1973年　気象庁東京管区気象台入庁
1979年　米国ハワイ大学助手
1985年　東京大学助教授
1985年　理学博士（東京大学）
1991年　東京大学教授
　　　　現在に至る

島田荘平（しまだ　そうへい）
1971年　東京大学工学部資源開発工学科卒業
1973年　東京大学大学院工学系研究科修士課程修了（資源開発工学専攻）
1974年　東京大学助手
1979年　東京大学講師
1979年　工学博士（東京大学）
1981年　東京大学助教授
2007年　東京大学准教授
　　　　現在に至る

温室効果ガス貯留・固定と社会システム
Greenhouse Gas Storage and Social System

　　　　　　　　　　　　© Akimasa Sumi, Sohei Shimada 2009

2009年4月10日　初版第1刷発行

|検印省略|

編　著　者　　住　　　明　　正
　　　　　　　島　　田　　荘　　平
発　行　者　　株式会社　コロナ社
　　　　　　　代　表　者　　牛来辰巳
印　刷　所　　新日本印刷株式会社

112-0011　東京都文京区千石 4-46-10
発行所　株式会社　コ ロ ナ 社
CORONA PUBLISHING CO., LTD.
Tokyo　Japan
振替 00140-8-14844・電話 (03) 3941-3131 (代)
ホームページ http://www.coronasha.co.jp

ISBN 978-4-339-06614-2　　（大井）　　（製本：愛千製本所）
Printed in Japan

無断複写・転載を禁ずる
落丁・乱丁本はお取替えいたします